THE BEST REFERENCE BOOKS EXTREME

Pro Tools 12

Software
Windows / MacOS

徹底操作ガイド

やりたい操作や知りたい機能からたどっていける
便利で詳細な究極の逆引きマニュアル

大鶴暢彦／侘美秀俊

Rittor Music

INTRODUCTION

Pro Tools Softwareは、業務用プロレコーディングスタジオのほとんどで使用されている、業界標準のソフトウェアです。ひと昔前は、レコーディングやオーディオ編集専用ソフトウェアという印象が強かったのですが、MIDI機能の強化やプラグインエフェクト／インストゥルメントの充実によって、多くの作曲家／アレンジャーも自分のワークスペースにPro Tools Softwareを導入するケースが増えてきています。なんといっても、Pro Tools Softwareで作成した楽曲データであるセッションファイルを、そのままレコーディングスタジオに持ち込めるというのが最大のメリットでしょう。

現行のバージョン12から、新規ユーザーは"永続ライセンス版"と"サブスクリプション版"の2つの購入方法を選択することができるようになりました。"永続ライセンス版"は従来どおり、1度購入すれば半永久的にそのまま使い続けることができるライセンスです。"サブスクリプション版"は他分野のソフトウェアでも増えている利用形態で、月間や年間単位で更新料を支払い、その期間中のみソフトウェアの使用ライセンスが得られるというものです。一定期間中に定額を支払い、その間ソフトウェアをレンタル使用できると考えればわかりやすいでしょう。まずは1カ月間、3,000円台で、フルバージョンのPro Tools Softwareの使用が開始できるため、これから使いたいと考えているビギナーにとっても導入しやすくなり、ユーザーの裾野はより広がっていくものと考えられます。

機能面においては、これまでPro Tools | HD Softwareでのみ利用できたトラックインプットモニター、VCAマスター、トラックバウンスなどの機能が、Native版のPro Tools Softwareにも開放されたほか、コミットやフリーズといった機能も追加され、ワークフロー全般において効率化が図れるように進化しています。また新たな試みとして、Avidクラウド・コラボレーションが開始され、ネットを介して1つのプロジェクト上で複数のユーザーが同時に作業できるといった機能も加わりました。"サブスクリプション版"が導入されて以来、小数点単位のアップデートでも新機能が頻繁に追加されるようになりましたので、今後も注目していきたいところです。

本書では、最もユーザー数が多いと思われるNative版のPro Tools Softwareの機能を解説しています。全体の流れとしては、制作段階の大きなくくりで章を分けた上で、目的とする内容別に項目を立てることで、一読後も逆引き事典のようにお使いいただけるよう構成しています。各項目では操作のプロセスやハウツーを画像で直感的につかめるよう配慮し、ビギナーにもわかりやすいていねいな文章を心がけました。また、応用知識をHINT&TIPSとして随所に掲載していますので、実際の制作現場のノウハウを学んでいただくこともできます。

本書が多くのPro Tools Softwareユーザーの制作作業を円滑化するとともに、これからユーザーになろうという方々のハードルを下げることにつながれば幸いです。

2017年12月
大鶴暢彦／侘美秀俊

CONTENTS

SESSION START　　　　　　　　　　　　　　　　　　　　　　　　　　9

- 01　ソフトウェア本体とiLokの登録および各種ドライバのインストール　　10
- 02　オーディオインターフェースの接続とインプット／アウトプットパスの設定　　17
- 03　外部MIDI機器の接続と設定　　22
- 04　新規セッション／新規トラックを作成したい　　26
- 05　セッションのテンポ、拍子、調(キー)を設定したい／途中で変更したい　　30
- 06　クリック（メトロノーム）を設定したい　　34
- 07　プレイバック／レコーディングの位置と範囲を設定したい　　36
- 08　セッション内の目的の位置へ素早く移動／ジャンプしたい　　40
- 09　ウィンドウの組み合わせや表示状態をカスタマイズしたい　　44
- 10　セッションの設定をオリジナルのテンプレートとして保存したい　　48

AUDIO RECORDING　　　　　　　　　　　　　　　　　　　　　　　51

- 01　オーディオトラックにレコーディングを行いたい　　52
- 02　レコーディング時のモニターの遅れを調節したい（プレイバックエンジン設定）　　55
- 03　プラグインエフェクトの効果を含めたレコーディングを行いたい（かけ録り）　　56
- 04　レコーディングを最初からやり直したい　　59
- 05　既存のオーディオクリップ上にレコーディングをやり直したい　　62
- 06　同じトラックに別テイクのレコーディングを行いたい（代替クリップ）　　64
- 07　同じトラックに別テイクのレコーディングを行いたい（代替プレイリスト）　　66
- 08　特定範囲のレコーディングを手動でやり直したい（クイックパンチ）　　68
- 09　特定範囲のレコーディングを自動でやり直したい（オートパンチ）　　70
- 10　特定範囲のレコーディングを自動で繰り返したい（ループレコーディング）　　74

MIDI RECORDING　　　　　　　　　　　　　　　　　　　　　　　　77

- 01　MIDIトラックにMIDIレコーディングを行いたい　　78
- 02　インストゥルメントトラックにMIDIレコーディングを行いたい　　82
- 03　1つの演奏パートを複数のトラックに分けてMIDIレコーディングを行いたい　　86
- 04　マルチティンバー音源を対象にしたMIDIレコーディングを行いたい　　90
- 05　キーボードの弾き始めと同時にMIDIレコーディングを始めたい　　94
- 06　ノートイベントのタイミングをMIDIレコーディング時にそろえてしまいたい　　96
- 07　不要なMIDIイベントをMIDIレコーディング時にカットしてしまいたい　　98
- 08　MIDIレコーディングを最初からやり直したい　　100

09	既存のMIDIクリップ上にMIDIレコーディングをやり直したい	102
10	特定範囲のMIDIレコーディングを自動でやり直したい（オートパンチ）	104
11	MIDIレコーディングを自動で繰り返しながらMIDIクリップ内に演奏を重ねていきたい	106
12	MIDIキーボードを使ってフレーズのステップ入力を行いたい	108

COMMON EDITING　　113

01	クリップの配置／移動／リサイズをさまざまな基準で行いたい	114
02	クリップの選択をさまざまなスタイルで行いたい（セレクタツール）	118
03	編集挿入位置の指定や範囲選択を音を聴きながら設定したい（スクラブ再生）	122
04	クリップを移動させたい（グラバーツール）	124
05	特定のポイントを基準にしてクリップを移動させたい（シンクポイント）	128
06	クリップをリサイズしたい（トリムツール）	130
07	クリップをリサイズしたい（トリム機能）	132
08	クリップを任意の位置や範囲で分割したい	134
09	ツールを持ち換える手間を省きたい（スマートツール）	136
10	クリップ全体や中身の位置を微調整したい（ナッジ）	138
11	複数のクリップをまとめて操作したい（クリップグループ）	140
12	複数のクリップを1つに統合したい	142
13	クリップをループ再生させたい／連続配置したい	143
14	セッションに空白部分を挿入したい／不要部分を削除して左詰めで再配置したい	146
15	テンポ不明のフレーズからテンポやグルーブを割り出したい（Beat Detective）	148
16	未使用のクリップやクリップ中の未使用部分を削除したい	152

AUDIO EDITING　　155

01	複数のテイクを組み合わせてベストテイクを作りたい（プレイリストビュー）	156
02	オーディオクリップにフェードを設定したい	158
03	オーディオクリップ内の無音部分や音量の小さな部分を削除したい	160
04	セッションのテンポにオーディオクリップの演奏テンポを合わせたい（タイムストレッチ）	162
05	セッションのテンポにオーディオクリップの演奏テンポを追従させたい（エラスティック）	164
06	オーディオクリップ内の演奏のノリをそろえたい／移調したい（エラスティック）	168
07	セッションのテンポにオーディオクリップの演奏テンポを追従させたい（ビート分割）①	170
08	セッションのテンポにオーディオクリップの演奏テンポを追従させたい（ビート分割）②	172
09	オーディオクリップ内のフレーズのタイミングを部分的にずらしたい（ワープ）	177
10	オーディオクリップにAudioSuiteエフェクトを適用したい	180

CONTENTS

11	オーディオクリップをオーディオファイルとして書き出したい	182
12	オーディオクリップの波形を直接書き換えたい	184

MIDI EDITING　　185

01	ノートイベントをピアノロール形式でエディットしたい／入力したい	186
02	ノートイベントをスコア形式でエディットしたい／入力したい	190
03	ノートイベントをリスト形式でエディットしたい／入力したい	194
04	連続的に変化するMIDIイベントをグラフィカルにエディットしたい／入力したい	196
05	ノートイベントを分割／統合／ミュートしたい	196
06	ノートイベントから条件に合ったものだけを選択したい	198
07	同一のMIDIクリップに対して共通のエディット結果を反映させたい	203
08	トラック／クリップ単位でMIDIイベントの値を一括制御したい（リアルタイムプロパティ）	204
09	ノートイベントに詳細なエディットを行いたい（イベント操作）	208
10	リアルタイムプロパティやイベント操作の効果や結果を解消したい／定着させたい	212

ROUTING & MIXING　　215

01	フェーダーとパンつまみの基本操作	216
02	特定のトラックを単独で再生したい／消音したい／常に再生対象にしたい	218
03	トラックを複製したい／ステレオトラックをLRのトラックに分割したい	220
04	トラックを削除したい／一時的に非表示にしたい／オフにしたい	222
05	複数のトラックをまとめて操作したい（トラックグループ）	224
06	オーディオクリップの音量を直接調整したい	228
07	トラックごとにエフェクトをかけたい（インサートエフェクトルーティング）	232
08	複数のトラックに共通のエフェクトをかけたい（センドエフェクトルーティング）	238
09	複数のトラックのオーディオ出力を1つにまとめたい（サブミックスルーティング）	240
10	複数のトラックのフェーダーをまとめて操作したい（VCAマスタートラック）	242
11	他のトラックのレベルでエフェクトのかかり方を制御したい（サイドチェインルーティング）	244
12	プレイヤー専用のミックスを作りたい（キューミックスルーティング）	247
13	外部エフェクト機器をトラックにインサートして使用したい	250
14	プラグインエフェクトの遅延によって発生するトラックごとのずれを補正したい	252
15	オートメーションをリアルタイムで書き込みたい／修正したい	254
16	オートメーションをグラフィカルにエディットしたい／入力したい	258
17	トラック上のオートメーションをまとめてコピー／カット&ペーストしたい	260
18	トラックの内容をオーディオファイルに書き出したい（トラックバウンス）	262

19	トラックの内容をオーディオファイルに差し換えたい（コミット）	266
20	トラックの内容を一時的にオーディオファイル化したい（フリーズ）	272
21	できるだけ大きな音でステレオファイルにミックスダウンしたい	274

OTHER TECHNIQUES 279

01	コンピュータキーボードからのショートカット操作を活用したい	280
02	連続的に変化するテンポを設定したい（ドローイング入力）	282
03	連続的に変化するテンポを設定したい（テンポ操作ウィンドウ）	285
04	完成したセッションの完全なバックアップコピーを作成したい	288
05	リンク切れで見つからなくなってしまったファイルを再リンクしたい	290
06	他のセッションからトラックを読み込みたい	292
07	他のDAWやビデオ編集ソフトとファイルをやり取りしたい（OMF/AAF）	295
08	オーディオ素材ファイルをセッション上に読み込みたい	298
09	SMFをセッション上に読み込みたい	302
10	セッションの内容をSMFで書き出したい	304
11	PTS上からReWire音源ソフトを利用したい	306
12	パラアウト仕様のプラグインインストゥルメントを利用したい	308
13	オーディオクリップをStructure Freeで鳴らしたい	310
14	ミックスウィンドウでの操作をフィジカルコントローラーで行いたい	312
15	同一プロジェクト上で共同制作を行いたい（Avidクラウド・コラボレーション）	314
16	ムービーに合わせてセッションを作成したい	320

BUNDLE PLUG INS 323

APPENDIX -MULTI INDEX- 347

01	ソフトウェア本体とiLokの登録および各種ドライバのインストール	10
02	オーディオインターフェースの接続とインプット／アウトプットパスの設定	17
03	外部MIDI機器の接続と設定	22
04	新規セッション／新規トラックを作成したい	26
05	セッションのテンポ、拍子、調(キー)を設定したい／途中で変更したい	30
06	クリック(メトロノーム)を設定したい	34
07	プレイバック／レコーディングの位置と範囲を設定したい	36
08	セッション内の目的の位置へ素早く移動／ジャンプしたい	40
09	ウィンドウの組み合わせや表示状態をカスタマイズしたい	44
10	セッションの設定をオリジナルのテンプレートとして保存したい	48

SESSION START

ソフトウェア本体とiLokの登録および各種ドライバのインストール

Pro Tools Software（以下PTS）を利用する際には、Avidマスター・アカウントに加えて、iLokアカウントの登録が前提になります。また、オーディオやMIDI演奏データの入出力口となるオーディオインターフェースやMIDIインターフェースの専用ドライバのインストールも必要です。ここではPTSによる制作環境構築の第一歩として、これらの操作手順を紹介することにしましょう。

 オーディオドライバをインストールする

　オーディオインターフェースを動作させるには、使用する製品に合ったCore Audioドライバ（MacOS）あるいは、ASIOドライバ（Windows）が必要です。

　使用するオーディオインターフェースに適合する最新のドライバをダウンロードし、目的のコンピュータにインストールしてください。ドライバの入手先や入手方法は、使用するオーディオインターフェースの製品マニュアルやメーカーのホームページに記載されています。常にその時点での最新となるドライバがインストールされている状態が望ましいため、すでに目的のコンピュータにドライバがインストールされていたとしても再インストールを行うようにしましょう。

　なお場合によっては再インストールの前に古いバージョンのドライバのアンインストールが必要となるケースもありますので、注意してください。

▶ MacOSでは本体標準で装備されているオーディオ入出力ポートの使用も可能で、こちらを利用する場合はドライバのインストールは不要です。しかし、音質や安定性を考慮すると、別途オーディオインターフェースを用意し、それを使用することを推奨します。

▶ MIDIインターフェース機能を兼ね備えたオーディオインターフェースを利用する場合は、その製品に適合するオーディオドライバをインストールする際、自動的にMIDIドライバのインストールも行われるケースがほとんどです。

MacOS

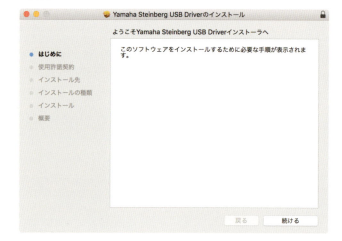

Windows

STEP 2 iLokアカウントを作成する

PTSではiLok USBスマート・キーを利用したプロテクト処理を行っています。iLok USBスマート・キーは文字通り物理的なカギと言えるものであり、PTSがインストールされているコンピュータのUSBポートにこれを装着するとPTSが使用できる状態になります。

このiLok USBスマート・キーをPTSのライセンスキーとして使用するためには、その準備としてSTEP2〜4の手順に従って、iLok USBスマート・キー自体の機能を有効にするための操作を行っておかなければなりません。まずはiLokのサイト（iLok.com）にアクセスしてください。

▶ すでにiLokアカウントを取得ずみの場合は、STEP2の手順は必要ありませんので、STEP3に進んでください。

iLok.comのトップページ左上にある**Create Free Account**❶をクリックすると、Free Account Setupページが開きます。このページで、User ID以下の各項目の記入を行います❷。赤い枠で表示されているのは必須項目です。

次に、**Yes, I have read and agree to the Terms of Use.**にチェックをつけ、**Create Account**をクリックしてください❸。しばらくすると、Email Addressの項目に入力したメールアドレスに確認のメール（Account Activation）が送られてきます。

▶ ユーザーID、パスワードとも任意の文字列を使用できますが、くれぐれも忘れないようにしましょう。DAWを利用した音楽制作環境では、ここでのiLokアカウントに限らず、プラグインメーカーやアフターケアサービスを利用するたびにそれぞれのアカウントIDとパスワードが必要となる機会が多いので、専用のパスワード管理ソフトなどを利用してみるのもいいでしょう。

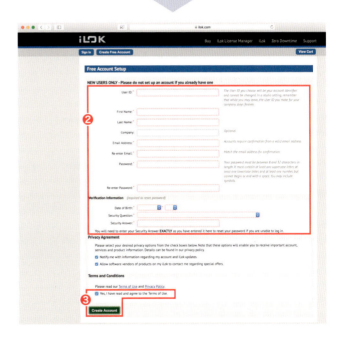

メールの内容を確認し、文中に記載されているURL（アドレス）をクリックすると、今度はSign In To Your Accountページが開きます。このページで、先ほど設定したユーザーIDとパスワードを入力して、**Sign in**をクリックしましょう❹。

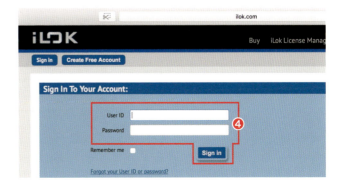

SESSION START

  iLokライセンスマネージャーをインストールする

　STEP2の操作終了後、iLokアカウントが問題なく登録できると、サインイン状態のトップページに切り換わります❶。

　引き続き、そのページからiLokの管理ソフトウェアであるiLok License Managerをダウンロードして、インストールを行いましょう。

　まずiLok License Manager❷をクリックして、iLok License Managerのダウンロードページを開きます。ここで自身の環境に合ったOS❸をクリックすると、ダウンロードが開始されます。

　ダウンロードが完了したら、インストーラを起動させ、画面❹の指示に従って、インストールを行ってください。

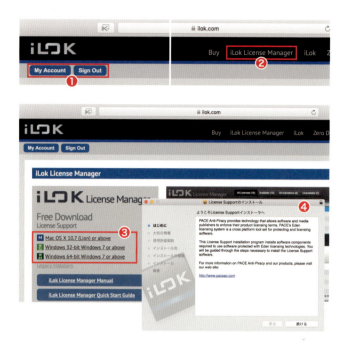

  iLok USBスマート・キー自体の利用登録を行う

　次に、iLok USBスマート・キー自体の利用登録を行います。この操作が完了して、はじめてiLok自体の機能が有効になります。

　まずiLok USBスマート・キーをコンピュータのUSBポートに接続して、iLok本体のインジケーターが青く点灯していることを確認しましょう。点灯を確認したら、STEP3でインストールしたiLok License Manager❶を起動し、Sigin In❷をクリックします。

　Sign Inダイアログが表示されるので、STEP2で設定したユーザーIDとパスワードを入力します❸。ちなみに使用しているコンピュータにIDとパスワードを記憶させておきたい場合は、Remember User ID and Password on this machineにチェックを入れておくといいでしょう。それぞれを入力したら、Sign In❹をクリックします。

ソフトウェア本体とiLokの登録および各種ドライバのインストール

続いてiLokの登録（レジスト）確認を求められますから、**Yes** ❺ をクリックしましょう。画面左にあるiLokアイコンから**？**の表示が消えたらiLok USBスマート・キーの利用登録の完了です。なお、この段階ではまだPTSのライセンスキーとしては機能していません。

▶ 第1世代のiLok USBスマート・キーをPTSのライセンスキーとして利用することはできません。iLok 2またはiLok 3 USBスマート・キーを用意する必要があります。

STEP 5　Avidマスター・アカウントを作成する

STEP 2〜4でのiLokの利用登録が終わったら、今度はSTEP 5〜6でPTSを使用するための手続きやダウンロード操作を行います。

まずはAvidのサイト（avid.com）にアクセスして、Avidマスター・アカウントを作成するところから始めましょう。

Avidのサイトのトップページ左上にある**サインイン**❶をクリックすると、サインイン／登録ページが開きます。このページの右側にある、**Avidマスター・アカウントを作成する**で各項目の記入を行ってください❷。赤いアスタリスクがつけられているのは必須項目です。パスワードにはiLokアカウントのパスワードとは無関係の任意の文字列に設定してかまいませんが、**Eメール**の項目にはiLokアカウントを作成したときに記入したメールアドレスと同じものを入力します。

私はロボットではありませんにチェックをつけたら、**アカウントの作成**をクリックします❸。記入もれやミスがなければ、そのままAvidマスター・アカウントが作成されます。

Avidマスター・アカウント作成後は、同じページ左側の**Avidマスター・アカウントにログインする**で**Eメール**と**パスワード**を入力し、**ログイン**をクリックするだけで❹、Avid | マイ・アカウントページへのログインが可能になります。

SESSION START

PTSをアクティベートしてインストーラをダウンロードする

　STEP5で作成したAvidマスター・アカウントとパスワードを使って、Avidのサイトのサインイン／登録ページからAvid｜マイ・アカウントページへログインします。

　まず、**ユーザーの製品**から**Avidソフトウェアのアクティベーションとダウンロード**❶をクリックしましょう。すると製品のアクティベーションとダウンロードページが開くので、**ダウンロード・コード**❷に購入したPTSのコードを入力し、右下の**Activate Product**❸をクリックします。

　今度はiLokアカウントページが開きますので、**iLokユーザーID**にSTEP2で設定したiLokのUser IDを入力し、**このアカウントを使用**をクリックします❹。iLokアカウントページが切り換わったら、**Password**を入力して、**Authorize**をクリックしてください❺。

▶ PTS11以前のユーザーがPTSに移行する際には、STEP6の途中でアカウント情報の追加を要求されるケースもあります。

製品ページが開いて、ダウンロード可能なインストーラの一覧が表示されるので、この中から自分のOS環境に合ったものを選択します。

PTSの本体は**ProTools 12.x Installer❻**のクリックでダウンロードできますが、それ以外のドライバやプラグインなども、必要に応じてダウンロードしておくようにしましょう。

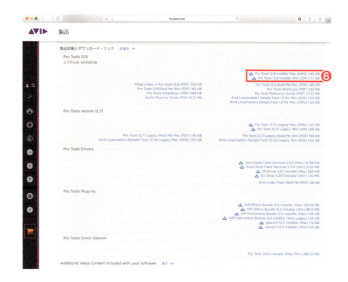

STEP 7 iLok USBスマート・キーにPTSの使用ライセンスをデポジットする

STEP2～6の操作によって、PTSの使用ライセンスの登録と、それをiLokで管理するための諸設定が完了し、手元には利用登録ずみのiLokスマート・キー、コンピュータ内にはPTSに関する必要なファイルがダウンロードされたことになります。最後にこのPTSの使用ライセンスを、iLok USBスマート・キーにデポジット（転送）して、ライセンス関連の設定を完了させましょう。

まずは利用登録ずみのiLokスマート・キーがコンピュータのUSBポートに接続されている状態でiLok License Managerを起動させ、**Sign In**❶をクリックしてサインインします。サインイン後、上部の**Available**ボタン❷をクリックすると、デポジット可能なライセンスの一覧が表示されます。

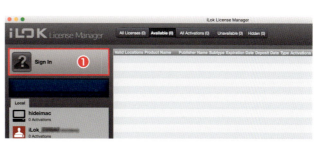

▶ Availableボタンが表示されないときは、iLok License Managerのウィンドウサイズを広げてください。

この一覧の中からPTSの使用ライセンスを選択して、画面左のリストに表示されたiLok USBスマート・キーのアイコンにドラッグ＆ドロップしてください❸。**Confirm Activation**ダイアログが表示されるので**OK**❹をクリックし、続いて表示される**Successful Activation**ダイアログでも**OK**❺をクリックすればデポジット完了です。

iLok USBスマート・キーのアイコンをクリックすると、そのiLok USBスマート・キーにデポジットされたライセンスが一覧で表示されます。

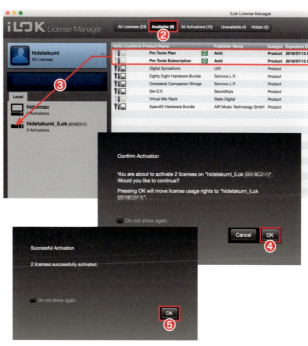

SESSION START

STEP 8　PTSのインストールと初回の起動を行う

STEP2〜7までの操作によってライセンスに関するすべての設定が完了したので、ここからいよいよSTEP6でダウンロードしたPTSのインストール作業を行います。

▶ 10.3.5以前のPTSがインストールされているコンピュータにPTSを共存させることはできません。この場合は旧バージョンのPTSのアンインストールを行ってから最新のPTSをインストールするようにしましょう。

MacOSでは、**Install Pro Tools 12.x.x.pkg** ❶を起動させ、画面の指示に従ってインストールを行います。Windowsでは、ダウンロードしたPro Toolsフォルダーを展開し、**Setup.exe**❷を起動させます。いずれのケースでも、インストール画面が表示されたら、その指示に従ってください。

インストールが完了したら、確認のために**アプリケーション**フォルダ（MacOS）や**プログラム**（Windows）からPTSを起動させてみましょう。インストールに問題がなければダッシュボード❸が表示され、**作成**をクリックすると新規セッションが開きます。

▶ 本格的に新規セッションを開始する際の具体的な操作手順について詳しくは「新規セッション／新規トラックを作成したい」（P26）を参照してください。

HINT & TIPS　iLok USBスマート・キーは絶対なくさないように！

使用ライセンスをデポジットしてあるiLok USBスマート・キーがあれば、USBポートにそれを接続するだけで任意のコンピュータ上でPTSが使用可能です。つまり、自宅とオフィスのようなロケーション別や、デスクトップ（据え置き）とノート（モバイル）といった使用状況別に合わせ、それぞれのコンピュータにPTSをインストールしておくだけで、望んだときに望んだ場所で制作作業を行うことが可能になるわけです。

ただしPTSの起動にはiLok USBスマート・キーがUSBポートに接続されていることが必須条件であるため、複数のコンピュータでの同時起動はできません。

またiLok USBスマート・キーを紛失してしまうと、どのコンピュータからも起動することができなくなります。サードパーティ製のプラグインインストゥルメントやプラグインエフェクトの中には、PTS同様、ライセンスをiLok USBスマート・キーにデポジットして使用するタイプも多いので（なお1つのiLok 3 USBスマート・キーには1,500ライセンスのデポジットが可能です）、紛失しないように気をつけましょう。

HINT & TIPS　DAW環境には音楽制作に無関係の機能を持ち込まないのが基本

PTSに限らず、DAWでの音楽制作環境ではコンピュータやOSに負荷のかかる動作を極力排することが基本です。インターネットやBluetooth、Wi-Fi、省エネルギー設定、OSの自動バックアップ設定などはオフにしておきましょう。

またファイルネームやトラック名に日本語を使用しないようにすると、MacとWindows間での文字化けを回避したり、日本語（2バイト文字）の処理によるコンピュータへの負担を減らすことが可能です。

SESSION START

02 オーディオインターフェースの接続と インプット／アウトプットパスの設定

音楽制作用途に要求される高い水準のオーディオ入出力環境を実現するには、オーディオインターフェースの利用が必須となります。MacOSではCoreAudio、WindowsではASIOに対応したオーディオインターフェースが使用できます。ここではコンピュータに接続したオーディオインターフェースを、PTSのオーディオ入出力に利用するための設定手順を紹介します。

STEP 1　オーディオインターフェースの接続を確認する

まず、使用するオーディオインターフェースがUSBやFireWire、あるいはThunderboltケーブルなどでコンピュータに接続されており、それらがコンピュータに認識されているか確認します。

MacOSでは、**アプリケーション**フォルダ内の**ユーティリティ**フォルダにある**Audio MIDI設定**❶を起動させ、**ウインドウ**メニューから**オーディオ装置を表示**❷を選択します。画面左のリストに接続したオーディオインターフェースが表示されていれば、Macとの接続が認識されていることになります。

Windowsでは、使用するオーディオインターフェースのASIOコントロールパネル❸が表示されていれば接続が認識されていることになります。なお、ASIOドライバ自体がPCにインストールされているかは、PTSの**プレイバックエンジンダイアログ**上で確認することができます。

MacOS

Windows

> オーディオインターフェースを動作させるには、使用する製品に合ったCore Audioドライバ（MacOS）あるいは、ASIOドライバ（Windows）が必要です。これらの最新バージョンがコンピュータにインストールされていることが、オーディオインターフェース利用の前提となります。Core Audioドライバ、ASIOドライバのインストール操作について詳しくは「オーディオドライバをインストールする」（P10）を参照してください。

HINT&TIPS　コンピュータ内蔵のオーディオ入出力ポートを利用することも可能

どうしてもコンピュータ内蔵のオーディオ入出力ポートを利用しなければならない場合、以下の方法で対処できます。

MacOSでは**Audio MIDI設定**の**オーディオ装置**ウィンドウを開き、左側のリストにある**Pro Tools 機器セット**で**内蔵入力**と**内蔵出力**の**使用**の欄にチェックをつけます（なお、外部のオーディオインターフェースの入出力にもチェックをつけることで、Mac内蔵のオーディオ入出力ポートとオーディオインターフェースの併用も可能です）。

Windowsでは、汎用のASIOドライバ、たとえばフリーウェアで有名なASIO 4ALLなどをインストールすることで、PC内蔵の入出力ポートをオーディオインターフェースの代わりとして使用できます。

SESSION START

STEP 2　プレイバックエンジンを設定する

　PTSを起動させ、**設定**メニューから**プレイバックエンジン**❶を選択して、**プレイバックエンジン**ダイアログを開きます。

　プレイバックエンジンのメニューからSTEP1で接続を確認したオーディオインターフェースを選択したら❷、**OK**をクリックしてください。

STEP 3　オーディオインターフェースの固有設定を行う

　オーディオインターフェースによっては、製品本体の各種設定を専用の設定ソフトで行うものがあります。設定を必要とする場合には、**設定**メニューから**ハードウェア**❶を選択して、**ハードウェア設定**ダイアログを開きます。

　ペリフェラルで目的のオーディオインターフェースを選択し、**コントロールパネル起動**❷や**設定アプリケーションを起動**をクリックすると、そのオーディオインターフェースのコントロールパネルを開くことができます。

　オーディオインターフェース固有の具体的な設定操作については、オーディオインターフェースのマニュアルを参照してください。

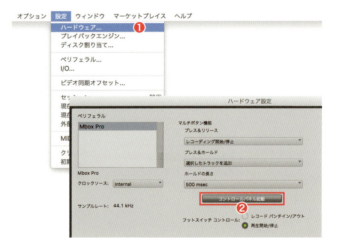

STEP 4　インプットパスを作成する

　ここではオーディオの入出力の通り道となるパスを作成し、設定します。

　まず**設定**メニューから**I/O**❶を選択して、**I/O設定**ウィンドウを開き、セッションのインプット（入力）パスから作成しましょう。

　インプットタブ❷をクリックして、STEP2でプレイバックエンジンに選択したオーディオインターフェースと、そこで使用できるオーディオの入力ポートが表示されていることを確認します。

新しいパス❸をクリックすると開く**新規パス**ダイアログで、作成するパスの数やモノラル／ステレオの選択、パスにつける名前を設定します。また、ここでは**デフォルトのチャンネルアサインメントを追加する**と**サブパスを自動作成**にはチェックをつけないでおきます❹。

作成をクリックすると、新たなパスが作成されます❺。

▶ 入力ポートが2つしかないオーディオインターフェースを使用する場合、STEP4〜5の操作は必要ありません。

▶ **サブパスを自動作成**にチェックをつけた状態でインプットパスの作成を行うと、STEP6の手順をスキップすることができます。またインプットパスの作成の際に**新しいパス**ではなく、**デフォルト**をクリックすると、ごく標準的なパスの設定が自動で行われます。

STEP 5　インプットパスにオーディオインターフェースの入力ポートを割り当てる

次に、STEP4で作成したインプットパスをオーディオインターフェースの入力ポートに割り当てます。目的のインプットパスとオーディオインターフェースのポートの交点にマウスを持っていくとカーソルがペンシルに変わるので❶、その状態で、割り当てたいオーディオインターフェースの入力ポートをクリックします。ステレオに設定しているインプットパスの場合は、入力ポートが自動的にLとRのペアで設定されます❷。

入力ポートの割り当て（PTSではチャンネルアサインメントと呼んでいます）を変更する際は、変更したい入力ポートにマウスを持っていくと指先の形にカーソルが変わるので❸、その状態で変更先の入力ポートまでドラッグします❹。

また、パスの**名前**欄をダブルクリックすると、インプットパスの名称を変更することができます。多数の入力ポートを装備するオーディオインターフェースを使用する場合などは、インプットパスと入力ポートの関係が把握しやすい名称に変更しておくといいでしょう❺。

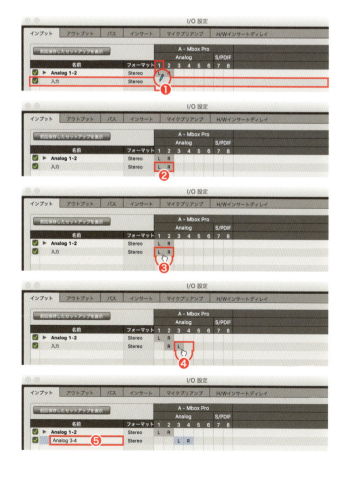

SESSION START

STEP 6 サブパスを作成／設定する

サブパスは主に、ステレオに設定した1つのインプットパスを2つのモノラルパスとしても使えるようにしたいときなどに作成します。

操作は簡単で、まず目的のインプットパス（画面例ではAnalog 3-4）を選択後❶、**新しいサブパス**❷をクリックして、**新しいサブパス**ダイアログを開きます。このダイアログで2つのモノラルのサブパスを作成するように各項目を設定したら❸、**作成**をクリックしてください。

インプットパスの下にサブパスが2つ作成されますから❹、それぞれのチャンネルアサインメントをインプットパスと同様の操作で設定します。

また、サブパスの**名前**欄をダブルクリックして、名称をわかりやすいものに変更しておくといいでしょう❺。

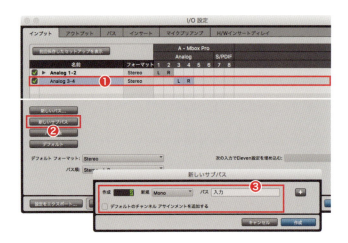

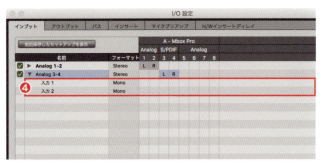

HINT & TIPS　バスという他のDAWでは見慣れない用語について

　PTSのオーディオ信号に関連する用語で特有なのが、パスという言葉です。PTSでは、パス（Path）はPTSのトラックとオーディオインターフェースの入出力ポートや、トラック間を結ぶオーディオ信号が通る道を総称する言葉として使われています。

　一方、PTSにはバス（Bus）という用語も使われています。こちらはトラックからのオーディオ信号の送り先を表したもので、たとえばオーディオ信号をグループトラックに送るグループバスや、Aux入力トラックに送るAuxバスといった使い方をします。イメージとしては、○○パスという道の上を、○○行きという乗り合いバスがオーディオ信号を乗せて走っていると考えればいいでしょう。

　ちなみに他のDAWのほとんどがこのような用語の使い分けをせず、バスという用語で両者の意味を兼ね合わせています。実際、使い分けなくても問題はないのですが、厳密に言えばこのPTSの考え方の方が正確とも言えます。

STEP 7 アウトプットパスを作成／設定する

STEP4〜6の操作でインプットパスの作成と設定が終わったので、**アウトプットタブ**❶をクリックして、アウトプットパスの作成と設定に移ります。

操作はインプットパスの作成や設定と同じですが、サブパスの設定は行えません。

モニターパスには、モニタースピーカーが接続されているオーディオインターフェースの出力ポートに設定されているアウトプットパスを選択します。**試聴パス**には、オーディオクリップなどの試聴の際に使用するアウトプットパスを選択します。**AFL/PFLパス** には、AFL（After Fader Listen）やPFL（Pre Fader Listen）機能を使ったトラックのモニターに使用するアウトプットパスを選択します。

多数の出力ポートを持つオーディオインターフェースを使用する場合は、用途に合わせて選択することもできますが、通常はいずれに対してもモニタースピーカーが接続されているアウトプットパスを選択しておけばいいでしょう❷。

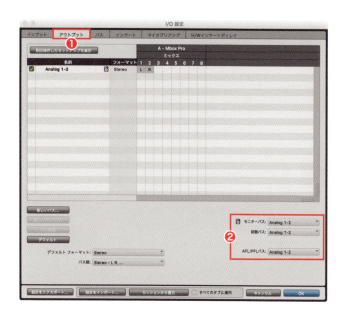

HOW TO 不要なパスを削除する／不使用にするには

不要なパスやサブパスは、それを選択状態にして**パス削除**❶をクリックすると、削除することができます。またパスのチェックボックスからチェックをはずと❷、そのパスが不使用状態となります。

▶ パスの名前の左隣にある▶をクリックして、向きを変えることでサブパスの表示／非表示を切り換えることができます。

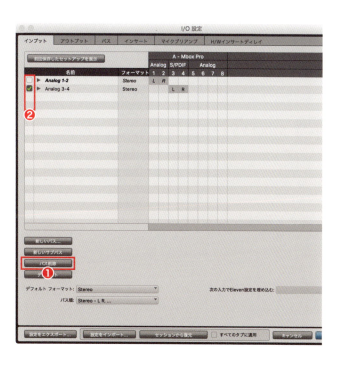

SESSION START

03 外部MIDI機器の接続と設定

PTSで、外部MIDI音源やMIDIインターフェース、MIDIキーボードなどを使用する際には、それぞれの機器の最新ドライバがコンピュータにインストールされている必要があります。また通常のプラグインインストゥルメントとは違い、外部MIDI音源の音色を名称で選択できるようにするには、事前にPTS側にパッチ名を登録しておかなければなりません。

STEP 1 外部MIDI機器の接続を確認する

まず、使用する外部MIDI機器がUSBやFireWire、あるいはThunderboltケーブルなどでコンピュータに接続されており、それらがコンピュータに認識されているか確認します。

MacOSでは、**アプリケーション**フォルダ内の**ユーティリティ**フォルダにあるAudio MIDI設定❶を起動させ、**ウインドウ**メニューから**MIDIスタジオを表示**❷を選択します。画面上に接続した外部MIDI機器が表示されていれば❸、Macとの接続が認識されていることになります。

Windowsでは、使用する外部MIDI機器ごとのコントロールパネルで状況を確認します。

▶ Windowsの場合、製品によってはコントロールパネルが用意されていないこともあります。

▶ MIDIインターフェース機能を兼ね備えたオーディオインターフェースを利用する場合は、その製品に適合するオーディオドライバをインストールする際、自動的にMIDIドライバのインストールも行われるケースがほとんどです。ただしMIDI専用インターフェースなどを使う場合は、事前にその製品用のMIDIドライバをインストールしておきます。また最近のMIDIキーボードなどにはMIDIドライバのインストールが不要な製品も数多くあります。

STEP 2 MIDIスタジオを設定する（MacOSの場合のみ）

MacOSでは、外部MIDI機器の名称と設定をAudio MIDI設定に登録することで、PTS上にもそれが反映されます。

Audio MIDI設定ユーティリティは、STEP1で述べた手順以外に、PTSの**設定**メニューにある**MIDI**から**MIDIスタジオ**❶を選択して直接開くことも可能です。

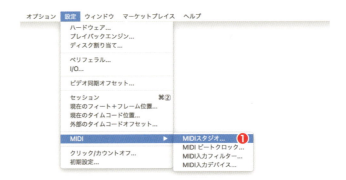

MIDIケーブルでMIDIインターフェースに接続されている外部MIDI音源やMIDIキーボードなどは、MIDI装置として新規登録する必要がありますので、まずツールバーの**装置を追加**❷をクリックして、**新しい外部装置**を追加します❸。

　これをダブルクリックすると**新しい外部装置のプロパティウィンドウ**が開くので、**装置名**をクリックして機器に合った名称（画面例ではMIDI Keyboard）に変更しましょう❹。また、機器のアイコン❺をクリックしてアイコンブラウザを開き、リストから別のアイコンを選択することも可能です。

　続いて、**プロパティ**タブでこの外部MIDI機器で送受信するMIDIチャンネルを選択します❻。複数のMIDI入出力ポートを持つ外部MIDI機器の場合は、**ポート**タブに切り換えて入出力のMIDIポート数を追加したり削除することもできます❼。

　設定後、**適用**❽をクリックすれば登録完了です。同じ手順で接続しているすべての外部MIDI機器を登録しておきます（ここでは、GMという名称の外部MIDI音源を追加してあります）。

　このようにして新規登録した外部MIDI機器は、その機器の▲（出力ポート）や▼（入力ポート）をMIDIインターフェースの▲（入力ポート）や▼（出力ポート）へとドラッグするとバーチャルなケーブルで結ばれます。必要ならば1つの入出力ポートに対して、複数の外部MIDI機器を接続することも可能です❾。また、接続ずみのケーブルをクリックして選択状態にし、delete/Backspaceキーを押せば、接続を解消することができます。

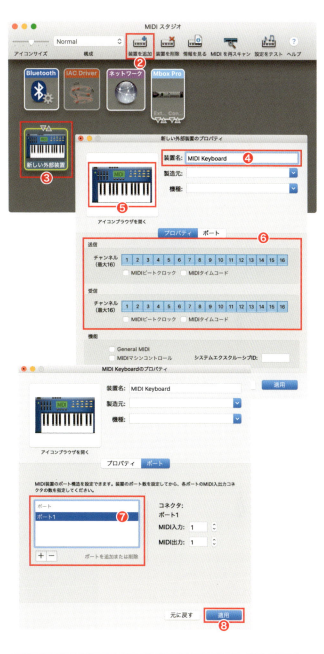

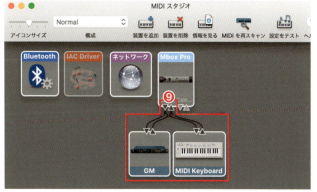

SESSION START

STEP 3 PTSへのMIDI演奏データの入力に使用する外部MIDI機器を指定する

まだPTSを起動させていない場合は、ここで起動させ、セッションを開きます。

設定メニューのMIDIからMIDI入力デバイス❶を選択し、MIDIインプット有効化ダイアログを開きます。ここでPTSへのMIDI演奏データの入力に使用する外部MIDI機器にチェックをつけることで、その外部MIDI機器をリアルタイムMIDIレコーディングやMIDI演奏データの入力装置として使用できます❷。なお、鍵盤を持たないMIDI音源モジュールのように、基本的にPTSへMIDI信号を送る必要のない機器に対しては、チェックをつける必要はありません。

▶ セッションが開かれていない状態では、**MIDI入力デバイス**のメニューがグレーアウトして選択できません。

HOW TO 登録した外部MIDI機器を使用するには

コンピュータとの接続が確立している（Mac OSの場合は、MIDIスタジオで登録ずみの）外部MIDI機器は、PTSでの使用が可能です。

MIDIトラックのインプットセレクタでは**MIDIインプット有効化**ダイアログで指定したMIDI演奏データ入力用の外部MIDI機器（ここではMIDI Keyboard）❶、アウトプットセレクタでは、そのMIDIトラックの演奏に使用する外部MIDI音源（同じくGM）と、場合によってはそのMIDIチャンネルを含めて❷指定することができます。

インプットセレクタ

アウトプットセレクタ

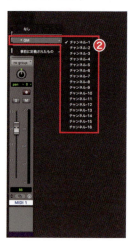

HINT&TIPS USBハブを利用してUSBポートを増設するときは

PTSでの音楽制作環境を考えると、コンピュータ本体に装備されたUSBポートだけでは不足するケースが生じることも多いと思います。

USBポートを増やすには、USBハブと呼ばれる装置を使うのが最も手っ取り早い方策ですが、USBハブを使用したことで、エラーが起こることもしばしばあります。

なるべくエラーを起こさせないためには、USBハブにはデータを高速転送する必要がないコンピュータのキーボードやマウス、トラックパッドやiLok USBスマート・キーを接続し、高速転送が必要なオーディオデータの書き込み／読み出し用の外部USBハードディスクやオーディオインターフェースは、独立したUSBポートへ接続するようにしましょう。

外部MIDI音源の音色をパッチ名で選択するには

PTSのMIDIトラックでは、パッチセレクト機能を使って外部MIDI音源の音色を選択することができます。

操作は簡単で、外部MIDI音源（とMIDIチャンネル）を指定後、MIDIトラックのパッチセレクト❶をクリックし、表示されるリストで目的の音色のプログラムナンバーをクリックするだけでOKです。ただ、使い勝手を考えると、やはり音色がイメージしづらいプログラムナンバーよりも、パッチ名で選択できるようにしておいた方がいいでしょう。

そのための設定操作も難しいものではありません。リスト左下の**変更**❷をクリックすると**インストゥルメント用のパッチ名ファイルを選択**ウィンドウが開くので、メーカーや製品名などに従って必要なパッチ名ファイルを選択して**開く**❸をクリックするだけです。

これでリストの表示が目的の外部MIDI音源の機種に相当するパッチ名に切り換わります❹。**完了**❺をクリックすると、以後はパッチ名表示のリストから音色を選択できるようになります。

▶ パッチ名ファイルは一般的なXMLの形式で記述されたテキストファイルなので、自作や部分的な書き換えも可能です。このパッチ名ファイルは、MaxOSでは、ライブラリ\Audio\MIDI Patch Names\AVID\に、WindowsではProgramfiles ¥CoommonFiles ¥AVID ¥MIDI Patch Names ¥AVIDに、メーカー別のフォルダに分かれて収録されています。自作したパッチ名ファイルはこの階層に適宜保存しておくようにしてください。

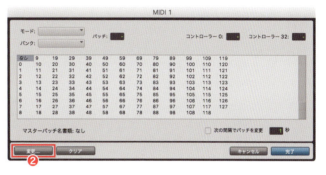

新規セッション／新規トラックを作成したい

PTSでは制作する曲のことを指してセッションと呼び、曲のデータのことをセッションファイルと呼んでいます。セッションを始める際には、最初にセッションの名前とセッションファイルの保存先、セッションのオーディオフォーマットなど設定しておく必要があります。ここではまず空白のセッションを作り、そこへ必要なトラックを任意に加えていく手順を解説することにしましょう。

STEP 1　ダッシュボードまたはファイルメニューから、空白の新規セッションを作成を選択する

アプリケーションファイルからPTSを起動するとダッシュボードが表示されます。**名称**にセッション名を入力し、**ローカルストレージ（セッション）**❶を選択しましょう。

▶ ダッシュボード左下にある**起動時に表示**のチェックをはずすと、次回起動時からダッシュボードが表示されなくなります。再び表示させたいときには、Pro Toolsメニューから**初期設定**を選択し、**表示**タブの**メッセージとダイアログ**にあるPro Toolsの**起動時にダッシュボードウィンドウを表示**にチェックを入れます。

すでにPTSが起動している状態から、空白の新規セッションを作成する場合は、**ファイル**メニューから**新規作成**❷を選択してダッシュボードを開き、同様の操作を行います。

▶ あらかじめ各種の設定が施されているテンプレートから新規セッションを作成する方法もあります。この際は、ローカルストレージ（セッション）ではなく**テンプレートから作成**を選択し、**テンプレートグループ**から作成したいセッションのカテゴリを選択後、下のリストに表示されるテンプレートから目的に合ったものを選択します。また、前回の作業の続きから制作を行いたい場合は、ダッシュボード左の**最近**タブを選択すると表示される直近に作業したいくつかのセッションから、目的のセッションを選んで開くこともできます。

STEP 2 オーディオデータの扱いに関するセッションの基本設定を行う

ダッシュボードの下部に用意されたメニューを使って、オーディオデータの扱いに関するセッションの基本設定を行います❶。

ファイルタイプでは、そのセッションのレコーディングで使用するオーディファイルフォーマットをメニューから選択します。特に理由がない限り、BWF（.WAV）を選んでおけばいいでしょう。

サンプルレートと**ビットデプス**は、コンピュータの演算能力、オーディオインターフェースのスペック、セッションに求められるオーディオクオリティを勘案しながら選択してください。

ステレオのLとRチャンネルをまとめて1つのステレオオーディオファイルとして扱う場合は**インターリーブ**にチェックをつけます。チェックをつけない場合は、Lチャンネル、Rチャンネルに個別のオーディオファイルが作成されるスプリットステレオファイルとして扱われるようになります。

I/O設定で、**前回使用された形式**を選んでおくと、次回以降同じI/O設定を引き継いで使用することができます。

STEP 3 セッションファイルの保存場所を指定する

STEP 2の操作が終わったら、**保存場所**を選択し、さらに保存先のパス❶を確認します。保存先を変更する必要がなければ、そのまま**作成**❷をクリックしましょう。セッションファイルが開くとともに、パスで示されている場所に保存されます。

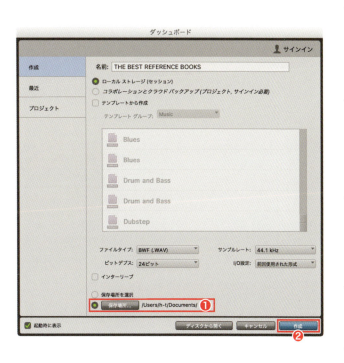

SESSION START

保存先を変更したいときは、**保存場所ボタン**❸をクリックしてOS標準の保存ウィンドウを表示させ、そのウィンドウ上から保存先に指定したい場所を選択して❹、**保存**❺をクリックしてください。なお、**保存場所を選択**❻を選択すると、**作成**をクリックした段階でOS標準の保存ウィンドウが表示され、そのつど任意の保存場所を指定したり、セッションファイル名を変更して保存することができます。

保存場所にはセッションファイル名と同じ名称のセッションフォルダが作成され、その中にセッションファイル（.ptxファイル）が作成されます❼。次回からはこのファイルを開いて作業します。ちなみにセッションフォルダ内には、セッションファイル以外に、そのセッションで使用される素材などを格納するフォルダが作成されます❽。

▶ セッションフォルダ内に存在するWaveCache.wfmファイルは、セッション使用中に作成された一時ファイルです。このファイルを含め、使用中のセッションフォルダ内のファイルやフォルダの場所を移動させたり、削除したりすると思いがけないトラブルの元になりますので、セッションファイルの内容についてはPTS上以外から手を加えないようにしましょう。

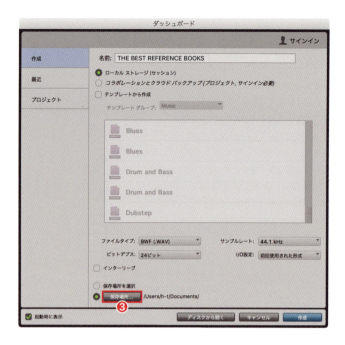

トラックを新規作成するには

STEP1～3の操作で作成した空白の新規セッションにトラックを作成する際は、**トラック**メニューから**新規**❶を選択し、**新規トラックダイア**ログを開きます。生楽器やボーカルをレコーディングするにはオーディオトラック、MIDIレコーディングにはMIDIトラック、プラグインインストゥルメントを使う場合はインストゥルメントトラックを、それぞれ作成します。

右の**＋**❷をクリックするたびにフィールドが追加されるので、これを利用して画面例のように異なるタイプのトラックを同時に作成することもできます。特に理由がなければ、**形式**はデフォルトで選ばれたもののままにしておき、各トラックに対するモノラル／ステレオの指定や作成するトラック数を入力したら❸、**作成**❹をクリックします。

トラックは作成順に配置されるため、必要があれば右端のハンドルで順序を入れ換えます（トラック作成後に目的のトラックを上下ドラッグすることで配置を入れ換えることも可能です）。またトラック名は、デフォルトでトラックの種類＋ナンバーになりますが、名称をダブルクリックして任意のものに書き換えることができます。

なお、トラックの新規作成は、編集ウィンドウのトラック表示下やミックスウィンドウのトラック表示右の空いている領域をダブルクリックすることでも可能です。デフォルトではステレオオーディオトラックが作成されますが、すでに他タイプのトラックを作成している場合には、直前に作成されたものと同じ形式のトラックが作成されます。

▶ ダブルクリック時に修飾キーを組み合わせて、直接任意のタイプのトラックを作成することも可能です。この場合、command/Ctrl＋ダブルクリックでオーディオトラック、control/Start＋ダブルクリックでAux入力トラック、option/Alt＋ダブルクリックでインストゥルメントトラック、Shift＋ダブルクリックでマスターフェーダートラックを作成できます。

HINT&TIPS　ビットデプスとサンプルレートの設定について

ビットデプスと**サンプルレート**は、オーディオをデジタルとして記録する際のデータ変換の細かさに関するスペックです。

ビットデプスは、音のダイナミクスを記録する精度を表す数値で、16ビットでは65,536段階、24ビットでは16,777,216段階になります。このビットデプスの数字が大きいほど、より小さい音まで細く記録することができます。

また、**ビットデプスを32ビット浮動小数点数**に設定した場合は、レコーディング時のレベル設定にほとんど気を遣わなくてよく、仮にレコーディングレベルが小さすぎ（大きすぎ）たとしても、レコーディング後にほぼ音質の劣化なく適正なレベルに修正できる利点を持っています。

サンプルレートは1秒間にサンプルを行う回数を表す数値で、この数値の1/2の周波数（サンプルレートが44.1kHzならば22.05kHzまで）を記録することができます。

いずれも数値を高く設定すると、より音質的にクオリティの高いレコーディングが行えるのですが、それに伴ってデータ量も大きくなり、処理が重たくなったり、場合によっては使用できるトラックやプラグインの数が減ったりします。そのため、むやみに高く設定するのではなく、コンピュータへの負荷との兼ね合いを考えた設定を行ってください。オーディオCDが16ビット、44.1kHzで記録されているので、**ビットデプス**と、**サンプルレート**設定時の目安にできるでしょう。

SESSION START

セッションのテンポ、拍子、調(キー)を
設定したい／途中で変更したい

テンポ、拍子、調（キー）は、編集ウィンドウ上部のルーラーで設定します。テンポ、拍子、調の各ルーラーが用意されており、それぞれにテンポマーカー、拍子マーカー、調マーカーを設定することができます。セッションの冒頭に配置されたマーカーがスタート時点での設定になり、途中でテンポや拍子、調の設定を変更したい場合は、目的の位置にマーカーを追加します。

STEP 1　編集ウィンドウにテンポ／拍子／調（キー）ルーラーを表示させる

表示メニューのルーラーにあるテンポ、拍子、調号❶で必要な項目にチェックをつけると、編集ウィンドウにその項目のルーラーが表示されます。ルーラーのメニューからそれぞれの項目にチェックをつけることでも同じ結果が得られます。

なお、テンポ設定の途中変更を有効にする際は、トランスポートのコンダクターボタン❷を点灯状態にしてください。

▶ トランスポートにコンダクターボタンが表示されていないときは▼のメニューからすべてを選択します。

STEP 2　設定を行う位置を指定する

ツールはどれでもかまいませんから、ルーラー上で目的の位置をクリックしてカーソルをそこへ移動させます❶。キールーラーではドラッグで選択範囲を指定することも可能です。

そのまま設定したいルーラーの右にある+❷をクリックすると、そのルーラーに合わせて○○の変更ダイアログが開きます。

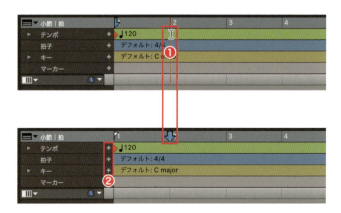

STEP 3　○○の変更ダイアログで必要項目を入力する

○○の変更ダイアログで、それぞれの必要項目を入力します。**テンポの変更**や**拍子の変更**ダイアログにある**場所**には自動的に現在のカーソル位置と同じ値が設定されていますが、このダイアログから設定を行う位置を変更することも可能です。**BPM**や**拍子**に適宜数値を入力します。**レゾリューション**では、テンポの単位になる音符を、**クリック**では、クリック（メトロノーム）音の間隔を表す音符をメニューから選択します❶。

キー変更ダイアログでは、スタートの位置を意味する**範囲**に現在のカーソル位置と同じ値が設定されています。こちらもこのダイアログから選択範囲の変更が可能です。またエンドの位置は**次の調号**、**小節指定**、**セッションの終わり**から選択します。設定するキーは、**長調**、**短調**、**シャープ**、**フラット**の調号の組み合わせから目的のキーをクリックして選択します❷。

OK❸をクリックすると、○○の変更ダイアログで行った設定に従って○○マーカーが作成されます❹。

▶ ○○の変更ダイアログに用意されている**小節線に一致**にチェックをつけると、STEP2で設定したカーソル位置が小節ちょうどの位置になかった場合でも、近くの小節ちょうどの位置に○○マーカーが入力されます。逆に、チェックをはずせば、小節内の任意の位置に○○マーカーを入力することができます。

▶ テンポ／拍子／キールーラー上で、目的の位置をcontrol/Start＋クリックすると、○○の**変更ダイアログ**が開き、上記と同じ手順でその位置に○○マーカーを作成することができます。

▶ 任意の拍単位で○○マーカーの位置や選択範囲を設定したい場合は、グリッドサイズを適宜設定した上でエディットモードを**絶対グリッドモード**にしておくといいでしょう。絶対グリッドモードについて詳しくは「範囲選択、配置、移動、リサイズをグリッドに従って行うには（絶対グリッドモード）」（P114）を参照してください。

なお、テンポは**イベント**メニューの**テンポ操作**から**一定**❺を選択すると開く**テンポ操作ウィンドウ**❻、拍子は、同じく**イベント**メニューの**時間操作**から**拍子変更**❼を選択すると開く、**時間操作ウィンドウ**❽からでも設定可能です。

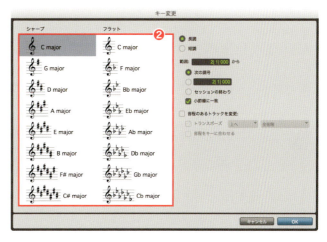

SESSION START

HOW TO テンポ／拍子／キーマーカーの設定を変更するには

テンポ／拍子／キーマーカー❶は、直接ダブルクリックして○○の**変更**ダイアログ❷を開き、設定内容のエディットを行うことができます。

また、テンポマーカーは、直接ドラッグして位置を移動させることが可能です❸。

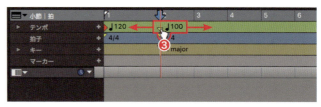

HOW TO テンポ／拍子／キーマーカーをコピー／カット＆ペーストするには

テンポ／拍子／キーの各マーカーは、コピー／カット＆ペーストによる他の位置への流用が可能です。

たとえばテンポマーカーだけを流用したい場合は、テンポルーラー上で範囲設定を行い（複数のテンポマーカーを含む範囲設定も可）、**編集**メニューから**コピー**または**カット**を選択後、テンポルーラー上の目的の位置をクリックし、**編集**メニューから**ペースト**を選択します。他のマーカーのコピー／カット＆ペースト操作も同様です。

また画面例のように、テンポ／拍子／キーの各マーカーを含む範囲設定を行い❶、コピー／カット実行後、目的の編集位置からテンポ／拍子／キールーラーを含むように範囲選択して❷、ペーストを行うと、一挙に各マーカーを流用することができます❸。

テンポ／拍子／キーマーカーを含めて範囲選択後、コピーを実行

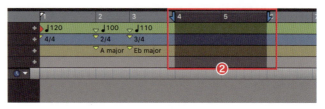

ペーストしたい位置からテンポ／拍子／キールーラーを含めて範囲選択

ペーストを実行してテンポ／拍子／キーマーカーを一挙に流用

セッションのテンポ、拍子、調(キー)を設定したい／途中で変更したい

なお、コピー／カットしたマーカーにテンポマーカーが含まれている場合は、**サンプルベースのトラックとマーカーの編集を自動調整しますか？** とたずねるダイアログ❹が表示されますので、通常は**調節**をクリックしておきます。

なお、場合によっては、ペースト実行後、本来コピー／カット＆ペーストとしたマーカー以外に、同種のマーカーが調節のために1つ作成されることがあります❺。

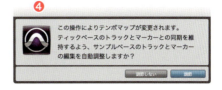

テンポ／拍子／キーマーカーを削除するには

作成ずみのテンポ／拍子／キーマーカー❶は、目的のマーカーを直接option/Alt＋クリックして削除することができます。こうすることで、コピー＆ペーストなどによって生じた、調節のための余分な♩♩マーカーの削除が行えます。

なお、キーマーカーを削除するときは、**調号削除**ダイアログが表示されますが、通常はそのまま**音程のあるトラックを変更**❷にチェックをつけずに**OK**をクリックします。

▶ 目的のテンポ／拍子／キーマーカーを範囲選択後、delete/Backspaceキーを押すことでも削除可能です。

不要なテンポ／拍子／キーマーカーは直接option/Alt＋クリックして削除

HINT&TIPS テンポが一定の曲ならば、マニュアルテンポモードでの簡単テンポ設定で十分

トランスポートの**コンダクター**ボタン❶を消灯させるとマニュアルテンポモードになります。

このモードではトランスポートに表示されているテンポの値❷をクリック後、縦方向にドラッグしたり、マウスホイールを回すことで、セッション全体を対象にしたテンポを設定することができます（テンキーからの数値の直接入力にも対応しています）。テンポの基準となるビート（♩＝○○というテンポ表示の♩に該当する音符）を変更したい場合は、音符表示の右にある▼のメニューから選択してください。

前述のように、マニュアルテンポモードで設定したテンポは常にセッション全体に対して機能しますから、セッションを通じてテンポ変更がない曲の場合は、テンポマーカーを作成するよりもマニュアルテンポモードでのテンポ設定の方が手っ取り早いでしょう。

またマニュアルテンポモードでは、テンポの数字をクリック後にTキーをタップすると、タップの間隔に従ってテンポが測定されます。そのままリターンキーを押すと、セッションのテンポが測定されたテンポに設定されます。

SESSION START

クリック(メトロノーム)を設定したい

リアルタイム演奏のレコーディングではフリーテンポでOKというケースはそれほど多くはなく、ほとんどの場合、テンポのガイドとなるクリックが必要になります。PTSにはクリック専用のプラグインインストゥルメント(Click II)が用意されており、通常はそれを使ってクリック音を鳴らします。ここでもそれを前提にした設定手順を紹介することにしましょう。

STEP 1 クリックトラックを作成する

トラックメニューから**クリックトラック作成**❶を選択すると、Click IIを音源とする❷、クリックという名称のトラックがソロセーフ❸に設定された状態で自動作成されます。

▶ ソロセーフは、他のトラックのソロ設定に関係なく常に再生状態を保つための機能です。詳しくは「特定のトラックを単独で再生したい／消音したい／常に再生対象にしたい」(P218)を参照ください。

なお、クリックを利用する際は、**メトロノームボタン**❹を点灯させ、機能自体を有効にする必要があります。設定の如何にかかわらず、このボタンが消灯しているとクリック音は鳴りません。またカウントオフ機能を利用する場合は、**カウントオフボタン**❺をクリックして点灯状態にしておきます。

▶ 編集ウィンドウのトラックにClick IIがインサートされたインサートスロットが表示されない場合は、**表示**メニューの**編集ウィンドウビュー**から**インサートA-E**を選択してチェックをつけます。

STEP 2 クリック音を鳴らす状況を設定する

設定メニューから**クリック/カウントオフ**❶を選択して、**クリック/カウントオプション**ダイアログを開きます。クリック音を鳴らす状況は、**再生/録音時**、**録音時のみ**、**カウントオフの間のみ**から選ぶことができます❷。

カウントオフとはスタート前の前振りのことですので、好みに合わせて適宜小節数を設定してください。また、通常は**録音時のみ**❸にチェックをつけて、再生時にはカウントオフ設定が無視されるようにしておきましょう。

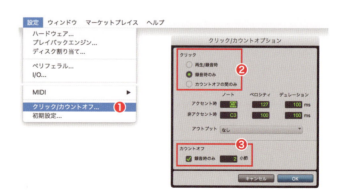

▶ Pro Tools初期設定ダイアログの**MIDI**タブで、**基本セクション**にある**新規セッションにクリックトラックを作成**にチェックをつけていると、新規セッションの作成と同時にクリックトラックが自動作成されます。

▶ 外部MIDI音源をクリック用の音源に使用する場合、クリックトラックの作成は不要です。**クリック**と**カウントオフ**の設定以外に、**アウトプット**のメニューから目的の外部MIDI音源(MIDIポート)を選択し、クリックの発音に利用する**ノート**(音高)と、その**ベロシティ**(強さ)、**デュレーション**(長さ)を、**アクセント時／非アクセント時**のそれぞれに設定してください。

STEP 3 クリックの音色を選択する（デフォルトから変更したい場合）

クリックに用いる音色をデフォルトから変更したい場合は、編集ウィンドウ（またはミックスウィンドウ）のクリックトラックで、インサートスロットにインサートされているClick II❶をクリックしてプラグイン設定ウィンドウを開き、CLICK 1、CLICK 2それぞれの音色メニューから好みや用途に合わせて選択してください❷。

デフォルトのままでかまわなければ、そのままSTEP 4に進みます。

STEP 4 CLICK 1とCLICK 2の発音間隔や音量バランスを設定する

通常はFOLLOW METER❶を有効（点灯状態）にしておきます。この場合、CLICK 1が各小節の冒頭1拍目で発音し、CLICK 2がそれ以外の拍で発音します。また、FOLLOW METERを無効（消灯状態）にして、CLICK 1、CLICK 2それぞれの音符❷をクリックすることで、発音間隔の個別設定も可能です。

また、CLICK 1、CLICK 2の音量バランスはそれぞれのフェーダー❸で調節できます。

HOW TO カスタマイズしたクリック設定を常に利用できるようにするには

STEP 3～4でカスタマイズを行ったクリック設定を保存してデフォルトに設定しておくと、以後クリックトラック作成を行うたびにその設定が踏襲され、そのつど設定を行う必要がなくなります（異なるセッションでも踏襲されます）。

STEP 4の操作終了後、プラグイン設定ウィンドウの設定メニュー❶から設定を保存を選択し、いったん名称（ここではMY CLICK）をつけて設定を保存。引き続き、もう1度設定メニューでユーザーデフォルトとして設定を選択してください。さらに設定の初期設定からプラグインの初期設定を選択し、ユーザー設定❷にチェックをつけます。

■ Pro Tools初期設定ダイアログのMIDIタブで、基本セクションにある新規セッションにクリックトラックを作成にチェックをつけておくと、新規セッションの作成と同時にクリックトラックが自動に作成されます。

■ クリックトラックは非表示にしても機能しますから、設定が必要ないときは非表示にしておいてかまいません。トラックを非表示にする方法について詳しくは「トラックを削除したい／一時的に非表示にしたい／オフにしたい」（P222）を参照してください。

SESSION START

07 プレイバック/レコーディングの位置と範囲を設定したい

制作作業を進めていく中で、プレイバック/レコーディング開始位置や範囲の指定は基本中の基本操作と言えます。PTSではセッションの中の任意の箇所をプレイバック/レコーディング位置や範囲に指定できるだけでなく、ループプレイバックを行ったり、プレイバック/レコーディング範囲の選択とエディット範囲の選択をリンクさせる/させないの選択も可能になっています。

HOW TO プレイバック/レコーディング開始位置を設定するには

プレイバック/レコーディングの開始位置に関する設定はメインルーラーで行います。ツールはどれでもかまいませんから、メインルーラー上をクリックすると❶そこにタイムラインマーカーが移動し❷、プレイバック/レコーディングの基本的な開始位置となります。

ロケーションは、トランスポートのカウンターに示されます❸。

▶ 小節や拍単位でプレイバック/レコーディング開始位置を設定したい場合は、グリッドサイズを適宜設定した上でエディットモードを**絶対グリッド**モードにしておくといいでしょう。**絶対グリッド**モードについて詳しくは「範囲選択、配置、移動、リサイズをグリッドに従って行うには（絶対グリッドモード）」（P114）を参照してください。

トランスポートのカウンターに直接ロケーションの数値を入力することで、エディットモードに関係なく、任意の位置にタイムラインマーカーを指定することもできます。

メインルーラー上の目的の位置をクリックする

HOW TO プレイバック/レコーディング範囲を設定するには

ツールはどれでもかまいませんから、メインルーラー上を左右にドラッグするとその範囲が反転表示され❶、プレイバック/レコーディング範囲となります。左がイン（開始）ポイント、右がアウト（終了）ポイントで、各ポイント自体をドラッグして位置を再設定することも可能です❷。

メインルーラー上の目的の範囲を左右にドラッグする

イン／アウトポイントのロケーションと、その間の長さはセレクションインジケーターの**スタート**、**エンド**、**長さ**に示されます❸。

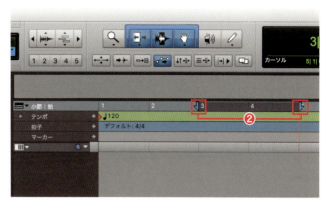

▶ 小節や拍単位でプレイバック／レコーディング範囲を設定したい場合は、グリッドサイズを適宜設定した上でエディットモードを**絶対グリッドモード**にしておくといいでしょう。**絶対グリッドモード**について詳しくは「範囲選択、配置、移動、リサイズをグリッドに従って行うには（絶対グリッドモード）」(P114) を参照してください。

これらの表示項目に直接ロケーションや長さの数値を入力することで、エディットモードに関係なく、任意の位置にプレイバック／レコーディング範囲を指定することもできます。

設定範囲内を繰り返しプレイバックさせるには

オプションメニューの**ループプレイバック**❶にチェックをつけるか、直接トランスポートの**再生**ボタンをcontrol/Start＋クリックすると、**再生**ボタンがループ表示に切り換わります❷。

▶ **再生**ボタンを右クリックし、コンテキストメニューの**ループ**にチェックをつけても同じ結果が得られます。

この状態で**再生**ボタンをクリックすると、イン／アウトポイント間を繰り返しながらプレイバックが行われます。

SESSION START

HOW TO プレイバック／レコーディング範囲の前後に余白の区間を加えるには

プレイバック／レコーディング範囲よりも前に余白の区間を加えたいときはプリロール機能、後ろに余白区間を加えたいときはポストロール機能を利用します。

設定の際は、トランスポートの**プリロール**ボタン❶、**ポストロール**ボタン❷をクリックして機能を有効（グリーンに点灯した状態）にし、直接余白の長さを入力します。

余白の長さを入力するとメインルーラー上には設定に従ってプリロールフラッグ❸、ポストロールフラッグ❹が表示されます。機能が有効になっているときはフラッグがイエロー、無効になっているときは白になります。プリロール／ポストロールフラッグ自体を直接ドラッグして余白の長さを再設定することも可能です。

■ プリロール／ポストロール機能は、オートパンチレコーディングの際に有効活用できます。オートパンチレコーディングの具体的な操作について詳しくは「特定範囲のレコーディングを自動でやり直したい（オートパンチ）」（P70）や「特定範囲のMIDIレコーディングを自動でやり直したい（オートパンチ）」（P104）を参照してください。

プリロール機能を有効にして長さを1小節に設定

ポストロール機能を有効にして長さを2小節に設定

タイムラインマーカーのインポイントの1小節前にイエローのプリロールフラッグ、アウトポイントの2小節後ろにイエローのポストロールフラッグが表示される

HOW TO ループプレイバックを好きな位置から始めるには

オプションメニューの**ダイナミックトランスポート**❶にチェックをつけると、メインルーラーが2段表示になります。

下段のメインルーラーには、上段（通常）のタイムラインマーカーのインポイント❷とは別のインポイント❸が設定できます。

ダイナミックトランスポートを有効にした場合、このようにして通常のタイムラインマーカーのインポイントより前や後ろの位置からスタートするループプレイバックが可能になるわけです。

HOW TO プレイバック／レコーディング範囲とエディット範囲（編集選択範囲）を一致させるには

オプションメニューの**タイムライン範囲と編集範囲をリンク**❶にチェックをつけると機能が有効になり、プレイバック／レコーディングのためにメインルーラー上で行う位置や範囲の設定操作と、エディットのためにトラック上で行う編集挿入位置や編集選択範囲の設定操作の結果が常に一致するようになります。編集ウィンドウの**タイムライン範囲と編集範囲をリンク**ボタン❷からも有効（点灯）／無効（消灯）の切り換えが可能です。

タイムライン範囲と編集範囲をリンクを有効にすると、編集ウィンドウのセレクションインジケーターとトランスポートのセレクションインジケーターでの表示内容も常に一致するようになります。

▶ **タイムライン範囲と編集範囲をリンク**が無効の状態では、編集ウィンドウ上のセレクションインジケーターが編集選択範囲、トランスポート上のセレクションインジケーターがプレイバック／レコーディング範囲を表します。

▶ 実際の制作作業では、プレイバック／レコーディング用の位置（範囲）設定と編集挿入位置（選択範囲）を分けなければならないケースはほぼありません。むしろ両者が一致していた方が合理的な場合がほとんどであるため、通常は**タイムライン範囲と編集範囲をリンク**を有効にしておく方が作業がスムーズになります。

HINT&TIPS　編集ウィンドウのスクロールのさせ方も選択できる

プレイバック／レコーディング中の編集ウィンドウのスクロールについては、**オプションメニュー**の**編集ウィンドウのスクロール**から4つのモードを選択することが可能です。

スクロールしないにチェックをつけると、画面表示が固定され、演奏の進行に追従して切り換わることはありません。

再生後にチェックをつけると、プレイバック／レコーディング中の動作は**スクロールしない**と同じですが、停止すると、その位置にページが切り換わります。

ページ切り換えでは、演奏の進行に従ってプレイヘッド（トラック上を貫く黒い縦のライン）が編集ウィンドウの右端に到達した時点でページが切り換わります。

連続ではプレイヘッドが固定され、編集ウィンドウ自体が連続して横に流れていくようになります。

SESSION START 08

セッション内の
目的の位置へ素早く移動／ジャンプしたい

制作作業を進めていく中で頻繁に行われる操作として、セッション中の目的の位置への移動（ロケート）があります。PTSではあらかじめ登録しておいたロケーションマーカーに対する素早いロケート操作が行えるようになっています。また、ユニバースビューを利用し、セッション全体を俯瞰した状態から目的の位置へ直接的にジャンプすることも可能です。

STEP 1 　編集ウィンドウにマーカールーラーを表示させる

ウィンドウメニューからメモリーロケーション❶を選択してチェックをつけ、メモリーロケーションウィンドウ❷を開きます。

さらに、表示メニューのルーラーからマーカー❸を選択してチェックをつけ、編集ウィンドウにマーカールーラー❹を表示させます。

▶ マーカールーラーは、メインルーラーの▼をクリックすると開くメニューで、マーカーにチェックをつけることでも表示可能です。

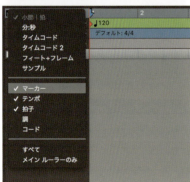

セッション内の目的の位置へ素早く移動／ジャンプしたい

STEP 2 目的の位置にロケーションマーカーを登録する

ツールはどれでもかまいませんから、マーカールーラー上で目的の位置をクリックしてカーソルをそこへ移動させます❶。そのままマーカールーラーの右にある**+**❷をクリックすると、**新規メモリーロケーションダイアログ**が開きます。マーカールーラー上の目的の位置をcontrol/Start＋クリックしても、同様の結果が得られます。

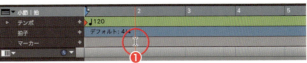

💡 小節や拍単位ちょうどの位置にロケーションマーカーを設定したい場合は、グリッドサイズを適宜設定した上でエディットモードを**絶対グリッドモード**にしておくといいでしょう。**絶対グリッドモード**について詳しくは「範囲選択、配置、移動、リサイズをグリッドに従って行うには（絶対グリッドモード）」(P114)を参照してください。

このダイアログで現在のロケーションマーカーの内容を登録していきます。ここでのケースのように位置を登録したい場合は、**タイムプロパティ**で**マーカー**を選択します。内容のわかりやすい名称をつけてください。自動的に通し番号が振られますので、**番号**はそのままにしておきましょう。また、**リファレンス**のメニューでは、**絶対値**（テンポが変わっても位置が変わらない）と**小節|拍**（テンポが変わっても小節や拍の位置が変わらない）のいずれかを選択します❸。

なお、特定の位置ではなく、特定の範囲の登録も可能です。この場合は、ロケーションマーカー上を左右にドラッグして登録したい範囲を選択後、マーカールーラーの右にある**+**をクリックして**新規メモリーロケーションダイアログ**を開き、**タイムプロパティ**で**選択範囲**を選択してください。

ジェネラルプロパティでは、ロケーションマーカーと一緒に呼び出したい項目にチェックをつけますが、ロケートだけが目的ならばどれにもチェックをつける必要はありません。

OK❹をクリックすると、最初にクリックした位置にロケーションマーカーが登録されます。

ロケーションマーカーは、マーカールーラー上にイエローで表示され❺、さらに**メモリーロケーションウィンドウ**のリストにも表示されます❻。

また、**メモリーロケーションウィンドウ**の▼をクリックして、**メインカウンターを表示**❼にチェックをつけると、ロケーションマーカーの位置を各種の数値で確認できるようになります❽。

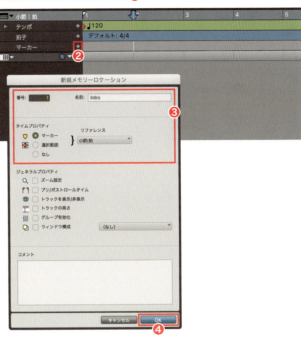

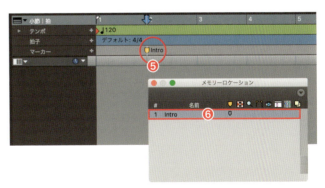

💡 新規メモリーロケーションダイアログはenterキーを押して開くこともできます。この操作の応用として、プレイバック中にenterキーを押し、押したタイミングと回数に合わせてその位置にロケーションマーカーを次々と登録していくことが可能です（**絶対グリッドモード**にしている場合は、最寄りの小節や拍ちょうどの位置に修正されます）。

SESSION START

目的のロケーションマーカーへロケートするには

ロケーションマーカーへのロケートは、**メモリーロケーションウィンドウ**のリストから目的のロケーションマーカーをクリックして行います❶。

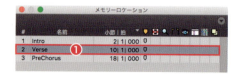

ロケーションマーカーをエディットするには

ロケーションマーカーは、左右にドラッグすることで位置を修正することができます❶。

また必要があれば、目的の**メモリーロケーションウィンドウ**のロケーションマーカーをダブルクリックして**メモリーロケーション変更ダイアログ**❷を開き、ロケーションマーカーの**名前**や**番号**などの変更が可能です。

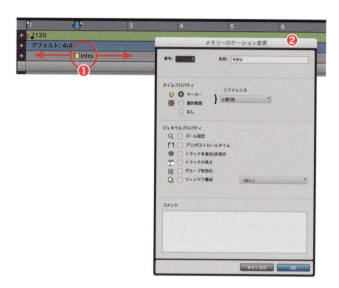

登録ずみのロケーションマーカーを削除するには

不要なロケーションマーカーはoption/Alt+クリックで削除できます❶。

一挙にすべてのロケーションマーカーを削除したいときは、**メモリーロケーションウィンドウ**の▼をクリックして、**すべて削除**❷を選択します。

セッションの俯瞰から目的の位置へ直接ジャンプするには

表示メニューのその他の表示で、**ユニバース**❶にチェックをつけるとユニバースビューが表示されます。

> ユニバースビューは、メインルーラーの上端を下にドラッグまたはダブルクリックするか、編集ウィンドウ右上の**表示**ボタンをクリックすることで表示させることも可能です。

ユニバースビューには、セッション全体のトラックとクリップ配置のイメージ概要、マーカーの位置が簡易表示され❷、現在編集ウィンドウに表示されている範囲が四角い枠❸、それ以外がグレーアウト表示になります。この四角い枠を目的の位置までドラッグすると❹、編集ウィンドウの表示内容もその位置までジャンプして切り換わります。

なお、四角い枠のサイズには現在の編集ウィンドウに表示されている範囲がそのまま反映されるため、編集ウィンドウのズーム設定によって変化します。

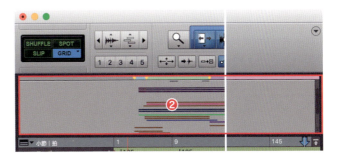

HINT&TIPS ロケーションマーカーの番号を利用したロケート先のダイレクト指定

メモリーロケーションに振られる番号（ID番号）を利用して目的のメモリーロケーションまでジャンプする操作を覚えておくと、作業の効率アップにつながります。

操作はとてもシンプルで、.（ピリオド）→ID番号→.（ピリオド）の順にテンキーを押すだけ。これで指定したメモリーロケーションへ瞬時に移動することができます。2桁以上のID番号へジャンプしたいときは.（ピリオド）→ID番号（10の位）→ID番号（1の位）→.（ピリオド）の順にテンキーを押します。また、テンキーのEnterキーを押すと新規**メモリーロケーションダイアログ**が開き、現在の位置にメモリーロケーションを作成することができます。この操作は、プレイバック中、レコーディング中、停止中のどの状態でも行うことができます。

さらに、テンキーの＝（イコール）→小節番号＋Enterキーを押すと、指定した小節へダイレクトに移動することもできます。

SESSION START 09

ウィンドウの組み合わせや表示状態をカスタマイズしたい

最適と感じるウィンドウのレイアウトや領域のバランス、必要とする表示内容、ズーム設定などは、人によってかなり差があります。デスクトップとノートブック環境でも違いますし、行おうとする作業の内容によってもそのつど変わるでしょう。そこで、限られたディスプレイ空間を有効活用し、作業効率の向上をはかるためにも、自分に合わせたカスタマイズが必要になるわけです。

HOW TO 各ウィンドウの表示内容を設定するには

ウィンドウ内に表示させる情報や項目は、表示メニューから対象を選び、サブメニューで表示したい項目にチェックをつけることで選択可能です。チェックをつけた項目だけが表示されます❶。

また、各ウィンドウのサブメニュー（▼）からも同じように設定ができます❷。

HOW TO ウィンドウ内に表示エリアを追加する／表示エリアの領域バランスを変更するには

ウィンドウの下部に左右／上下の矢印❶が表示されている場合は、それをクリックすると表示エリアが追加されます❷。

ウィンドウの組み合わせや表示状態をカスタマイズしたい

表示エリア同士の境界線を上下や左右にドラッグすると、それぞれの表示エリアの領域バランスを変更できます❸。

同じ要領で、編集ウィンドウ上のトラックヘッダやレーン、またはMIDIウィンドウのレーンの境界線❹を上下にドラッグすると上下幅の変更が可能です。この際にoption/Alt＋ドラッグすれば、すべてのトラックやレーンの上下幅を一挙にそろえることもできます。

> option/Alt＋command/Ctrl＋ドラッグで編集ウィンドウやMIDIエディタ、楽譜エディタの上部項目の並べ換えが可能です。

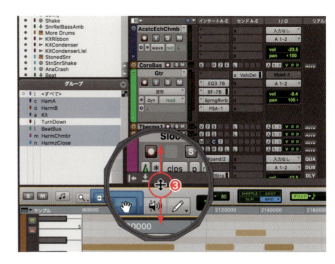

HOW TO　表示内容の拡大や縮小を行うには

各ウィンドウは右下にある縦方向と横方向それぞれの＋と－ボタン❶をクリックすることで、表示内容の拡大／縮小（ズームイン／アウト）が行えます。

また編集ウィンドウでは、**オーディオズーム**ボタン（左）と、**MIDIズーム**ボタン（右）で、クリップ内の波形やノートイベント表示の拡大縮小が可能です。その場合には、ズームしたいクリップのタイプと方向に合わせて、▲▼◀▶を適宜クリックします❷。

> ミックスウィンドウはズームによる拡大縮小はできませんが、**表示**メニューで**ナローミックスウィンドウ**を選択して、狭い幅のトラック表示にすることができます。

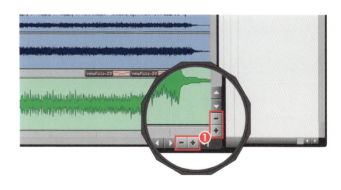

45

カウンターの表示単位を変更するには

トランスポートのカウンターは右側の▼❶をクリックして、メニューから表示の単位を任意に選択可能です❷。表示メニューのメインカウンターに用意された項目を選択することでも同様の結果が得られます。

また、下段にあるサブカウンターを異なる表示単位に設定しておくことで、2つの単位を同時に表示させることもできます。

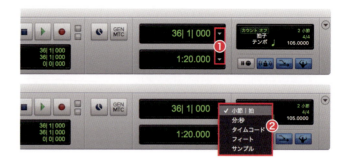

ルーラーの表示項目を変更するには

ルーラーの表示項目と時間単位は、メインルーラーの▼❶をクリックすると開くメニューから変更可能です。

ウィンドウのレイアウトと表示設定（ウィンドウ構成）を登録するには

現状のウィンドウのレイアウトと表示設定は、ウィンドウ構成として登録することができます。

ウィンドウ構成の登録は、ウィンドウメニューの構成から新規構成❶を選択すると開く新規ウィンドウ構成ダイアログで行います。

通常はウィンドウのレイアウトを選択し、編集、ミックス、MIDIエディタ、楽譜エディタ、トランスポートの表示設定を含む❷にチェックをつけます。複数ウィンドウのレイアウトではなく、特定のウィンドウの現在の設定状態を登録したい場合は、下のラジオボタンをオンにして、メニューから目的のウィンドウを選択してください。いずれの場合もわかりやすい名称をつけておきましょう。

番号については、デフォルトから変更する必要は特にありません。OK❸をクリックすると、ウィンドウ構成が登録されます。

ウィンドウ構成の登録は現在開いているセッションに対して行われるため、他のセッションからの呼び出しには対応できません。ウィンドウのレイアウトと表示設定を他のセッションでも利用したい場合はテンプレートに登録しておきましょう。テンプレートの作成について詳しくは「セッションの設定をオリジナルのテンプレートとして保存したい」（P48）を参照してください。

登録ずみのウィンドウ構成を呼び出すには

ウィンドウメニューの**構成**から**ウィンドウ構成リスト**❶を選択すると、**ウィンドウ構成**ウィンドウが開き、登録ずみのウィンドウ構成がリスト表示されます。#の数字は各ウィンドウ構成の登録番号を表しています❷。

目的のウィンドウ構成をクリックすると、その内容に従って画面表示が切り換わり、メニューバーの**ウィンドウ**横に登録番号が表示されます。

テンキーを.(ピリオド)、ウィンドウ構成の登録番号、*(アスタリスク)の順に押すと、その登録番号のウィンドウ構成リストに合わせて画面表示が切り換わります。また.(ピリオド)、0、*(アスタリスク)の順に押すと、1つ前に呼び出したウィンドウ構成に画面表示を戻すことができます。

登録したウィンドウ構成を変更して再登録するには

登録ずみのウィンドウ構成を呼び出してから、ウィンドウのレイアウトや表示設定に一部変更を加えた場合、変更後の状態を上書きして再登録したり、別名で再登録することができます。

上書き再登録の方法は簡単で、**ウィンドウ**メニューの**構成**から、レイアウトや表示設定に変更を加えた段階でアクティブになる"○○"を更新❶を選択するだけです。

ウィンドウ構成ウィンドウのリストで、現在開いているウィンドウ構成❷をダブルクリックして**ウィンドウ構成変更**ダイアログを開き、そのままOKをクリックしても同じ結果が得られます。

ウィンドウ構成の上書き再登録を行う際には、さらに**ウィンドウ**メニューの**構成**から**新規構成**を選択し、**新規ウィンドウ構成**ダイアログを表示させ、**番号**に元の番号と同じ番号を入力してOKをクリックする方法もあります。**構成を置き換えてもよろしいですか？**という確認ダイアログが表示されますから、そこでOKをクリックすれば上書き再登録が行われます。

別名で再登録したい場合は、**番号**に未使用の数字、**名前**に新しい名称を入力してから❸、OKをクリックします。

また、**ウィンドウ**メニューの**構成**で**アクティブな構成を自動更新**❹にチェックをつけておくと、ウィンドウのレイアウトや表示設定に手を加えるたびに、現在開いているウィンドウ構成の登録内容が自動的に更新されます。

SESSION START

セッションの設定を
オリジナルのテンプレートとして保存したい

ダッシュボードには新規セッションの制作をテンプレートから開始するオプションが用意されています。テンプレートにはウィンドウのレイアウトだけでなく、トラック構成やプラグイン、クリップの配置などを含め、セッションに関するあらゆる設定が含まれます。オリジナルのテンプレートを作成し、常にに自分にとって最適な状態から新規セッションの制作を開始できるようにしましょう。

STEP 1　テンプレート用のセッションを作成後、ファイルメニューからテンプレートとして保存を選択する

まずは、制作開始時を念頭に置いて、テンプレート用のセッションを作成しましょう❶。

単純な表示のレイアウト設定や空白のトラック構成だけでなく、どんなセッションでも必ず使用するクリップをトラック上に配置しておいたり、プラグインインストゥルメント、プラグインエフェクトなどをトラックのインサートスロットにインサートしておくことで、それらの設定状態を含めたテンプレートを作成することも可能です。

それができたらファイルメニューからテンプレートとして保存❷を選択し、セッションのテンプレートを保存ダイアログ❸を開きます。

STEP 2 テンプレートの保存先、カテゴリ、名称を設定する

セッションのテンプレートを保存ダイアログでテンプレートの保存先などを設定します。

テンプレートを起動時のダッシュボードに表示させたいときは、**システムにテンプレートをインストール**❶を選択します。

カテゴリのメニューからこのテンプレートを収録するカテゴリを指定します。また、あらかじめ用意されているものに適当なものが見当たらないときは、**カテゴリ追加**❷を選択して新規カテゴリ（ここではMy Template）を作成し❸、そのカテゴリ内にテンプレートを収録することもできます。

なお、**システムにテンプレートをインストール**を選択して作成したテンプレートは、PTS本体と同じフォルダにあるSession Templatesフォルダに、カテゴリごとのフォルダ別に保存されます。それ以外の任意の場所に保存したいときは、**テンプレートの場所を選択**❹を選んで、場所を指定してください。

また、クリップやビデオトラックを含んだセッションからテンプレートを作成する場合は、**メディアを含む**❺にチェックをつけます。

名前でわかりやすい名称をつけたら、**OK**をクリックしましょう。現在のセッションの状態がそのままテンプレートとして保存されます。

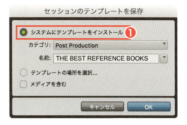

HOW TO 新規セッションの制作をテンプレートから開始するには

起動時、またはすでにPTSが起動している状態で**ファイル**メニューから**新規作成**❶を選択して、ダッシュボードを表示させます。

SESSION START

　テンプレートから作成にチェックをつけ、**テンプレートグループ**のメニューからカテゴリを選択すると❶、そのカテゴリに含まれるテンプレートがリスト表示されます。まずはこのリストから目的のテンプレートを選択しましょう❷。

　次に、通常の新規セッション作成時と同様、ダッシュボードの下部に用意されたメニューを使って、オーディオデータの扱いに関するセッションの基本設定を行います❸。

　作成❹をクリックすると、OS標準の保存ウィンドウが表示されます。このまま保存を行うとテンプレートの名称がそのまま新規セッションの名前になってしまうので❺、新しいセッションに合った名称を入力してから❻、**保存**❼をクリックします。

> オーディオデータの扱いに関するセッションの基本設定と新規セッションの保存先について詳しくは「オーディオデータの扱いに関するセッションの基本設定を行う」(P27)と「セッションファイルの保存場所を指定する」(P27)を参照してください。

　テンプレート用に作成したセッションと同じ状態の新規セッションが立ち上がります❽。

01	オーディオトラックにレコーディングを行いたい	52
02	レコーディング時のモニターの遅れを調節したい（プレイバックエンジン設定）	55
03	プラグインエフェクトの効果を含めたレコーディングを行いたい（かけ録り）	56
04	レコーディングを最初からやり直したい	59
05	既存のオーディオクリップ上にレコーディングをやり直したい	62
06	同じトラックに別テイクのレコーディングを行いたい（代替クリップ）	64
07	同じトラックに別テイクのレコーディングを行いたい（代替プレイリスト）	66
08	特定範囲のレコーディングを手動でやり直したい（クイックパンチ）	68
09	特定範囲のレコーディングを自動でやり直したい（オートパンチ）	70
10	特定範囲のレコーディングを自動で繰り返したい（ループレコーディング）	74

オーディオトラックに
レコーディングを行いたい

ここではエレクトリックギターやマイクからの演奏をオーディオトラックにレコーディングする際の基本的な手順を紹介しましょう。どの入力ポートからオーディオ信号をPTSに取り込み、どのトラックにレコーディングし、どの出力ポートからモニタースピーカーへ出力するかといった信号の流れをイメージしながら進めていけば、設定操作自体は難しいものではありません。

STEP 1 レコーディングに使用するオーディオトラックを用意する

セッション上にオーディオトラックがない、または空白のオーディオトラックがないときは、レコーディングに使用するオーディオトラックを用意します❶。

なお、セッション上にまだマスターフェーダートラックが作成されていない場合は、オーディオトラック作成時に、マスターフェーダートラックも1つ作成しておきましょう❷。

▶ 具体的な新規トラックの作成方法について詳しくは「トラックを新規作成するには」(P29)を参照してください。

STEP 2 レコーディングを行うトラックのインプットパスとアウトプットパスを設定する

ここではミックスウィンドウ上から設定を行うことにします（編集ウィンドウ上からも同じように行えます）。では、まずオーディオ信号の取り込み口であるインプットパスから設定しましょう。

レコーディングを行うオーディオトラック（ここではAudio 1）のI/Oセクションでインプットセレクタ❶をクリックして、**インターフェース**からエレクトリックギターやマイクが接続されているオーディオインターフェースの入力ポートに合致するインプットパスを選択します❷。他のトラックで使用されているインプットパスはイエローで表示されます。また、画面例でのAudio 1のようなステレオトラックへのレコーディングでは、選択できるインプットパスもステレオになります。

各オーディオトラックのインプットパスをそれぞれ異なるものに設定し❸、アンサンブル演奏の各パートを異なるトラックへレコーディングすることも可能です。

続いて、このオーディオトラックから外部へのオーディオ信号の送り出し口となるアウトプットバスの設定を確認します。

アウトプットセレクタ❹に、モニタースピーカーが接続されているオーディオインターフェースの出力ポートに合致するアウトプットバス（通常はステレオのアウトプットバス、ここでは2Mix）が表示されていればOKです。もしそれ以外のアウトプットバスが表示されていた場合は、アウトプットセレクタをクリックして、**アウトプット**から適切なアウトプットバスを選択し直してください❺。

STEP 3　オーディオトラックをレコーディング待機状態にしてレコーディングレベルを調節する

レコーディングを行うトラックの**トラックレコードボタン**❶をクリックすると点滅状態になります。この状態でエレクトリックギターを演奏したり、マイクに向かって音を発するとレベルメーターが反応し❷、モニタースピーカーから音が出ます。

■ エレクトリックギター／ベースやシンセサイザー、コンデンサーマイク、ダイナミックマイクなど、レコーディングする楽器やマイクの種類によって、適合するオーディオインターフェイスの入力ポートが変わります。使用しているオーディオインターフェースのマニュアルを参照して、必ず適合する入力ポートに接続するようにしましょう。

レベルメーターの振れ方を見ながら楽器のボリュームつまみやオーディオインターフェース本体の入力音量調節つまみを使ってレコーディングレベルを調節してください（レコーディングトラックのフェーダーは0dBの位置にしておきます）。

なるべく大きめのレベルでレコーディングできるように調節するのが基本ですが、メーター上部のクリップインジケーターが点灯し、メーター下のレベルマージン表示が赤い文字になった場合はレベルオーバーで❸、このままでは歪んだ音でレコーディングされてしまいますから、必ず適切なレコーディングレベルになるように設定します❹。

なお、いったん点灯させてしまったクリップインジケーターやマージン表示は、直接クリックしてリセットすることができます。また、option/Alt＋クリックやoption/Alt＋Cキーを押すと全トラックを対象にしたリセットが可能です。

■ モニタースピーカーとマイクが近い場所にある部屋でレコーディングを試みると、レベルメーターがどんどん上がって、キーンという音が発生する、いわゆるハウリングが起きることがあります。このような場合はすぐに**トラックレコードボタン**をオフにするか、モニタースピーカーのボリュームを下げてください。また、モニタースピーカーから音を出さず、ヘッドフォンでモニターを行えば、ハウリングの発生を抑えることができます。

■ 小さめのレベルでレコーディングしてしまったとしても、レコーディング後のゲイン設定やノーマライズ処理によって適切なレベルまで引き上げることは可能です。ただし、こういった操作を行う場合、**ビットデプス**を**32ビット浮動小数点数**に設定してあるセッションではレベル引き上げ後の音質劣化がほぼゼロと言えますが、**16ビット**や**24ビット**に設定してあるセッションでは確実に劣化します。また、レベルオーバーによる歪みが発生してしまったレコーディング結果から歪みを取り除くことはできませんので注意してください。

AUDIO RECORDING

STEP 4 モニターレベルを調節する

モニターレベルの調節はレコーディングトラックのフェーダーで行います。Pro Tools初期設定ダイアログの操作タブにある録音で、**録音と再生フェーダーをリンク**❶のチェックをはずすと、トラックレコードボタンをオン（点滅状態）にしたときとオフ（消灯状態）にしているときで、別々のモニターレベル設定が可能となります。

全体のモニターレベルはマスターフェーダートラックのフェーダーか、オーディオインターフェースの出力音量調節つまみ、モニタースピーカーの出力音量調節つまみなどを使って調節します。

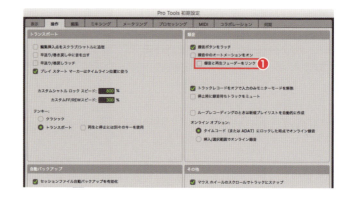

STEP 5 開始位置や範囲を指定してレコーディングを行う

ツールはどれでもかまいませんから、メインルーラー上でレコーディングを開始したい位置（範囲）をクリック（ドラッグ）し、タイムラインマーカーを設定します❶。トラックレコードボタン❷を点滅状態にしている場合、タイムラインマーカーは赤く表示されます。

続けてトランスポートの**録音ボタン**❸をクリックし、点滅状態にします。レコーディングを行うトラックの**トラックレコードボタン**とトランスポートの**録音ボタン**の両方が点滅していれば、レコーディング準備完了です。

このままトランスポートの**再生ボタン**❹をクリックするかスペースキーを押せばレコーディングが開始され、**停止ボタン**❺をクリックするか、もう1度スペースキーを押すまでレコーディング状態が継続します。

レコーディングを停止すると、編集ウィンドウのトラック上に、レコーディング開始位置をスタートとするオーディオクリップが作成され、波形が表示されます（クリップリスト内にも同じオーディオクリップが表示されます）。またセッションフォルダ内のAudio Filesフォルダには、クリップの元になるオーディオファイルが作成されます。

■ タイムライン範囲と編集範囲をリンクを有効に設定していれば、トラック上をクリックすることで直接レコーディング開始位置を指定することができます。**タイムライン範囲と編集範囲をリンク**について詳しくは「プレイバック／レコーディングの位置と範囲を設定したい」（P36）を参照してください。

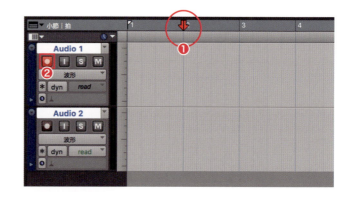

録音ボタンとトラックレコードボタンの両方が点滅していれば準備完了

再生ボタンをクリックすると同時にレコーディング状態になる

停止ボタンをクリックすると同時にレコーディング状態が終了

レコーディング時のモニターの遅れを調節したい（プレイバックエンジン設定）

レコーディングの際の演奏は、PTS（コンピュータ）内部で各種の処理をリアルタイムで演算後、ディスクに書き込まれ、モニター音としてスピーカーから出力されます。このプロセスにかかる時間がレコーディング時のモニター音の遅れ（レーテンシー）となって現れるわけです。PTSではプレイバックエンジン設定によってレーテンシーの調節が可能です。

HOW TO　レーテンシーをできるだけ短くするには

レーテンシーを減少させたいときは**設定**メニューから**プレイバックエンジン**❶を選択し、プレイバックエンジンダイアログの**H/Wバッファサイズ**❷のメニューでサンプル数を変更しましょう。

サンプル数を少ないものにするほどレーテンシーを短くすることができます。ただし、サンプル数を少なく設定するほどコンピュータへの負荷が増加し、ノイズの発生や停止の危険性が高まります。なお、**ホストエンジン**の**再生/録音中はエラーを無視**にチェックを入れると、クリックやポップノイズが発生したりすることがあったとしても、レコーディング中の突然の停止といった不測の事態だけは防ぐことができます。

▶ **H/Wバッファサイズ**設定の際は、**ウィンドウ**メニューから**システム使用状況**を選択し、**システム使用状況**ウィンドウのCPUメーターを確認しながら限界値を見極めるといいでしょう。

オーディオインターフェースの機種によっては、入力ポートから入ってきたオーディオ信号（演奏）をそのまま出力ポートからモニタースピーカーへ出力する機能（回路）を持つものがあります。

このような機能を持つ機種を使用している場合は、**オプション**メニューの**低レーテンシーモニタリング**❸にチェックをつけると入力されたオーディオ信号がそのままモニタースピーカーから出力され、レーテンシーが実施的にほぼゼロになります。ただしその場合、モニタースピーカーから出力されるオーディオ信号はPTS内部での処理を通過したものではないため、プラグインエフェクトをインサートしていたとしても、レコーディング中はその効果がかかった状態でのモニタリングができなくなります。

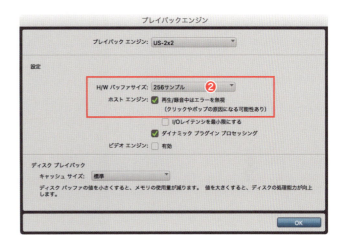

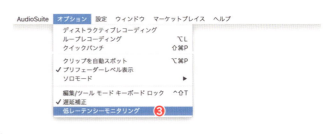

▶ **ダイナミックプラグインプロセッシング**にチェックをつけておくと、プラグインを多用したセッションのレコーディング時に生じるバッファーアンダーランエラーから開放されます。また、**ディスクプレイバック**の**キャッシュサイズ**はコンピュータのRAM実装量の半分程度にしておけば、回転数の遅いハードディスクでも書き込み時のエラーが減少します。

▶ レーテンシーにはプラグインエフェクトやルーティングで発生するトラック個別の遅延もあります。これらの補正について詳しくは、「プラグインエフェクトの遅延によって発生するトラックごとのずれを補正したい」（P252）を参照してください。

プラグインエフェクトの効果を含めたレコーディングを行いたい（かけ録り）

PTSのプラグインエフェクトは基本的にプレイバック時にかかります。そのため、レコーディング時にプラグインエフェクトをかけたとしても、実際にはプラグインエフェクトの効果を含まない演奏がレコーディングされます。プラグインエフェクトの効果を含めた演奏をレコーディング（かけ録り）したいときは、レコーディングの前に通常より少し複雑な手順が必要になります。

 入力＋エフェクト用トラックのレコーディング設定を行う

通常のレコーディング時と同様、オーディオトラック（ここではAudio 1）を用意し、I/Oセクションのインプットセレクタとアウトプットセレクタで、楽器やマイクにつながるインプットパスとモニタースピーカーにつながるアウトプットパスを適宜選択します❶。このAudio 1が演奏の入力＋エフェクト用トラックになります。

ここでは例としてMod Delay III❷をかけ録りしてみることにしましょう。通常のレコーディングと同じように**トラックレコードボタン**❸をクリックして点滅させ、Audio 1のインサートスロットにMod Delay IIIをインサートします❹。

演奏をモニターしながらMod Delay IIIの各パラメーターを設定してください。

▶ プラグインエフェクトのインサートについて詳しくは、「トラックごとにエフェクトをかけたい（インサートエフェクトルーティング）」（P232）を参照してください。

▶ ここからの手順に従って操作を進めた場合、プラグインエフェクトの効果を含まない演奏と、かけ録りによる演奏の両方を別々のトラックにレコーディングすることになります。かけ録りによる演奏だけをレコーディングしたい場合は、最初にオーディオトラックではなく、Aux入力トラックを用意して、それを入力＋エフェクト用トラックに利用してかまいません。その場合の設定操作は、オーディオトラックを利用する際とまったく同じですが、**トラックレコードボタンを点滅状態にしなくても演奏のモニターが行えます。**

 入力＋エフェクト用トラックのアウトプットパスを変更する

次に、入力＋エフェクト用トラック（Audio 1）のアウトプットセレクタ❶をクリックして、メニューから**新規トラック**❷を選択します。

プラグインエフェクトの効果を含めたレコーディングを行いたい（かけ録り）

 かけ録り用トラックを作成する

　STEP2での操作を行うと同時に**新規トラック**ダイアログが表示されます。

　作成には、モノラル出力のプラグインエフェクトを使用している場合は**Mono**、ステレオ出力のプラグインエフェクトを使用している場合は**Stereo**を選択します（ここではモノラルの入力にモノラル出力のプラグインエフェクトをかけるため、**Mono**に設定してあります）。また**タイプ**には**オーディオトラック**を選択し、**タイムベース**は**サンプル**に設定します❶。名称もわかりやすいもの（ここではDelay）に変更しておきましょう❷。最後に**作成**❸をクリックしてかけ録り用のトラックを作成します。

かけ録り用トラックのレコーディングレベルを調節する

　STEP3での操作終了後、入力＋エフェクト用トラックのアウトプットパスが自動的にSTEP3で作成したかけ録り用トラック（Delay）に変わり❶、かけ録り用トラックのインプットパスも入力＋エフェクト用トラックからのオーディオ信号を受けるように設定されます。さらに、かけ録り用トラックのアウトプットパスの表示が、モニタースピーカーが接続されているアウトプットパスになっていれば準備完了です❷。

　STEP3での操作終了後いったんできなくなっていた楽器演奏のモニターが、かけ録り用トラックの**トラックレコードボタン**❸をクリックして点滅状態にすることで再び可能になります。最後にかけ録り用トラックのレコーディングレベルを調節します。なお、レベル調節は必ずプラグインエフェクトのアウトプット❹や、入力＋エフェクト用トラックのフェーダー❺を使って行ってください。

AUDIO RECORDING

STEP 5 かけ録りレコーディングを行う

かけ録りの際のレコーディング操作自体は、通常のレコーディングと同じです。入力＋エフェクト用トラックとかけ録り用トラックの両方の**トラックレコードボタン**が点滅していることや、レコーディング開始位置を確認したら、トランスポートの**再生**ボタンをクリックするかスペースキーを押してレコーディングを行ってください。

入力＋エフェクト用トラック（Audio 1）❶にはプラグインエフェクトがかかっていない演奏、かけ録り用トラック（Delay）❷にはプラグインエフェクトのかかった演奏が、それぞれレコーディングされます。

なお、プラグインエフェクトのかけ録りの場合、かけ録り用トラックには必ず実際のタイミングよりも少し遅れて演奏がレコーディングされます❸（入力＋エフェクト用トラックは正しいタイミングでレコーディングされます）。この遅れの度合いはコンピュータ環境全体の能力とPTSでの**プレイバックエンジン**の設定によって増減しますが、どうしても遅れが気になる場合は、入力＋エフェクト用トラックの波形の位置を基準にして、かけ録り用トラックのクリップをやや左へ移動させ、タイミングを合わせるといいでしょう❹。

▶ **プレイバックエンジン**の設定の詳細については「レコーディング時のモニターの遅れを調節したい（プレイバックエンジン設定）」（P55）を参照してください。

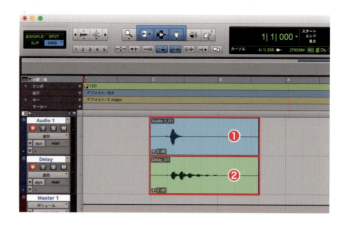

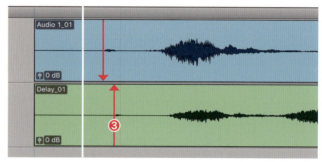

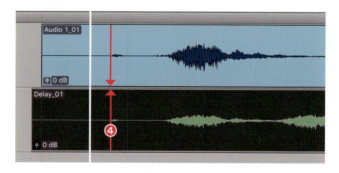

HINT&TIPS　PTS上だけでかけ録りによるダイナミクスコントロールは可能？

レコーディング現場では、突発的な過大入力に対応する必要がある場合、ハードウェアコンプレッサーやリミッターなどのかけ録りが行われますが、はたしてPTS（と言うよりDAW全般）上だけで完結するプラグインエフェクトのコンプレッサーやリミッターでも同じことが可能でしょうか？

結論から言うと、残念ながら不可能です。と言うのも、プラグインエフェクトはPTS内に取り込まれた後のオーディオ信号に対して機能するものであり、PTSへの取り込み段階ではまだ機能できる状態にないからです。つまり、プラグインエフェクトのコンプレッサーやリミッターをインサートしてかけ録りを行ったとしても、入力時のオーディオ信号に対する効果は発揮できないわけです。

もちろん、楽器とオーディオインターフェースの入力ポートの間にハードウェアコンプレッサーやリミッターを挟んだり、コンプレッサーやリミッターを内蔵したオーディオインターフェースもありますから、そういった機器を利用したかけ録りのダイナミクスコントロールについては、PTSへのレコーディングでも問題なく行うことができます。

レコーディングを最初からやり直したい

PTSでレコーディングをやり直す場合、直前に行ったレコーディング操作の取り消し、任意のタイミングで行うトラック上からのオーディオクリップの削除、任意のタイミングで行うトラック上とクリップリスト上からのオーディオクリップおよびその元になっているオーディオファイルの削除の3つから操作を選ぶことができ、再利用などを考慮した使い分けが可能になっています。

HOW TO 直前に行ったレコーディング操作を取り消すには

直前に行ったレコーディング操作❶は、編集メニューから取り消し❷を選択するか、command/Ctrl+zキーを押して取り消すことができます。なお、この操作はコンピュータ操作で一般的に用いられるアンドゥと同じですので、レコーディング以外の他のコマンド操作に対しても有効です。

レコーディング操作を対象にして取り消しを行った場合、トラック上とクリップリスト上からオーディオクリップが削除されますが❸、そのオーディオクリップの元になっているオーディオファイルはセッションフォルダ内のAudio Filesフォルダに残ります❹。

■ 編集メニューからやり直しを選択するか、command/Ctrl+shift+zキーを押すと、取り消し操作自体のやり直しとなり、レコーディング直後の状態に戻すことができます。いわゆる一般的なコンピュータ操作で言うところのリドゥと同じです。

■ 取り消し操作を繰り返すと最大64操作まで順次さかのぼることができます。

■ ウィンドウメニューから取り消し履歴を選択して、「取り消し」の履歴ウィンドウを開くと、セッションを開いてから現時点までに行った、取り消し可能な操作が時間順に表示されます。目的の操作をクリックすることで、一気にその時点までセッションの状態を戻すことができます。

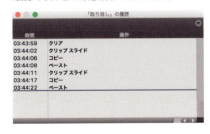

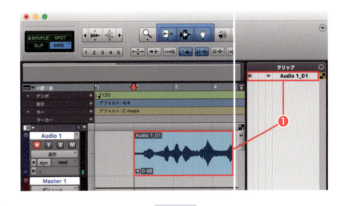

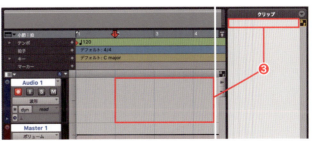

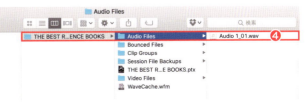

AUDIO RECORDING

トラック上のオーディオクリップのみを削除するには

レコーディングによって作成されたトラック上のオーディオクリップを選択し❶、**編集**メニューから**カット**❷または**クリア**❸を選択する、あるいはdelete/Backspaceキーを押します。トラック上のオーディオクリップを右クリックして、コンテキストメニューから**カット**や**クリア**❹を選んでもかまいません。

いずれの場合も、トラック上のオーディオクリップだけが削除され❺、クリップリスト内のオーディオクリップはそのままの状態で残ります❻。また、そのオーディオクリップの元になっているオーディオファイルもセッションフォルダ内のAudio Filesフォルダに残ります❼。

▶ クリップリスト内から目的のオーディオクリップを選択し、上記の操作で**カット**や**クリア**を行った場合も、同じ結果が得られます。

▶ オーディオクリップの削除後、その内容をどこかにペーストしたい場合は、**カット**を選択します。削除後にペーストの必要がない場合は**クリア**を選択してください。

▶ この操作は、レコーディング直後のやり直しに限らず、任意のタイミングで、任意のオーディオクリップに対して有効です。

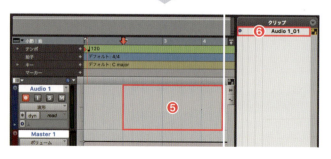

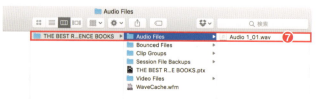

トラック上とクリップリスト上のオーディオクリップおよびオーディオファイルを削除するには

　レコーディングによって作成されたクリップリスト上のオーディオクリップを選択後❶、クリップリスト右上の▼をクリックしてサブメニューから**クリア**❷を選択すると、その後の操作を確認するダイアログが表示されます。

　ここで**削除**を選ぶと、レコーディング直後に**取り消し**操作を行ったときと同様、トラック上とクリップリスト上からオーディオクリップが削除されますが、そのオーディオクリップの元になっているオーディオファイルはセッションフォルダ内のAudio Filesフォルダに残ります。

　消去❸を選ぶとトラック上とクリップリスト上のオーディオクリップだけでなく❹、そのオーディオクリップの元になっているオーディオファイルも即座にディスクから削除されます❺。

　ゴミ箱へ移動を選んだ場合、最終的な結果は**消去**と変わりませんが、そのオーディオクリップの元になっているオーディオファイルがいったんゴミ箱に送られ、即座に削除されないという違いがあります。

> ここで行っている**クリア**操作は**取り消し**操作の対象外ですので、慎重に実行してください。

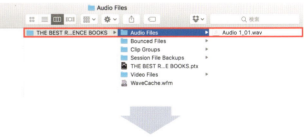
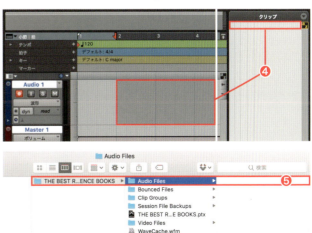

AUDIO RECORDING 05
既存のオーディオクリップ上にレコーディングをやり直したい

PTSでは、既存のオーディオクリップ上に再レコーディング（リテイク）を行う場合、既存のオーディオクリップとその元になっているオーディオファイルをディスク上に残したままにしておくノンディストラクティブと、既存のオーディオクリップとオーディオファイルをディスク上から削除してしまうディストラクティブの、いずれかのレコーディングモードを選択することができます。

HOW TO 既存のオーディオクリップ上にノンディストラクティブモードで再レコーディングを行うには

オプションメニューのディストラクティブレコーディングにチェックがついていない状態❶が、ノンディストラクティブモードになります。クリックすることでチェックの有無が切り換わります。トランスポートの録音ボタンを右クリックして、コンテキストメニューからノーマル❷を選択することでもノンディストラクティブモードに設定可能です。

▶ トランスポートの録音ボタンをcontrol/Start＋クリックすると、ノーマル（＝ノンディストラクティブ）→ディストラクティブ→ループ→クイックパンチの循環でレコーディングモードを切り換えることができます。

レコーディングを行う手順は、通常のレコーディングと変わりません。まずトラックのトラックレコードボタンとトランスポートの録音ボタンの両方をクリックして点滅状態にし、開始位置を指定したら、トランスポートの再生ボタンをクリックするかスペースキーを押してレコーディングを行ってください❸。

後からレコーディングした演奏のオーディオクリップ（Audio 1_02）が編集ウィンドウに表示され❹、クリップリストに追加されます❺。

クリップリストには既存のオーディオクリップ（Audio 1_01）も残っていますし、その元になっているオーディオファイルもセッションフォルダ内のAudio Filesフォルダに残ります。これらは再利用が可能です。

▶ 同一位置にレコーディングしたいくつかのオーディオクリップ（テイク）を聴き比べながら、OKテイクを選んで使用したい場合は、代替プレイリストやオートパンチ機能を使うと便利です。これらの設定方法について詳しくは「同じトラックに別テイクのレコーディングを行いたい（代替プレイリスト）」（P66）や「特定区間のレコーディングを自動でやり直したい（オートパンチ）」（P70）を参照してください。

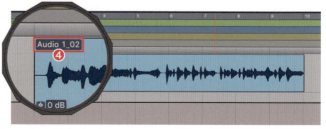

既存のオーディオクリップ上にディストラクティブモードで再レコーディングを行うには

オプションメニューの**ディストラクティブレコーディング**にチェックがついている状態❶が、**ディストラクティブ**モードになります。クリックすることでチェックの有無が切り換わります。

トランスポートの**録音**ボタンを右クリックして、コンテキストメニューから**ディストラクティブ**❷を選択することでもディストラクティブモードに設定可能です。**ディストラクティブ**モードに設定した場合、トランスポートの**録音**ボタンに**D**と表示されます❸。

> トランスポートの**録音**ボタンをcontrol/Start+クリックすると、**ノーマル**（＝ノンディストラクティブ）→**ディストラクティブ**→**ループ**→**クイックパンチ**の循環でレコーディングモードを切り換えることができます。

ディストラクティブモードでのレコーディングでも、手順自体は通常のレコーディングと変わりません。まずトラックの**トラックレコード**ボタンとトランスポートの**録音**ボタンの両方をクリックして点滅状態にし、開始位置を指定したら、トランスポートの**再生**ボタンをクリックするかスペースキーを押してレコーディングを行ってください❹。

既存のオーディオクリップと名称は同じ（Audio_01）でも、内容が異なる（後からレコーディングした演奏に書き換わっている）オーディオクリップが編集ウィンドウに表示され❺、クリップリストにも表示されます（こちらも名称は既存のものと同じですが、内容が書き換わっています）❻。

なお、既存のオーディオクリップの元になっていたオーディオファイルの内容も、後からレコーディングした演奏のものに書き換わります。

ディストラクティブモードで既存のオーディオクリップの上にレコーディングを行う＝オーディオクリップとオーディオファイルの上書き保存と考えればわかりやすいでしょう。

既存のオーディオクリップと、その元になっているオーディオファイルは、**ディストラクティブ**モードでの再レコーディングと同時に消滅するため、これらの再利用はできません。

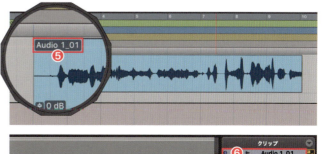

同じトラックに別テイクの
レコーディングを行いたい（代替クリップ）

レコーディング1回でOKというのが理想ですが、なかなかそうはいかず、現実の制作作業では何度かレコーディングした中から実際に採用するオーディオクリップ（OKテイク）を選ぶことになるでしょう。その際に便利に活用できるのが代替クリップ機能です。代替クリップは同一トラック内に無制限に作成可能で、それぞれの比較試聴とOKテイクの選択を簡単に行うことができます。

STEP 1　レコーディングモードをノンディストラクティブに設定する

ここでは、すでにテイク1（1回目のレコーディング）で作成されたオーディオクリップ❶がトラック上に配置されている状態から、続けてテイク2をレコーディングする手順を解説していきます。

代替クリップ機能を利用する際には、テイク2をレコーディングする前に、あらかじめレコーディングモードを**ノンディストラクティブ**に設定しておく必要があります。**オプションメニュー**—**ディストラクティブレコーディング**❷をクリックしてチェックをはずすか、トランスポートの録音ボタンを右クリックして、コンテキストメニューから**ノーマル**❸を選択します。

▶ トランスポートの**録音ボタン**をcontrol/Start＋クリックすると、**ノーマル**（＝ノンディストラクティブ）→**ディストラクティブ**→**ループ**→**クイックパンチ**の循環でレコーディングモードを切り換えることができます。

▶ テイク1の際のレコーディングモードは、**ディストラクティブ**でもかまいません。

▶ 代替クリップ機能自体はMIDIレコーディングでも利用可能ですが、ここでのように、同じ位置にMIDIレコーディングした複数のテイクを聴き比べながらOKテイクを選びたいケースでは、ループレコーディングとの組み合わせが必須となります。

STEP 2 テイク1と同じ開始位置からテイク2のレコーディングを行う

STEP1の操作後、テイク2のレコーディングを行います。レコーディングを行う手順は通常のレコーディングと変わりません。

まずトラックの**トラックレコード**ボタンとトランスポートの**録音**ボタンの両方をクリックして点滅状態にし、開始位置を指定したら、トランスポートの**再生**ボタンをクリックするかスペースキーを押してレコーディングを行ってください❶。またテイク3以降も同じ手順で行うことができます

▶ テイク1のレコーディング後にあえて変更操作を行わない限り、レコーディング開始位置はテイク1をレコーディングしたときと変わっていないはずですが、もし変わっていたら同じ位置に設定しておきます。

STEP 3 各テイクのオーディオクリップを比較試聴してOKテイクを選択する

トラック上で実際に採用できるオーディオクリップ（OKテイク）は基本的に1つで、残りは代替クリップとして使用待機の状態になります。

STEP2の操作で作成されたテイク2（または最後のテイク）のオーディオクリップを右クリックし、コンテキストメニューから**一致する代替**を選択すると、名称にトラック名を含むオーディオクリップが**代替**リスト内にすべて表示されます（デフォルトの場合）❶。

まずは**一致条件**❷を選択して**代替一致条件**ウィンドウを表示させ、**以下の条件を追加**にある**クリップのスタート**❸のラジオボタンをオンにしましょう。

その後、もう1度オーディオクリップを右クリップし、メニューから**一致する代替**を選択すると、**代替**リスト内にSTEP2でレコーディングした各テイクのオーディオクリップ❹だけが表示されるようになります。現在採用されているものにチェックがつきますから、チェックをつけ換えながら比較試聴を行い、最終的にOKテイクのオーディオクリップにチェックがついている状態にします（後になってからのOKテイクの再選択も可能です）。

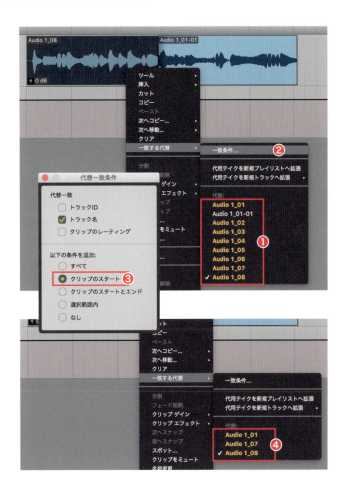

AUDIO RECORDING 07 同じトラックに別テイクのレコーディングを行いたい（代替プレイリスト）

何度かレコーディングした中から実際に採用するオーディオクリップ（OKテイク）を選びたいときは、代替クリップ機能を利用するのが手軽ですが、PTSには代替クリップ機能と同じような働きをする代替プレイリスト機能も用意されています。代替プレイリストは同一トラック内に無制限に作成可能で、それぞれの比較試聴とOKテイクの選択を簡単に行うことができます。

STEP 1 テイク2用のプレイリストを追加する

ここでは、すでにテイク1（1回目のレコーディング）で作成されたオーディオクリップ❶がトラック上に配置されている状態から、続けてテイク2をレコーディングする手順を解説していきます。

代替プレイリスト機能を利用する際には、テイク2をレコーディングする前に、あらかじめレコーディングモードを**ノンディストラクティブ**に設定しておきます。

▶ トランスポートの**録音**ボタンをcontrol/Start＋クリックすると、**ノーマル**（＝ノンディストラクティブ）→**ディストラクティブ**→**ループ**→**クイックパンチ**の循環でレコーディングモードを切り換えることができます。

▶ テイク1の際のレコーディングモードは、**ディストラクティブ**でもかまいません。

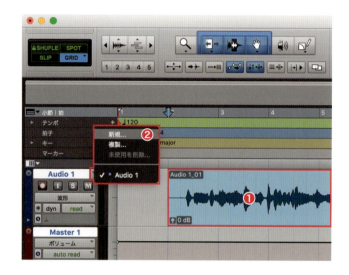

次に、テイク1をレコーディングしたのと同じトラックに、テイク2用のプレイリストを用意しましょう。トラックネーム右のプレイリストセレクタをクリックして、メニューから**新規**❷を選択すると、**新しいプレイリストの名前**ダイアログが開きます。

デフォルトでは、トラックネーム＋プレイリストの作成順の番号というルールで名前がつけられますが、変更したいときはここでプレイリストの名前を入力してから❸、OK❹をクリックします。

▶ あらかじめテイク3以降も必要と思われるときは、STEP1の操作を繰り返して、複数のプレイリストを作成しておいてもいいでしょう。もちろん、そのつどSTEP1の操作を行ってプレイリストを作成することもできます。

HINT&TIPS　代替クリップ機能と代替プレイリスト機能の使い分け

操作の目的が同一トラック内のオーディオクリップの比較試聴やOKテイクの選択を行うだけならば、代替クリップと代替プレイリストの2つの機能に実質的な結果の差はありません。ただし、代替プレイリスト機能には、レコーディング後に複数のテイクの内容から演奏の出来のいいところだけを組み合わせてベストテイクを作成したいときの下準備、という側面があり、その目的で利用する機能とも言えます。一方の代替クリップ機能は比較試聴からのOKテイク選択といったシンプルな用途に利用するものと考えておけばいいでしょう。

なお、代替プレイリストを利用したベストテイクの作成操作については「複数のテイクを組み合わせてベストテイクを作りたい（プレイリストビュー）」（P156）を参照してください。

STEP 2 テイク2用のプレイリスト上でテイク2のレコーディングを行う

　STEP1の操作後、トラックネームがSTEP1で設定した名前に切り換わり❶、トラック上が空白になります❷。

　この状態でテイク2のレコーディングを行います。レコーディングを行う手順は通常のレコーディングと変わりません。

　まずトラックの**トラックレコード**ボタンとトランスポートの**録音**ボタンの両方をクリックして点滅状態にし、開始位置を指定したら、トランスポートの**再生**ボタンをクリックするかスペースキーを押してレコーディングを行ってください❸。

STEP 3 各テイクのプレイリストを比較試聴してOKテイクを選択する

　トラック上で実際に採用できるプレイリスト（メインプレイリスト）は常に1つで、残りは代替プレイリストとして使用待機の状態になります。

　プレイリストセレクタをクリックして、リストを見てみると、現在はテイク2のプレイリスト（Audio 1.01）がメインプレイリストに選ばれているのがわかります（チェックがつきます）❶。

　ここでプレイリストのチェックをつけ換え、メインプレイリストを切り換えることで編集ウィンドウ上からの比較試聴を行うことができます。最終的にOKテイクのプレイリストにチェックがついている状態にします（後になってからのOKテイクの再選択も可能です）。

　代替プレイリスト機能はMIDIレコーディングでも利用可能です。MIDIレコーディングの場合、レコーディングモードは**ノンディストラクティブ／ディストラクティブ**のいずれでも同じ結果が得られます。

特定範囲のレコーディングを手動でやり直したい（クイックパンチ）

既存のオーディオクリップ内の特定範囲を修正したい場合、プレイバック中に目的の位置でトランスポートの録音ボタンをクリックして行うクイックパンチレコーディングが最も手軽な方法と言えます。クイックパンチは通常のレコーディングとは違い、クリックから録音状態になるまでのタイムラグがないのが特徴です。また、自動的にノンディストラクティブモードに設定されます。

STEP 1　レコーディングモードをクイックパンチモードに設定する

クイックパンチレコーディングを行う際は、**オプション**メニューの**クイックパンチ**❶にチェックをつけるか、トランスポートの**録音ボタン**を右クリックして、コンテキストメニューから**クイックパンチ**❷を選択します。**クイックパンチ**モードに設定した場合、トランスポートの**録音ボタン**にPと表示されます❸。

▶ トランスポートの**録音ボタン**をcontrol/Start＋クリックすると、**ノーマル**（＝ノンディストラクティブ）→**ディストラクティブ**→**ループ**→**クイックパンチ**の循環でレコーディングモードを切り換えることができます。

STEP 2　入力モニターモードを選択する

次に、クイックパンチレコーディング時の入力モニターモードを選択します。

トラックレコードボタンが点滅状態で、かつ右隣の**インプットモニター**ボタンが消灯している場合❶、**自動入力モニター**モードになります。このモードでは、プレイバック時はレコーディングを行うトラック上の既存のオーディオクリップをモニターに出力し、停止時とレコーディング時は、演奏中の入力信号をモニターに出力します。

一方、**トラックレコード**ボタンが点滅状態で、かつ**インプットモニター**ボタンを点灯させたときは❷、**入力のみモニター**モードになります。このモードでは、プレイバック時、停止時、レコーディング時のすべての状態で、演奏中の入力信号をモニターに出力し、レコーディングを行うトラック上にあるオーディオクリップは一切出力されません。

状況に合わせて、自分にとって適切と思う方を選んでください。

▶ 入力モニターモードは、ミックスウィンドウ上のトラックからもまったく同じ方法で設定することができます。

▶ 入力モニターモードは**トラック**メニューからも設定可能です。**トラック**メニューに**録音トラックを入力のみに設定**と表示されていれば**自動入力モニター**モード、**録音トラックを自動入力に設定**と表示されていれば**入力のみモニター**モードになります。メニュー表示と現在設定されている入力モニターモードが逆になるので注意してください。切り換えはメニュー表示のクリックで行います。

▶ 入力モニターモードの設定はクイックパンチレコーディングだけでなく、通常のレコーディング時にも適用されます。他のトラックのプレイバックに合わせてレコーディング前のリハーサル演奏を行うときなどは、**入力のみモニター**モードに設定するといいでしょう。

▶ **トラックレコード**ボタンが点滅状態になければ、いずれの入力モニターモードに設定していたとしてもトラック上の既存のオーディオクリップの内容がモニターに出力されます。

STEP 3 クイックパンチレコーディングを行う

　クイックパンチレコーディングの操作手順は通常のオーディオレコーディングとは若干異なります。

　まずトラックの**トラックレコードボタン**❶をクリックして点滅状態にし、開始位置を修正したい箇所よりも左に適宜設定したら❷、トランスポートの**再生**ボタン❸をクリックします。

　修正したい箇所までプレイバックが進んだところで、トランスポートの**録音**ボタン❹をクリックしてレコーディングを開始し、修正が終わるタイミングでもう1度録音ボタンをクリックしてレコーディング状態から抜けます❺。プレイバック自体はそのまま継続するので、適当なところで停止ボタン❻をクリックしてください。

　クイックパンチレコーディングを行った部分に新たなオーディオクリップ❼が作成されます。

▶ **クイックパンチ**モード以外でのレコーディングでは、PTS上でレコーディング開始の操作を行った後、実際にデータが書き込まれるまでに、多少のタイムラグが発生します。これはディスクメディアの構造上、どうしても起こる現象ですが、**クイックパンチ**モードはこのタイムラグをゼロにするために、プレイバック中からバックグラウンドでレコーディングとデータの消去を連続的に行っています。つまり、**クイックパンチ**モードでの録音ボタンのクリックは、そこからレコーディングを開始するためではなく、プレイバック時から連続的に行われていたデータの書き込みと消去のうちから、データの消去を停止する（＝そのまま書き込みを続ける）指示を出すために使われるわけです。

▶ **クイックパンチ**モードはクイックパンチレコーディング用途以外のレコーディングにも利用することができますが、コンピュータとディスクメディアに負担をかけますから、本来の用途以外に用いるとき以外はできるだけ他のモードに設定しておくようにしましょう。

▶ MIDIレコーディングは常に**クイックパンチ**モードと同じ状態で行われますから、あらためてレコーディングモードを**クイックパンチ**モードに設定する必要はありません。ノーマルモードのままSTEP3の手順でクイックパンチレコーディングが行えます。

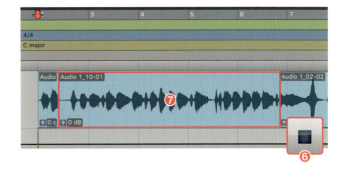

特定範囲のレコーディングを自動でやり直したい（オートパンチ）

演奏とPTSの操作を1人で行うワンマンレコーディングの場合、手動でレコーディングの開始と終了操作を行うクイックパンチレコーディングでは既存のオーディオクリップ内の特定範囲の修正に対応しきれないケースもあります。そういったときは、あらかじめ設定しておいた範囲に従ってレコーディングの開始と終了操作を自動で行ってくれる、オートパンチ機能を活用しましょう。

STEP 1　オートパンチレコーディングの対象範囲を設定する

　オートパンチレコーディングの準備として、まずは編集ウィンドウの**タイムライン範囲と編集範囲をリンクボタン**❶をクリックして有効（点灯状態）にし、さらにレコーディングモードを**ノーマル**に設定してください❷。

▶ トランスポートの録音ボタンをcontrol/Start＋クリックすると、**ノーマル**（＝ノンディストラクティブ）→**ディストラクティブ**→**ループ**→**クイックパンチ**の循環でレコーディングモードを切り換えることができます。

　次に、セレクタツール❸で目的のオーディオクリップ上をドラッグし、オートパンチレコーディングの対象範囲を設定します❹。この際にshift＋control/Start＋ドラッグすると、範囲設定操作をスクラブ再生しながら行うことができます。

▶ スクラブ再生について詳しくは「編集挿入位置の指定や範囲選択を音を聴きながら設定したい（スクラブ再生）」（P122）を参照してください。

　オートパンチレコーディングの対象範囲の設定に従って、メインルーラー上には、タイムラインマーカーのインポイント（レコーディング開始位置）❺とアウトポイント（レコーディング終了位置）❻が表示されます。イン／アウトポイント自体を直接ドラッグしたり、セレクションインジケーターの**スタート**、**エンド**、**長さ**❼にロケーションの数値を直接入力することで再設定が可能です。

▶ 同様の操作で対象範囲をトラック上の空白の部分に設定すれば、1回目のレコーディング（テイク1）からオートパンチレコーディングを行うこともできます。その場合、STEP2の操作は不要です。

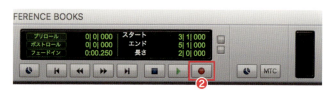

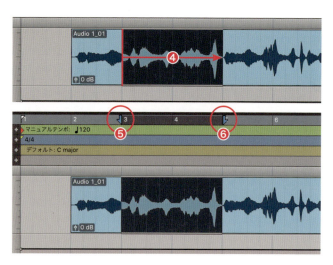

STEP 2 オートパンチレコーディングの対象範囲に合わせてオーディオクリップを分割する

STEP1の操作に続けて、**編集**メニューの**クリップを分割**から**選択範囲❶**を選びます。選択範囲部分が分割され、新しいオーディオクリップ（ここではAudio 1_01-02）が作成されます。

▶ ここでの操作は必ずしも必要ではありませんが、行っておくとオリジナルテイク（テイク1）の演奏を含めたオートパンチレコーディング範囲の比較試聴が容易になります。

▶ オーディオクリップやMIDIクリップの分割について詳しくは「クリップを任意の位置や範囲で分割したい」（P134）を参照してください。

STEP 3 プリロールとポストロールを設定する

オートパンチレコーディング対象範囲の少し前からプレイバックを開始したいときはプリロールを設定します。同様にレコーディング終了後も多少プレイバックを続けたい場合は、ポストロールも設定しておきます。

設定の際は、トランスポートの**プリロール**ボタン❶や**ポストロール**ボタン❷をクリックして機能を有効（グリーンに点灯した状態）にし、長さの数値を直接入力します。メインルーラー上には設定に従ってプリロールフラッグ❸とポストロールフラッグ❹が表示されます。プリロール／ポストロールフラッグ自体を直接ドラッグして余白の長さを再設定することも可能です。

機能が有効になっているときはフラッグがイエロー、無効のときは白になります。

▶ ここでのように**タイムライン範囲と編集範囲をリンク**を有効に設定しているときは、トラック上の目的の位置をoption/Alt＋クリックすることで、プリロールやポストロールを設定することができます。

▶ プリロールはカウントオフ（クリックの前振り）との併用も可能です。カウントオフについて詳しくは「クリック（メトロノーム）を設定したい」（P34）を参照してください。

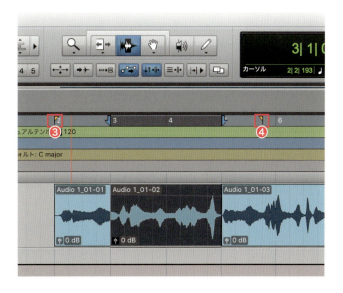

AUDIO RECORDING

STEP 4 入力モニターモードを設定する

次に、オートパンチレコーディング時の入力モニターモードを選択します。オートパンチレコーディングの場合、通常は**自動入力モニター**モードに設定しておけばいいでしょう❶。

自動入力モニターモードでは、プリロールとポストロールの区間は既存のオーディオクリップをモニターに出力し、オートパンチレコーディング対象範囲の区間と停止中は演奏中の入力信号をモニターに出力します。

■ 入力モニターモードには**自動入力モニター**モード以外に、**入力のみモニター**モードも用意されています。モードの特性の違いや選択方法について詳しくは、「入力モニターモードを選択する」(P68)を参照してください。

STEP 5 オートパンチレコーディングを行う

オートパンチレコーディングの操作手順は通常のオーディオレコーディングとは若干異なります。

まずトラックの**トラックレコード**ボタンとトランスポートの**録音**ボタンの両方をクリックして点滅状態にします。

トランスポートの**再生**ボタンをクリックするかスペースキーを押すと、プリロールフラッグ❶の位置からプレイバックが開始されます。タイムラインマーカーのインポイント❷の位置からはレコーディング状態となり❸、アウトポイント❹の位置でレコーディング状態から抜け、プレイバック状態に戻ります。その後ポストロールフラッグ❺の位置で自動的にプレイバックが停止します。

オートパンチレコーディングを行った部分に新たなオーディオクリップ❻が作成されます。

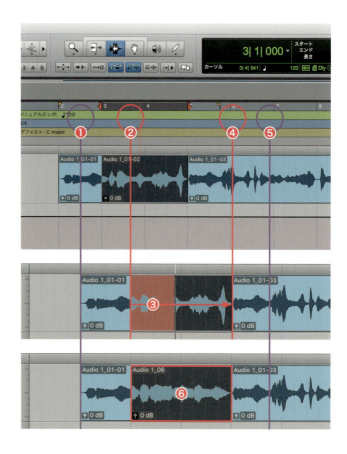

特定範囲のレコーディングを自動でやり直したい（オートパンチ）

STEP 6　オーディオクリップを比較試聴してOKテイクを選択する

STEP5の操作を繰り返してオートパンチレコーディングを行うと、同じ位置に同じ長さで最新のオーディオクリップが配置されます。それらを比較試聴してOKテイクを選択する場合は、代替クリップ機能を利用します。

オートパンチレコーディングで作成されたオーディオクリップを右クリックし、コンテキストメニューから**一致する代替**を選択すると、名称にトラック名を含むオーディオクリップが**代替**リスト内にすべて表示されます（デフォルトの場合）❶。

まずは**一致条件**❷を選択して**代替一致条件**ウィンドウを表示させ、**以下の条件を追加**にある**クリップのスタートとエンド**❸のラジオボタンをオンにしましょう。

その後、もう1度オーディオクリップを右クリップし、メニューから**一致する代替**を選択すると、**代替**リスト内にオートパンチレコーディングした各テイクのオーディオクリップ❹とSTEP2でテイク1から分割して切り出したオーディオクリップ（ここではAudio 1_01-02）❺だけが表示されるようになります。

現在採用されているものにチェックがつきますから、チェックをつけ換えながら比較試聴を行い、最終的にOKテイクのオーディオクリップにチェックがついている状態にします（後になってからのOKテイクの再選択も可能です）。

▶ レコーディングモードを**ディストラクティブ**に設定した場合にもオートパンチレコーディング自体は可能ですが、オーディオクリップの比較試聴は行えなくなり、常に最新（＝最後にレコーディングしたテイク）のオーディオクリップ以外選択できなくなります。

▶ レコーディングモードを**クイックパンチ**に設定した場合も、オートパンチレコーディング自体は可能ですが、コンピュータとディスクメディアの負担が大きくなります。

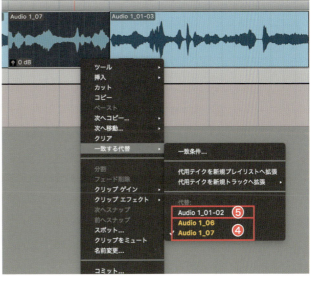

特定範囲のレコーディングを自動で繰り返したい（ループレコーディング）

正確に特定範囲だけをレコーディングできるという点でオートパンチは非常に便利ですが、テイクを繰り返すごとにレコーディング開始操作が必要になります。このテイクごとのレコーディング開始操作を自動化したのがループレコーディングです。特定範囲へのレコーディングが停止ボタンをクリックするまで繰り返されます。また、この機能はMIDIレコーディングの際も利用できます。

STEP 1　レコーディングモードをループレコーディングモードに設定する

ループレコーディングを行う際は、**オプション**メニューの**ループレコーディング❶**にチェックをつけるか、トランスポートの録音ボタンを右クリックして、コンテキストメニューから**ループ❷**を選択します。ループレコーディングモードに設定した場合、トランスポートの録音ボタンにループマークが表示されます❸。

▶ トランスポートの録音ボタンをcontrol/Start＋クリックすると、**ノーマル**（＝ノンディストラクティブ）→**ディストラクティブ**→**ループ**→**クイックパンチ**の循環でレコーディングモードを切り換えることができます。

STEP 2　テイク管理の仕方を代替プレイリストと代替クリップから選択する

ループレコーディングでは、それを停止するまでループするごとに最新のテイクを収めたオーディオクリップが作成され続けます。

ループレコーディングで作成された各テイク（オーディオクリップ）を代替プレイリストとして管理したいときは、まず設定メニューから初期設定を選択してPro Tools初期設定ダイアログを開き、**操作**タブを開き、**録音**セクション内にある**ループレコーディングのときは新規プレイリストを自動的に作成❶**にチェックをつけておきます。

代替クリップとして管理したいときは、**ループレコーディングのときは新規プレイリストを自動的に作成**からチェックをはずしておきます。

▶ 代替クリップ機能と代替プレイリスト機能の違いについては、「代替クリップ機能と代替プレイリスト機能の使い分け」（P66）を参照してください。

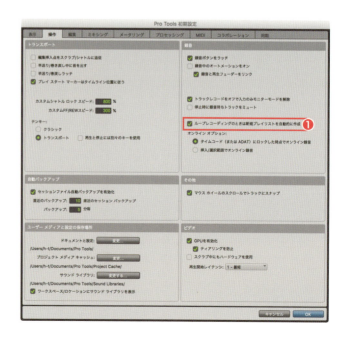

特定範囲のレコーディングを自動で繰り返したい（ループレコーディング）

STEP 3　ループレコーディングの対象範囲を設定する

まず編集ウィンドウの**タイムライン範囲と編集範囲をリンク**ボタン❶をクリックして、有効（点灯状態）にしましょう。

次に、セレクタツール❷で目的のトラック上をドラッグし、ループレコーディングの対象範囲を設定します❸。

ループレコーディングの対象範囲の設定に従って、メインルーラー上には、タイムラインマーカーのインポイント（レコーディング開始位置）❹とアウトポイント（レコーディング終了位置）❺が表示されます。イン／アウトポイント自体を直接ドラッグしたり、セレクションインジケーターの**スタート**、**エンド**、**長さ**❻にロケーションの数値を直接入力することで再設定が可能です。

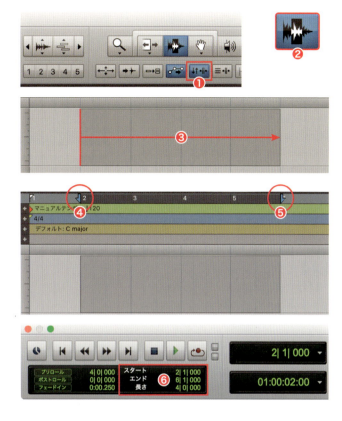

STEP 4　プリロールを設定する

ループレコーディング対象範囲の少し前からプレイバックを開始したいときはプリロールを設定します。最初のループ（テイク1の開始時）に限ってプリロール設定が有効になります。またループレコーディングの際のポストロール設定は、有効無効に関係なく常に無視されます。

設定の際は、トランスポートの**プリロール**ボタン❶をクリックして機能を有効（グリーンに点灯した状態）にし、長さの数値を直接入力します。メインルーラー上には設定に従ってプリロールフラッグ❷が表示されます。プリロールフラッグ自体を直接ドラッグして余白の長さを再設定することも可能です。機能が有効になっているときはフラッグが**イエロー**、**無効**のときは白になります。

　ここでのように**タイムライン範囲と編集範囲をリンク**を有効に設定しているときは、トラック上の目的の位置をoption/Alt＋クリックすることで、プリロールを設定することができます。

　プリロールはカウントオフ（クリックの前振り）との併用も可能です。カウントオフについて詳しくは「クリック（メトロノーム）を設定したい」（P34）を参照してください。

AUDIO RECORDING

STEP 5 ループレコーディングを行う

ループレコーディングの操作手順は通常のオーディオレコーディングとは若干異なります。

まずトラックの**トラックレコード**ボタンとトランスポートの**録音**ボタンの両方をクリックして点滅状態にします。

トランスポートの**再生**ボタンをクリックするかスペースキーを押すと、プリロールフラッグ❶の位置からプレイバックが開始されます。タイムラインマーカーのインポイント❷の位置からはレコーディング状態となり❸、アウトポイント❹の位置でインポイントに戻って、引き続き2テイク目のレコーディングが行われます❺。この動作はトランスポートの停止ボタンをクリックするか、もう1度スペースキーを押すまで、何度でも繰り返されます。ループレコーディングを行った部分には新たなオーディオクリップ❻が作成されます。

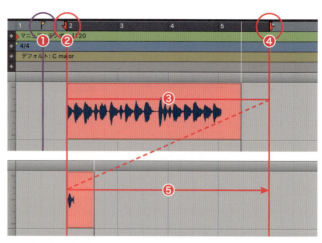

STEP2で代替プレイリストでテイクを管理する設定にした場合は、プレイリストセレクタに各テイク分のプレイリストが表示されます❼。ここでプレイリストのチェックをつけ換え、メインプレイリストを切り換えることで比較試聴を行うことができます。最終的にOKテイクのプレイリストにチェックがついている状態にします。

代替クリップでテイクを管理する設定にした場合は、まずループレコーディングで作成されたオーディオクリップを右クリックしてください。コンテキストメニューから**一致する代替**を選択すると、名称にトラック名を含むオーディオクリップが代替リスト内にすべて表示されます（デフォルトの場合）❽。

まずは**一致条件**❾を選択して**代替一致条件**ウィンドウを表示させ、**以下の条件を追加**にある**クリップのスタートとエンド**❿のラジオボタンをオンにしましょう。

その後、もう1度オーディオクリップを右クリップし、メニューから**一致する代替**を選択すると、**代替**リスト内に今ループレコーディングした各テイクのオーディオクリップだけが表示されるようになります。現在採用されているものにチェックがつきますから、チェックをつけ換えながら比較試聴を行い、最終的にOKテイクのオーディオクリップにチェックがついている状態にします。

なお、代替プレイリストと代替クリップのいずれで管理した場合でも、後になってからのOKテイクの再選択が可能です。

01	MIDIトラックにMIDIレコーディングを行いたい	78
02	インストゥルメントトラックにMIDIレコーディングを行いたい	82
03	1つの演奏パートを複数のトラックに分けてMIDIレコーディングを行いたい	86
04	マルチティンバー音源を対象にしたMIDIレコーディングを行いたい	90
05	キーボードの弾き始めと同時にMIDIレコーディングを始めたい	94
06	ノートイベントのタイミングをMIDIレコーディング時にそろえてしまいたい	96
07	不要なMIDIイベントをMIDIレコーディング時にカットしてしまいたい	98
08	MIDIレコーディングを最初からやり直したい	100
09	既存のMIDIクリップ上にMIDIレコーディングをやり直したい	102
10	特定範囲のMIDIレコーディングを自動でやり直したい（オートパンチ）	104
11	MIDIレコーディングを自動で繰り返しながらMIDIクリップ内に演奏を重ねていきたい	106
12	MIDIキーボードを使ってフレーズのステップ入力を行いたい	108

MIDIトラックに MIDIレコーディングを行いたい

MIDIトラックはMIDI演奏データを送受信するためのトラックで、主に外部MIDI音源を使用する際に用います。MIDIキーボードから入力された多種多様なMIDI演奏データ（総称してMIDIイベントと呼ばれます）をレコーディングすることができ、トラックにレコーディングされたMIDIイベントを外部MIDI機器に出力する（＝外部MIDI音源を演奏させる）こともできます。

STEP 1　MIDIレコーディングに使用するMIDIトラックを用意する

セッション上にMIDIトラックがない、または空白のMIDIトラックがないときは、MIDIレコーディングに使用するMIDIトラックを用意します❶。

なお、セッション上にまだマスターフェーダートラックが作成されていない場合は、MIDIトラック作成時に、マスターフェーダートラックも1つ作成しておきましょう❷。

■ 具体的な新規トラックの作成方法について詳しくは「トラックを新規作成するには」(P29)を参照してください。

STEP 2　MIDIレコーディングを行うMIDIトラックのインプットパスとアウトプットパスを設定する

ここではミックスウィンドウ上から設定を行うことにします（編集ウィンドウ上からも同じように行えます）。では、まずMIDI演奏データの取り込み口であるインプットパスから設定しましょう。

MIDIレコーディングを行うMIDIトラック（ここではMIDI 1）のI/Oセクションでインプットセレクタ❶をクリックして、このMIDIトラックへのMIDI演奏データ入力に使用するMIDIキーボードとMIDIチャンネルを選択します。通常はすべて❷を選択して、コンピュータに接続しているすべてのMIDIキーボード（MIDIウィンドコントローラーやMIDIドラムパッドコントローラーなども含む）から入力が行えるようにします。MIDIチャンネルを振り分けて使いたいときや、複数のMIDIキーボードからの入力を振り分けて使いたいときには、それぞれのMIDIトラックごとに異なるMIDIチャンネルやMIDIキーボードを設定します。

■ MIDIインターフェースやMIDI演奏データ入力用のMIDI機器、外部MIDI音源などの接続設定が未完了の場合は、「外部MIDI機器の接続と設定」(P22)を参照して、先にMIDI機器の接続設定を行ってください。

続いて、このMIDIトラックから外部へのMIDI演奏データの送り出し口となるアウトプットパスの設定を行います。

アウトプットセレクタ❸をクリックすると、現在MIDI接続が確立している外部MIDI音源が表示されますから、それらの中からこのMIDIトラックで演奏させる外部MIDI音源とMIDIチャンネルを選択します❹。

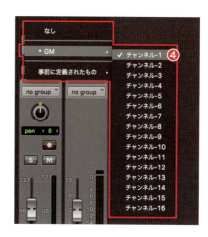

STEP 3 MIDIスルーを有効にする

MIDIキーボードからMIDIトラックに入力されたMIDI演奏データは、MIDIスルーが無効になっているとアウトプットセレクタで設定した出力先から出力されません。

オプションメニューのMIDIスルー❶にチェックをつけて、機能を有効にしておきます。

HINT & TIPS　シンセサイザーやデジタルピアノを入力用MIDIキーボードとしても使いたいときの注意

シンセサイザーやデジタルピアノのような音源を内蔵しているMIDIキーボードを、入力用のMIDIキーボードとしても利用しようと思ったときに生じるのが、シンセサイザーやデジタルピアノの内蔵音源と、MIDIトラックのアウトプットセレクタで設定した演奏用の外部MIDI音源が二重に鳴ってしまう問題です（プラグインインストゥルメントを演奏用音源にした場合も同様の問題が発生します）。

この問題は、音源内蔵タイプのMIDIキーボードに用意されているローカルオン／オフ機能を使うことで解消することができます。ローカルオフに設定したシンセサイザーやデジタルピアノでは、音源部分と鍵盤部分の内部接続が切断され、鍵盤部分は入力用MIDIキーボード、音源部分は外部MIDI音源として、個別に機能させることができます。

なお、ローカルオン／オフ機能については機種によって設定方法が異なりますので、使用しているシンセサイザーやデジタルピアノのマニュアルを参照してください。

MIDI RECORDING

STEP 4 MIDIトラックをレコーディング待機状態にして音色の指定や再生レベルの調節を行う

MIDIレコーディングを行うトラックの**トラックレコードボタン**❶をクリックすると点滅状態になります。この状態でMIDIキーボードを弾くとレベルメーターが反応し❷、モニタースピーカーから音が出ます。また、マスターフェーダートラックのレベルメーター❸は反応しません。

▶ トラックレコードボタンをshift+クリックすると、複数のトラックをレコーディング待機状態にすることができます。複数トラックに同時に同内容の演奏をMIDIレコーディングしたいときなどに利用します。

続いてパッチセレクト❹をクリックしてリストから音色を選択しましょう❺。ここでの音色選択設定は、その後の音色エディット内容も含めて設定がセッション内に保持されるため、次回以降セッションを立ち上げた際に音色を再選択/再エディットする必要がなくなります❻。

▶ デフォルト状態のリストはプログラムナンバー表示となりますので、より音色がイメージしやすいパッチ名表示に変更しておくといいでしょう。パッチ名表示に変更する操作について詳しくは「外部MIDI音源の音色をパッチ名で選択するには」(P25)を参照してください。

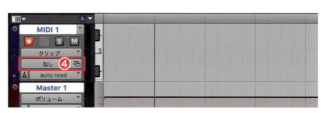

MIDIレコーディングは、言わば演奏データの記録作業なので、オーディオトラックへのレコーディングのようなレコーディングレベルの設定は不要であり、レベルメーターにもクリップインジケーターが装備されていません。

とは言え、モニタースピーカーから出る音が大きすぎて歪んだり、小さすぎて聞こえないようでは困るので、外部MIDI音源のボリュームつまみを使って再生レベルを調節しておきましょう。

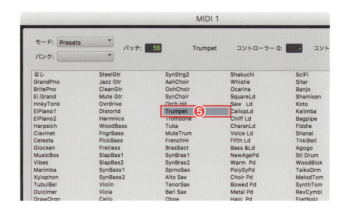

▶ MIDIトラックのフェーダーの数値は、MIDIイベントの1つであるMIDIコントロールチェンジのNo.7（CC#7：ボリューム）の値を表したもので、レベルメーターに表示されるのはベロシティの値です。オーディオトラックのフェーダーやレベルメーターのような音量自体の値（デシベル値）とはまったく概念が違いますから、混同しないようにしましょう。たとえば外部MIDI音源のボリュームつまみを0にしてしまうと、仮にフェーダーを上げきったり、レベルメーターが最大まで振れるほど強くMIDIキーボードを弾いたとしても、モニタースピーカーから音は出ません。

▶ Pro Tools初期設定ダイアログのMIDIタブの**基本に**あるデフォルトTHRUインストゥルメントが、**最初に選択したMIDIトラックに従う**に設定されている場合、トラックを選択するだけで（トラックレコードボタンを点滅状態にしなくても）、MIDIキーボードからそのトラックを演奏することができます。

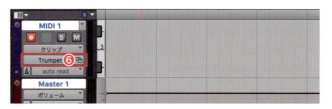

MIDIトラックにMIDIレコーディングを行いたい

 開始位置や範囲を指定してMIDIレコーディングを行う

　ツールはどれでもかまいませんから、メインルーラー上でMIDIレコーディングを開始したい位置（範囲）をクリック（ドラッグ）し、タイムラインマーカーを設定します❶。トラックレコードボタン❷を点滅状態にしている場合、タイムラインマーカーは赤く表示されます。

　続けてトランスポートの録音ボタン❸をクリックし、点滅状態にします。MIDIレコーディングを行うMIDIトラックのトラックレコードボタンとトランスポートの録音ボタンの両方が点滅していれば、レコーディング準備完了です。

　このままトランスポートの再生ボタン❹をクリックするかスペースキーを押せばレコーディングが開始され、停止ボタン❺をクリックするか、もう1度スペースキーを押すまでレコーディング状態が継続します。レコーディングを停止すると、編集ウィンドウのトラック上に、レコーディング開始位置をスタートとするMIDIクリップが作成され、演奏情報（ノートイベントの音高や長さ）が表示されます❻。

■ **タイムライン範囲と編集範囲をリンク**を有効に設定していれば、トラック上をクリックすることで直接レコーディング開始位置を指定することができます。**タイムライン範囲と編集範囲をリンク**について詳しくは「プレイバック／レコーディングの位置と範囲を設定したい」（P36）を参照してください。

録音ボタンとトラックレコードボタンの両方が点滅していれば準備完了

再生ボタンをクリックすると同時にMIDIレコーディング状態になる

停止ボタンをクリックすると同時にMIDIレコーディング状態が終了

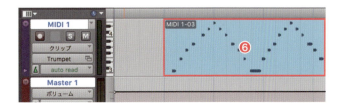

インストゥルメントトラックに MIDIレコーディングを行いたい

インストゥルメントトラックは、プラグインインストゥルメントを音源にする際に使用するトラックです。MIDIトラック同様MIDIキーボードから入力された演奏情報をレコーディングすることができます。トラックにレコーディングされたMIDIイベントはインストゥルメントトラックにインサートしたプラグインインストゥルメントで演奏され、オーディオとしてPTSから出力されます。

STEP 1 MIDIレコーディングに使用するインストゥルメントトラックを用意する

セッション上にインストゥルメントトラックがない、または空白のインストゥルメントトラックがないときは、MIDIレコーディングに使用するインストゥルメントトラックを用意します❶。

なお、セッション上にまだマスターフェーダートラックが作成されていない場合は、インストゥルメントトラック作成時に、マスターフェーダートラックも1つ作成しておきましょう❷。

▶ 具体的な新規トラックの作成方法について詳しくは「トラックを新規作成するには」(P29)を参照してください。

STEP 2 インストゥルメントトラックにプラグインインストゥルメントをインサートする

ここではミックスウィンドウ上から設定を行うことにします（編集ウィンドウ上からも同じように行えます）。では、まずこのインストゥルメントトラックにプラグインインストゥルメントをインサートしましょう。

MIDIレコーディングを行うインストゥルメントトラック（ここではInst 1）のインサートスロット最上段（スロットA）をクリックし❶、**マルチチャンネルプラグイン**か**マルチモノプラグイン**のInstrumentリストから、このトラックにインサートしたいプラグインインストゥルメント（ここではMini Grand）を選択します❷。

▶ **マルチモノプラグイン**のInstrumentリストからプラグインインストゥルメントを選択すると、出力がモノラルになります。

▶ インストゥルメントトラックに複数用意されているインサートスロットに複数のプラグインインストゥルメントをインサートすることはできますが、有効になるのは最上段（スロットA）に挿入されたプラグインインストゥルメントだけになります。

インサートが行われると、選択したプラグインインストゥルメントのプラグイン設定ウィンドウが開きます❸。

なおI/Oセクションのインプットセレクタは**入力なし**、アウトプットセレクタはモニタースピーカーが接続されているオーディオインターフェースの出力ポートに合致するアウトプットパス（通常はステレオのアウトプットパス、ここでは2 Mix）が表示されていればOKです❹。もしそれ以外のアウトプットパスが表示されていた場合は、アウトプットセレクタをクリックして、**アウトプット**から適切なアウトプットパスを選択し直してください。

STEP 3 MIDIスルーを有効にする

MIDIキーボードからMIDIトラックに入力されたMIDI演奏データは、MIDIスルーが無効になっているとプラグインインストゥルメントへ出力されません。**オプション**メニューの**MIDIスルー**❶にチェックをつけて、機能を有効にしておきます。

MIDI RECORDING

STEP 4 インストゥルメントトラックをレコーディング待機状態にして音色の指定や再生レベルの調節を行う

　MIDIレコーディングを行うインストゥルメントトラックの**トラックレコードボタン**❶をクリックすると点滅状態になります。

　この状態でMIDIキーボードを弾くとレベルメーターが反応し❷、モニタースピーカーから音が出ます。また、MIDIトラックへのMIDIレコーディング時と違って、マスターフェーダートラックのレベルメーター❸も反応します。

▶ トラックレコードボタンをshift+クリックすると、複数のトラックをレコーディング待機状態にすることができます。複数トラックに同時に同内容の演奏をMIDIレコーディングしたいときなどに利用します。

　続いてプラグインインストゥルメントの**プリセットメニュー**❹をクリックして、表示されるリストから音色を選択します❺。ここでの音色選択設定は、その後の音色エディット内容も含めて設定がセッション内に保持されるため、次回以降セッションを立ち上げた際に音色を再選択/再エディットする必要がなくなります。

　MIDIレコーディングは、言わば演奏データの記録作業なので、オーディオトラックへのレコーディングのようなレコーディングレベルの設定は不要です。とは言え、モニタースピーカーから出る音が大きすぎて歪んだり、小さすぎて聞こえないようでは困るので、**マスターレベルつまみ**❻を使って、マスターフェーダートラックのクリップインジケーターが点灯しない程度に再生レベルを調節しておきましょう。

▶ インストゥルメントトラックのフェーダーやレベルメーターの数値は、オーディオトラックのフェーダーやレベルメーター同様、音量自体の値（デシベル値）を表しています。なお、マスターフェーダートラックに送られる最終的なオーディオ信号のレベルはプラグインインストゥルメントのマスターレベルつまみとインストゥルメントトラックのフェーダー位置の兼ね合いで決まります。たとえばプラグインインストゥルメントのマスターレベルつまみを上げきったとしても、インストゥルメントトラックのフェーダーを下げきってしまえばマスターフェーダートラックにオーディオ信号は送られず、モニタースピーカーから音は出ません。インストゥルメントトラックのフェーダーを0デシベルの位置に設定したとき、インストゥルメントトラックのレベルメーターとマスターフェーダートラックのレベルメーターが同じになります。

▶ Pro Tools初期設定ダイアログのMIDIタブの基本にある**デフォルトTHRUインストゥルメント**が、**最初に選択したMIDIトラック**に従うに設定されている場合、トラックを選択するだけで（トラックレコードボタンを点滅状態にしなくても）、MIDIキーボードからそのトラックを演奏することができます。

STEP 5 開始位置や範囲を指定してMIDIレコーディングを行う

ツールはどれでもかまいませんから、メインルーラー上でMIDIレコーディングを開始したい位置（範囲）をクリック（ドラッグ）し、タイムラインマーカーを設定します❶。トラックレコードボタン❷を点滅状態にしている場合、タイムラインマーカーは赤く表示されます。

続けてトランスポートの録音ボタン❸をクリックし、点滅状態にします。MIDIレコーディングを行うMIDIトラックの**トラックレコード**ボタンとトランスポートの**録音**ボタンの両方が点滅していれば、レコーディング準備完了です。

このままトランスポートの再生ボタン❹をクリックするかスペースキーを押せばレコーディングが開始され、停止ボタン❺をクリックするか、もう1度スペースキーを押すまでレコーディング状態が継続します。レコーディングを停止すると、編集ウィンドウのトラック上に、レコーディング開始位置をスタートとするMIDIクリップが作成され、演奏情報（ノートイベントの音高や長さ）が表示されます❻。

> **タイムライン範囲と編集範囲をリンク**を有効に設定していれば、トラック上をクリックすることで直接レコーディング開始位置を指定することができます。**タイムライン範囲と編集範囲をリンク**について詳しくは「プレイバック／レコーディングの位置と範囲を設定したい」（P36）を参照してください。

録音ボタンと**トラックレコード**ボタンの両方が点滅していれば準備完了

再生ボタンをクリックすると同時にMIDIレコーディング状態になる

停止ボタンをクリックすると同時にMIDIレコーディング状態が終了

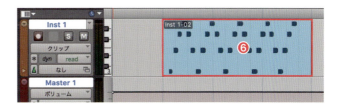

1つの演奏パートを複数のトラックに分けてMIDIレコーディングを行いたい

たとえば1台のドラム音源でドラムパートの演奏をまかなう場合などには、各打楽器の演奏を1つのトラックに混在させてもかまわないのですが、あらかじめ共通のI/O設定を施した複数のMIDIトラックを作成しておき、そこへ打楽器ごとのフレーズを順次MIDIレコーディングしていけば、その後、各打楽器個別のエディットが必要になったときなどに柔軟な対応が可能になります。

STEP 1　プラグインインストゥルメント設定用のインストゥルメントトラックを用意する

セッション上にインストゥルメントトラックがない、または空白のインストゥルメントトラックがないときは、プラグインインストゥルメントの設定に使用するインストゥルメントトラックを用意します❶。

なお、セッション上にまだマスターフェーダートラックが作成されていない場合は、インストゥルメントトラック作成時に、マスターフェーダートラックも1つ作成しておきましょう❷。

▶ 具体的な新規トラックの作成方法について詳しくは「トラックを新規作成するには」(P29)を参照してください。

▶ リズムマシンのような外部MIDI音源を利用する場合は、STEP1〜2の操作は必要ありませんから、そのままSTEP3へ進んでください。

STEP 2　インストゥルメントトラックにプラグインインストゥルメントをインサートする

ここではミックスウィンドウ上から設定を行うことにします（編集ウィンドウ上からも同じように行えます）。では、まずこのインストゥルメントトラックにプラグインインストゥルメントをインサートしましょう。

インストゥルメントトラック（ここではInst 1）のインサートスロット最上段（スロットA）をクリックし❶、マルチチャンネルプラグインかマルチモノプラグインのInstrumentリストから、このトラックにインサートしたいプラグインインストゥルメント（ここではBoom）を選択します❷。

▶ マルチモノプラグインのInstrumentリストからプラグインインストゥルメントを選択すると、出力がモノラルになります。

▶ インストゥルメントトラックに複数用意されているインサートスロットに複数のプラグインインストゥルメントをインサートすることはできますが、有効になるのは最上段（スロットA）に挿入されたプラグインインストゥルメントだけになります。

インサートが行われると、選択したプラグインインストゥルメントのプラグイン設定ウィンドウが開きます❸。

なおI/Oセクションのインプットセレクタは**入力なし**、アウトプットセレクタはモニタースピーカーが接続されているオーディオインターフェースの出力ポートに合致するアウトプットパス（通常はステレオのアウトプットパス、ここでは2 Mix）が表示されていればOKです❹。もしそれ以外のアウトプットパスが表示されていた場合は、アウトプットセレクタをクリックして、**アウトプット**から適切なアウトプットパスを選択し直してください。

STEP 3　MIDIスルーを有効にする

MIDIキーボードからMIDIトラックに入力されたMIDI演奏データは、MIDIスルーが無効になっているとプラグインインストゥルメントへ出力されません。**オプション**メニューの**MIDIスルー**❶にチェックをつけて、機能を有効にしておきます。

MIDI RECORDING

STEP 4　MIDIレコーディング用のMIDIトラックを用意する

1つの演奏パートを複数のトラックに分けてレコーディングする場合は、プラグインインストゥルメント設定用のインストゥルメントトラックとは別に、MIDIレコーディング用のMIDIトラックが必要になります。ここでは例として、ハイハット、スネア、キックの個別レコーディング用にMIDIトラックを3つ作成することにしましょう❶。

➡ 具体的な新規トラックの作成方法について詳しくは「トラックを新規作成するには」(P29)を参照してください。

STEP 5　MIDIレコーディング用MIDIトラックのインプットパスとアウトプットパスを設定する

STEP4で作成した3つのMIDIトラックに対して、インプットパスとアウトプットパスを設定します。3つのMIDIトラックとも共通の設定にするというのがポイントです。

I/Oセクションでインプットセレクタをクリックして、メニューからこのMIDIトラックへのMIDI演奏データ入力に使用するMIDIキーボードとMIDIチャンネルを選択します。通常は**すべて**❶を選択しておきます。

次に、アウトプットセレクタをクリックして、メニューからSTEP2でインストゥルメントトラックにインサートしたプラグインインストゥルメントを選択します❷。外部MIDI音源を使用する場合は、メニューからこのMIDIトラックで演奏させる外部MIDI音源とMIDIチャンネルを選択します。

I/Oセクションでの設定が終わったら、トラック名をダブルクリックして、それぞれの内容がわかる名称に変更しておくといいでしょう❸。

STEP 6 MIDIトラックをレコーディング待機状態にして音色の指定や再生レベルの調節を行う

MIDIレコーディングを行うトラックの**トラックレコードボタン**❶をクリックすると点滅状態になります。

続いてプラグインインストゥルメントの**プリセットメニュー**（Boomの場合、音色という意味ではDRUM KITのメニューからのキット一括選択や各打楽器のメニューからの個別選択の方が適切）❷をクリックして、表示されるリストから音色（ここではEight-Oキット）を選択します❸。外部MIDI音源を使用する場合は**パッチセレクト**❹をクリックしてリストから音色を選択しましょう。

トラックレコードボタンが点滅状態にあれば、MIDIキーボードの鍵盤を弾きながら音色を選ぶことができます。また、ここでの音色選択設定は、その後の音色エディット内容も含めて設定がセッション内に保持されるため、次回以降セッションを立ち上げた際に音色を再選択／再エディットする必要がなくなります。

プラグインインストゥルメントの**VOLUME**つまみ❺や外部MIDI音源のボリュームつまみを使って再生レベルを調節したら、各MIDIトラックに対して1トラックずつMIDIレコーディングを行っていきます。

ここでの例で言えば、まずハイハットのフレーズをHi-hatトラックに、次にスネアのフレーズをSnareトラックに、最後にキックのフレーズをKickトラックにMIDIレコーディングしていくわけです（実際には順不同でかまいません）。

▶ 1つの演奏パートを複数のMIDIトラックに分けてレコーディングすることで、その後のエディットが柔軟に行えるようになるケースとしては、ここで例に挙げたドラムパート以外に、ピアノパートの右手フレーズと左手フレーズなどが考えられます。

マルチティンバー音源を対象にした MIDIレコーディングを行いたい

1基(台)で、複数のパートを、異なる音色、異なるフレーズで演奏可能なタイプの音源方式をマルチティンバー音源と呼びます。ここではPTSに付属するXpand!2を1基使用し、ピアノとベースの2パートを別々のMIDIトラックへレコーディングする際の設定操作を例にして解説を進めますが、外部MIDI音源を対象にした場合の操作も基本的に変わりません。

STEP 1　プラグインインストゥルメント設定用のインストゥルメントトラックを用意する

セッション上にインストゥルメントトラックがない、または空白のインストゥルメントトラックがないときは、プラグインインストゥルメントの設定に使用するインストゥルメントトラックを用意します❶。

なお、セッション上にまだマスターフェーダートラックが作成されていない場合は、インストゥルメントトラック作成時に、マスターフェーダートラックも1つ作成しておきましょう❷。

▶ 外部MIDI音源を利用する場合は、STEP1~2の操作は必要ありませんから、そのままSTEP3へ進んでください。

▶ 具体的な新規トラックの作成方法について詳しくは「トラックを新規作成するには」(P29)を参照してください。

STEP 2　インストゥルメントトラックにプラグインインストゥルメントをインサートする

ここではミックスウィンドウ上から設定を行うことにします(編集ウィンドウ上からも同じように行えます)。では、まずこのインストゥルメントトラックにプラグインインストゥルメントをインサートしましょう。

インストゥルメントトラック(ここではInst 1)のインサートスロット最上段(スロットA)をクリックし❶、**マルチチャンネルプラグイン**か**マルチモノプラグイン**のInstrumentリストから、このトラックにインサートしたいプラグインインストゥルメント(ここではXpand!2)を選択します❷。

▶ マルチモノプラグインのInstrumentリストからプラグインインストゥルメントを選択すると、出力がモノラルになります。

▶ インストゥルメントトラックに複数用意されているインサートスロットに複数のプラグインインストゥルメントをインサートすることはできますが、有効になるのは最上段(スロットA)に挿入されたプラグインインストゥルメントだけになります。

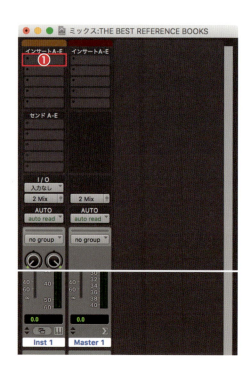

インサートが行われると、選択したプラグインインストゥルメントのプラグイン設定ウィンドウが開きます❸。

なおI/Oセクションのインプットセレクタは**入力なし**、アウトプットセレクタはモニタースピーカーが接続されているオーディオインターフェースの出力ポートに合致するアウトプットパス（通常はステレオのアウトプットパス、ここでは2Mix）が表示されていればOKです❹。もしそれ以外のアウトプットパスが表示されていた場合は、アウトプットセレクタをクリックして、**アウトプット**から適切なアウトプットパスを選択し直してください。

STEP 3 MIDIスルーを有効にする

MIDIキーボードからMIDIトラックに入力されたMIDI演奏データは、MIDIスルーが無効になっているとプラグインインストゥルメントへ出力されません。**オプション**メニューの**MIDIスルー**❶にチェックをつけて、機能を有効にしておきます。

MIDI RECORDING

STEP 4　MIDIレコーディング用のMIDIトラックを用意する

マルチティンバー音源を対象に、複数の演奏パートを複数のトラックに個別にレコーディングする場合は、プラグインインストゥルメント設定用のインストゥルメントトラックとは別に、MIDIレコーディング用のMIDIトラックが必要になります。ここでは例として、ピアノパートとベースパートの個別レコーディング用にMIDIトラックを2つ作成することにしましょう❶。

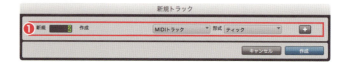

具体的な新規トラックの作成方法について詳しくは「トラックを新規作成するには」(P29)を参照してください。

STEP 5　MIDIレコーディング用MIDIトラックのインプットパスとアウトプットパスを設定する

STEP4で作成した2つのMIDIトラックに対して、インプットパスとアウトプットパスを設定します。2つのMIDIトラックとも共通の設定にするというのがポイントです。

I/Oセクションでインプットセレクタをクリックして、メニューからこのMIDIトラックへのMIDI演奏データ入力に使用するMIDIキーボードとMIDIチャンネルを選択します。通常は**すべて**❶を選択しておきます。

次に、アウトプットセレクタをクリックして、メニューからSTEP2でインストゥルメントトラックにインサートしたプラグインインストゥルメントを選択し、トラックごとに違うチャンネルを設定します❷。ここではピアノパートをレコーディングするMIDI 1トラックのチャンネルを1、ベースパートをレコーディングするMIDI 2トラックのチャンネルを2に設定しています。

外部MIDI音源を使用する場合は、メニューからこのMIDIトラックで演奏させる外部MIDI音源を選択し、同じようにしてトラックごとに違うMIDIチャンネルを設定してください。

I/Oセクションでの設定が終わったら、トラック名をダブルクリックして、それぞれの内容がわかる名称に変更しておくといいでしょう❸。

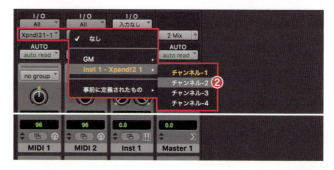

マルチティンバー音源を対象にしたMIDIレコーディングを行いたい

STEP 6 MIDIトラックをレコーディング待機状態にしてチャンネル／音色の指定や再生レベルの調節を行う

　Xpand!2の場合はA～Dの4つのティンバーを持っていますが、ここではピアノとベースの2パートに使用するので、Aをピアノパート、Bをベースパートとし、STEP5でのMIDIトラック設定に合わせて、**チャンネル**のメニューからそれぞれに1と2のチャンネルを割り当てます❶。また、使用しないCとDのティンバーは、スイッチをクリックしてオフにしておきます❷。

▶ ティンバーにチャンネルを割り振る操作は使用するプラグインインストゥルメントの製品によって異なりますが、どの製品も考え方自体は同じです。また外部MIDI音源を使用する場合も同様で、Xpand!2で言うところの**チャンネル**をMIDIチャンネルに置き換えて考えてください。

　次に、MIDIレコーディングを行うトラック（ここではPianoトラック）の**トラックレコードボタン**❸をクリックして点滅状態にしたら、Aのティンバーの**プログラム**❹をクリックして、表示されるリストからピアノパート用の音色（ここではNatural Grand Piano）を選択します❺。外部MIDI音源を使用する場合はパッチセレクト❻をクリックしてリストから音色を選択してください。いずれのケースでも、Pianoトラックの**トラックレコードボタン**が点滅状態にあれば、MIDIキーボードの鍵盤を弾きながら音色を選ぶことができます。

　ピアノパート用の音色選択が終わったら、BassトラックのトラックレコードボタンFull Finger Bass）を点滅状態にして、引き続き同じ手順でBのティンバーにベースパート用の音色（ここではFull Finger Bass）を選択します❼。ここでの音色選択設定は、その後の音色エディット内容も含めて設定がセッション内に保持されるため、次回以降セッションを立ち上げた際に音色を再選択／再エディットする必要がなくなります。

　プラグインインストゥルメントの**ティンバーレベルフェーダー**❽や**マスターレベルつまみ**❾（同様のコントローラーは外部MIDI音源にもあります）を使って再生レベルを調節したら、各MIDIトラックに対して1トラックずつMIDIレコーディングを行っていきます。ここでの例で言えば、まずピアノのフレーズをPianoトラックにMIDIレコーディングし、次にベースのフレーズをBassトラックにMIDIレコーディングしていくわけです（実際には順不同でかまいません）。

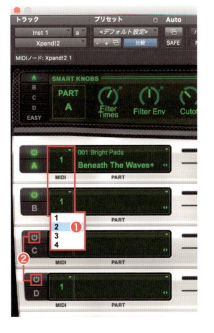

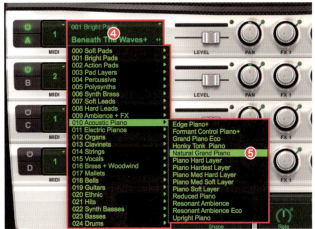

キーボードの弾き始めと同時にMIDIレコーディングを始めたい

演奏とPTSの操作を1人で行うワンマンレコーディングの場合、MIDIレコーディングの開始操作と演奏の開始タイミングを両立させるのはなかなか難儀です。PTSにはこういったケースに対応するための機能が複数用意されていますが、その中で最もシンプルで設定操作も簡単なのが、演奏開始した瞬間からMIDIレコーディングを開始する、ノート待ちレコーディング機能です。

STEP 1 MIDIレコーディングの準備を行う

ノート待ちレコーディング機能を利用するための、特別なMIDIレコーディング設定は不要です。通常のMIDIレコーディング時と同様、MIDIレコーディングを行うMIDI／インストゥルメントトラックを用意し、I/Oセクションの設定や音色の選択などを行ってください❶。

MIDIレコーディングを行うトラックの設定が終わったら、トランスポートの**ノート待ちレコーディングボタン**❷をクリックして点灯させます。これでノート待ちレコーディング機能が有効になります。

具体的な新規トラックの作成方法について詳しくは「トラックを新規作成するには」(P29) を参照してください。また各ケースごとの具体的なトラック設定操作について詳しくは、「MIDIトラックにMIDIレコーディングを行いたい」(P78)、「インストゥルメントトラックにMIDIレコーディングを行いたい」(P82)、「1つの演奏パートを複数のトラックに分けてMIDIレコーディングを行いたい」(P86)、「マルチティンバー音源を対象にしたMIDIレコーディングを行いたい」(P90) をそれぞれ参照してください。

HOW TO ノート待ちレコーディングを行うには

まず、MIDIレコーディングを開始したい位置(範囲)を設定します❶。

次に、MIDIレコーディングを行うトラックの**トラックレコードボタン**❷をクリックして点滅状態にし、さらにトランスポートの録音ボタンをクリックすると、編集ウィンドウ左下に**MIDIを待機中**と赤く表示されます❸。

トラックの**トラックレコードボタン**および、トランスポートの**録音**ボタン、**再生**ボタンが点滅状態、**停止**ボタンが点灯状態になれば❹、ノート待ちレコーディングの準備完了です。この状態でMIDIキーボードを演奏すると、指定した位置から自動的にMIDIレコーディングが開始されます。

MIDIレコーディングを終える際は、**停止**ボタンをクリックするかスペースキーを押してください。また、範囲を指定してMIDIレコーディングを行った場合は、範囲の右端で自動的に停止します。

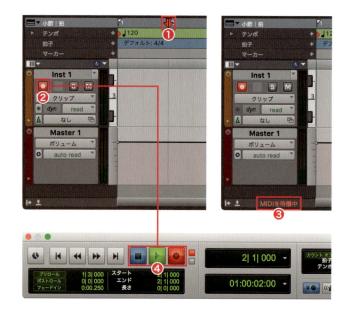

HOW TO ノート待ちレコーディング時にクリック（メトロノーム）音が必要なときは

ノート待ちレコーディングの際に、クリック（メトロノーム）音を鳴らすことも可能です。まずトランスポートの**ノート待ちレコーディング**ボタンと**メトロノーム**ボタンの両方をそれぞれクリックして点灯させます❶。これでノート待ちレコーディング機能とメトロノーム機能が有効になります。

MIDIレコーディングを開始したい位置（範囲）を設定後、トラックの**トラックレコード**ボタンをクリックして点滅状態にし、さらにトランスポートの**録音**ボタンをクリックしてください。トラックの**トラックレコード**ボタンおよび、トランスポートの**録音**ボタン、**再生**ボタンが点滅状態、**停止**ボタンが点灯した状態❷でクリック音が鳴り出します。

クリック音に合わせてMIDIキーボードを演奏すると、指定した位置から自動的にMIDIレコーディングが開始されます。

▶ ノート待ちレコーディング機能とカウントオフ機能は一意的選択となり、いずれかの機能を有効にすると、自動的にもう一方が無効の状態になります。

▶ クリック（メトロノーム）の設定について詳しくは「クリック（メトロノーム）を設定したい」（P34）を参照してください。

HOW TO ノート待ちレコーディング時にプリロールが必要なときは

ノート待ちレコーディングの際に、プリロール機能を併用すると、MIDIレコーディング開始位置よりも前の何小節かのプレイバックに続けてMIDIレコーディングを開始することができます。まずトランスポートの**ノート待ちレコーディング**ボタン❶を点灯させ、次に**プリロール**ボタンをクリックして機能を有効にし、長さを設定します❷。

MIDIレコーディングを開始したい位置（範囲）を設定後、トラックの**トラックレコード**ボタンをクリックして点滅状態にし、さらにトランスポートの**録音**ボタンをクリックしてください。トラックの**トラックレコード**ボタンおよび、トランスポートの**録音**ボタン、**再生**ボタンが点滅状態、**停止**ボタンが点灯状態になれば❸、プリロールを併用したノート待ちレコーディングの準備完了です。

この状態でMIDIキーボードの任意の鍵盤を押すと、それがプレイバック開始のスイッチとなり、MIDIレコーディング開始位置よりもプリロールで設定した長さの分だけ手前からプレイバックが始まります（プレイバック開始のスイッチ代わりに弾いた鍵盤のデータはレコーディングされません）。

MIDIレコーディング開始位置になったら実際の演奏を行います。

▶ プリロール機能を併用したノート待ちレコーディングに、さらにメトロノーム機能を併用し、クリック音を鳴らすことも可能です。

▶ ノート待ちレコーディングはオーディオレコーディングの際にも利用できます。この場合、レコーディングを行うオーディオトラックのトラックレコードボタンを点滅状態にする以外、設定操作は共通になります。MIDIキーボードの任意の鍵盤を押すと、それがオーディオレコーディング開始のスイッチとなります。また、スイッチ代わりに押した鍵盤のデータがMIDIレコーディングされることはありません。

▶ ノート待ちレコーディングの開始スイッチとして使えるMIDIイベントには、MIDIキーボードからのノートイベントだけでなく、コントロールチェンジやピッチベンドイベントなども含まれます。そのため、MIDIキーボード用のサステインペダルや、MIDIフットコントローラーをコンピュータに接続すれば、それらを開始スイッチに利用することができます。

▶ プリロールの設定について詳しくは「プレイバック／レコーディング範囲の前後に余白の区間を加えるには」（P38）を参照してください。

ノートイベントのタイミングを MIDIレコーディング時にそろえてしまいたい

演奏タイミングのばらつきは人間的らしさの現れであり、それを活かすのもMIDIプログラミング上のテクニックの１つですが、機械的なアルペジオや無機的なビートが欲しいときのように、あいまいさが不要なケースもあります。PTSに用意されている入力時クオンタイズ機能を利用すれば、MIDIレコーディングの段階で各ノートイベントの位置を正確にそろえてしまうことが可能です。

STEP 1　イベント操作ウィンドウを開く

イベントメニューのイベント操作から入力時クオンタイズ❶を選択すると、入力時クオンタイズが選ばれている状態のイベント操作ウィンドウが開きます。

なお、すでに他の操作が選ばれているイベント操作ウィンドウから、入力時クオンタイズの設定に移行したい場合は、ウィンドウ最上段にあるメニューから入力時クオンタイズを選んでください。

▶ ノートイベントのスタートやエンドの位置（タイミング）を設定（クオンタイズグリッド）に合わせてそろえる機能をクオンタイズと呼びます。クオンタイズはここでのような入力時（MIDIレコーディング時）だけでなく、レコーディング後のノートイベントを対象に行うことも可能です。

▶ MIDIレコーディング後のノートイベントに対してクオンタイズを行う際の操作について詳しくは、「トラック／クリップ単位でMIDIイベントの値を一括制御したい（リアルタイムプロパティ）」（P204）、「ノートイベントに詳細なエディットを行いたい（イベント操作）」（P208）を参照してください。

STEP 2　入力時クオンタイズ機能を有効にし、タイミングをそろえる対象を設定する

まずクオンタイズの対象の入力クオンタイズをオンにするにチェックをつけて、入力時クオンタイズ機能を有効にし、次にクオンタイズの対象を指定します。ノートオンにチェックをつけるとノートイベントのスタート位置、ノートオフにチェックをつけると、ノートイベントのエンド位置がクオンタイズの対象になります。ノートのデュレーションを維持にチェックをつけると、タイミングが修正されても、鍵盤を押している長さ（デュレーション）が変化しません。チェックをはずしていると、タイミングの修正に伴ってデュレーションが伸び縮みします。

通常は、ノートオンとノートのデュレーションを維持にチェックをつけておけばいいでしょう❶。

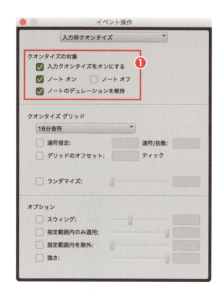

STEP 3 クオンタイズグリッドを設定する

入力時クオンタイズを有効にした場合、MIDIレコーディング時にクオンタイズグリッドからはずれて演奏されたノートイベントは、強制的にクオンタイズグリッドにそろえられ、MIDIイベントとして記録されるのは、このクオンタイズグリッドにそろえられた後の演奏になります。

入力時クオンタイズでは用法的に複雑なクオンタイズグリッド設定が求められるケースがほとんどないため、通常は**クオンタイズグリッド**のメニューからクオンタイズグリッドの間隔となる音符を選択するだけでいいでしょう❶。もちろん、その他のパラメーターを使って、微妙なタイミングのクオンタイズグリッドを設定してもかまいません。

■ クオンタイズグリッドに用意されている各パラメーターの働きについて詳しくは「ノートイベントに詳細なエディットを行いたい（イベント操作）」（P208）を参照してください。

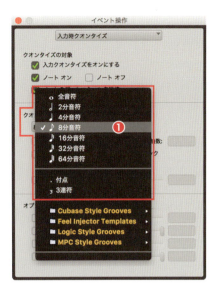

STEP 4 入力時クオンタイズ機能を有効にした状態でMIDIレコーディングを行う

入力クオンタイズをオンにするにチェックつける以外、操作上、通常のMIDIレコーディングと変わるところはありません。

開始したい位置（範囲）を設定後、MIDIレコーディングを行うトラックの**トラックレコード**ボタンを点滅状態にし、さらにトランスポートの**録音**ボタンも点滅状態にします。

このままトランスポートの**再生**ボタンをクリックするかスペースキーを押せばレコーディングが開始されます。MIDIレコーディング中のモニター音には入力時クオンタイズの効果が反映されませんが、**停止**ボタンをクリックするか、もう1度スペースキーを押してMIDIレコーディングを停止すると、編集ウィンドウのトラック上にMIDIクリップが作成されます❶。

MIDIクリップ内のノートイベントの開始（ノートオン）位置が、STEP3でのクオンタイズグリッド設定（8分音符）に従って、000ティック（拍頭）か480ティック（8分ウラ拍）の位置にそろえられているのがわかります❷。

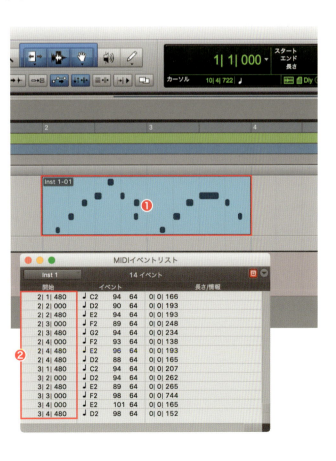

不要なMIDIイベントを MIDIレコーディング時にカットしてしまいたい

MIDIキーボードを演奏するとノートイベント以外にもさまざまなイベントが送信されますが、それらのすべてが有用とは限りません。たとえば音源側が対応していないMIDIイベントを演奏データに含めても意味がないのです。こういった不要なMIDIイベントは、再生時のタイミングに悪影響を及ぼしたり、エディット時の邪魔にもなりますので、あらかじめカットしてしまいましょう。

STEP 1 MIDI入力フィルターダイアログを表示させる

MIDIレコーディング時に発生するMIDIイベントから、実際にデータとして記録するものを選別するための設定はMIDI入力フィルターダイアログで行います。

設定メニューのMIDIからMIDI入力フィルター❶を選択すると、MIDI入力フィルターダイアログ❷が開きます。

HOW TO 全種類のMIDIイベントをレコーディング対象にするには

選別を行わず、MIDIレコーディング時に発生する全種類のMIDIイベントをデータとして記録したい場合はレコードのすべて❶のラジオボタンをオンにします。

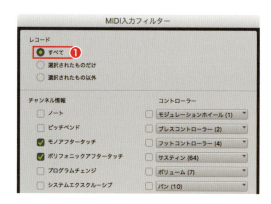

特定のMIDIイベントだけをレコーディング対象にするには

MIDIレコーディング時に発生するMIDIイベントから、実際にデータとして記録するものを選別する際には、2つの考え方で対象を選択することができます。

1つ目は、データに含めたいMIDIイベントを直接指定する考え方です。この考え方で選別を行う場合は、まず**レコード**の**選択されたものだけ**❶のラジオボタンをオンにし、**チャンネル情報**と**コントローラー**に用意されているMIDIイベントの中から必要なものにチェックをつけます❷。

画面の設定例に従うと、MIDIキーボードの演奏で発生したMIDIイベントの中から、ノートイベント、ピッチベンドイベントおよび、モジュレーションホイール（CC#1）、サスティン（CC#64）、ボリューム（CC#7）、パン（CC#10）のコントロールチェンジイベントがレコーディングされます。

2つ目はデータに含めたくないMIDIイベントを直接指定する考え方です。この考え方で選別を行う場合は、**レコード**の**選択されたもの以外**❸のラジオボタンをオンにし、**チャンネル情報**と**コントローラー**に用意されているMIDIイベントの中から不要なものにチェックをつけます❹。

画面の設定例に従うと、MIDIキーボードの演奏で発生したMIDIイベントの中から、モノアフタータッチ、ポリフォニックアフタータッチ、システムエクスクルーシブの各MIDIイベントだけがカットされます。

HINT&TIPS　主なMIDIイベントの役割について

主なMIDIイベントとして、次のようなものが挙げられます。

■**ノート**：それぞれ1つずつの音の音高や強弱などを表すMIDIイベントで、演奏の基本情報です。MIDIキーボードの鍵盤を押したときに発生します。

■**ピッチベンド**：音の高さをなめらかに移行させるMIDIイベントです。MIDIキーボードのピッチベンドホイールを操作すると発生します。

■**モノ／ポリフォニックアフタータッチ**：MIDIキーボードの鍵盤を深く押し下げたときに発生するMIDIイベントです。モノ（フォニック）では全鍵盤を通じて1つの値、ポリフォニックでは押し下げた鍵盤ごとに異なる値が発生します。

■**プログラムチェンジ**：音色（プログラム）の切り換えに使われるMIDIイベントです。MIDIキーボードに装備された数字ボタンなどを押すと発生します。

■**コントローラー**：MIDI音源のパラメーターをコントロールするためのMIDIイベントです。合計128種類あり、代表的なものに、ボリュームやパン、サスティンペダルのオン／オフなどがあります。MIDIキーボードのボリュームスライダーやコントロールつまみ、サスティンペダルなどを操作すると発生します。

■**システムエクスクルーシブ**：各MIDI機器ごとに固有の音色情報や音源のリセット情報などを送信するために用いられるMIDIイベントです。通常このMIDIイベントをMIDIレコーディングの対象にすることはありません。

MIDIレコーディングを最初からやり直したい

PTSでMIDIレコーディングをやり直す場合、直前に行ったMIDIレコーディング操作の取り消し、任意のタイミングで行うトラック上からのMIDIクリップの削除、任意のタイミングで行うトラック上とクリップリスト上からのMIDIクリップの削除の3つから操作を選ぶことができ、再利用などを考慮した使い分けが可能になっています。

直前に行ったMIDIレコーディング操作を取り消すには

直前に行ったMIDIレコーディング操作❶は、**編集**メニューから**取り消し**❷を選択するか、command/Ctrl+zキーを押すと、取り消すことができます。なお、この操作はコンピュータ操作で一般的に用いられるアンドゥと同じですので、レコーディング以外の他のコマンド操作に対しても有効です。

MIDIレコーディング操作を対象にして**取り消し**を行った場合、トラック上とクリップリスト上からMIDIクリップが削除されます❸。

▶ **編集**メニューから**やり直し**を選択するか、command/Ctrl+shift+zキーを押すと、**取り消し**操作自体のやり直しとなり、MIDIレコーディング直後の状態に戻すことができます。いわゆる一般的なコンピュータ操作で言うところのリドゥと同じです。

▶ 取り消し操作を繰り返すと最大64操作まで順次さかのぼることができます。

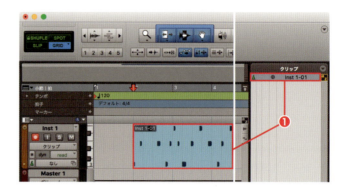

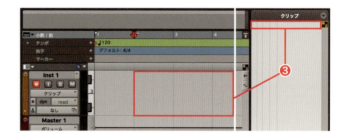

トラック上のMIDIクリップのみを削除するには

MIDIレコーディングによって作成されたトラック上のMIDIクリップを選択し❶、**編集**メニューから**カット**❷または**クリア**❸を選択する、あるいはdelete/Backspaceキーを押します。

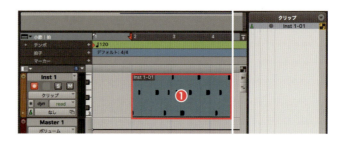

トラック上のMIDIクリップを右クリックして、コンテキストメニューから**カット**や**クリア**❹を選んでもかまいません。

いずれの場合も、トラック上のMIDIクリップだけが削除され、クリップリスト内のMIDIクリップはそのままの状態で残ります❺。

▶ クリップリスト内から目的のMIDIクリップを選択し、上記の操作で**カット**や**クリア**を行った場合も、同じ結果が得られます。

▶ MIDIクリップの削除後、その内容をどこかにペーストしたい場合は、**カット**を選択します。削除後にペーストの必要がない場合は**クリア**を選択してください。

▶ この操作は、MIDIレコーディング直後のやり直しに限らず、任意のタイミングで、任意のMIDIクリップに対して有効です。

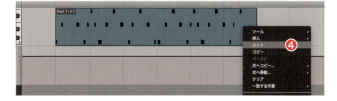

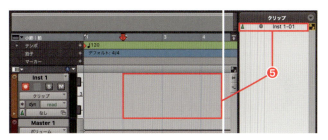

HOW TO　トラック上とクリップリスト上のMIDIクリップを削除するには

MIDIレコーディングによって作成されたクリップリスト上のMIDIクリップを選択後❶、クリップリスト右上の▼をクリックしてサブメニューから**クリア**❷を選択すると、その後の操作を確認するダイアログが表示されます。

ここで**削除**❸を選ぶと、さらにアラートが表示されます。**はい**❹をクリックすると、MIDIレコーディング直後に**取り消し**操作を行ったときと同様、トラック上とクリップリスト上からMIDIクリップが削除されます❺。

▶ ここで行っている**クリア**操作は**取り消し**操作の対象外ですので、慎重に実行してください。

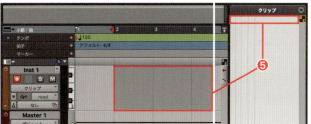

MIDI RECORDING 09

既存のMIDIクリップ上にMIDIレコーディングをやり直したい

PTSでは、既存のMIDIクリップ上に再レコーディング（リテイク）を行う場合、既存のMIDIクリップの内容を書き換えてしまうモードと、既存のMIDIクリップの内容に書き加えていく（MIDIマージ）モードの2つから、レコーディングモードを選択することができます。なお、MIDIレコーディングではノンディストラクティブ（ノーマル）／ディストラクティブモードの区別は不要です。

HOW TO　既存のMIDIクリップの内容を書き換えながら再レコーディングを行うには

既存のMIDIクリップと同じ位置から、内容を書き換えつつ再レコーディングを行う場合は、トランスポートの**MIDIマージボタン**❶をクリックして消灯させ、機能を無効にします。この状態で再レコーディングを行うと、レコーディング開始から停止位置までの既存のMIDIクリップの内容が、再レコーディングした内容に書き換わります❷。

▶ MIDIマージボタンが消灯状態の場合、再レコーディング時にMIDIキーボードで何も演奏を行わなければ、その部分のMIDIクリップの内容は空白に書き換わります。

この操作の場合、新しいMIDIクリップが作成されることはありません❸。

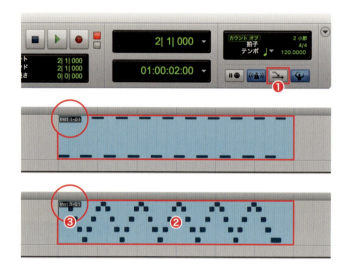

HOW TO　既存のMIDIクリップの内容に書き加えながら再レコーディングを行うには

既存のMIDIクリップと同じ位置から、内容を書き加えつつ再レコーディングを行う場合は、トランスポートの**MIDIマージボタン**❶をクリックして点灯させ、機能を有効にします。この状態で再レコーディングを行うと、レコーディング開始から停止位置までの既存MIDIクリップの内容に、再レコーディングした内容が追加されます❷。

▶ MIDIマージボタンが点灯状態の場合、再レコーディング時にMIDIキーボードで何も演奏を行わなければ、その部分のMIDIクリップの内容は元のまま保持されます。

この操作の場合、新しいMIDIクリップが作成されることはありません❸。

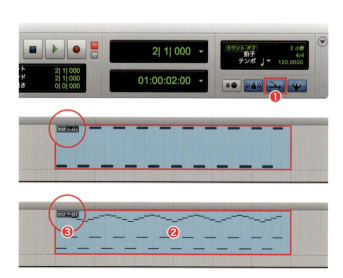

既存のMIDIクリップの前後を含む範囲に再レコーディングを行うには

既存のMIDIクリップの左端から1小節以内の位置から再レコーディングを開始すると❶、そこから停止位置までが1つのMIDIクリップになります（既存のMIDIクリップの右端より左で再レコーディングを終了した場合は、既存のMIDIクリップの右端までが1つのMIDIクリップになります）❷。

MIDIマージ機能を無効にしていれば、既存のMIDIクリップの内容が再レコーディングした内容に書き換わり、有効にしていれば、既存のMIDIクリップの内容に再レコーディングした内容が追加されます。この操作の場合、新しいMIDIクリップが作成されることはありません。

一方、既存のMIDIクリップの左端から1小節を越えて離れた位置から再レコーディングを開始すると❸、そこから既存のMIDIクリップの左端までが新しいMIDIクリップとして作成されます❹。それ以降の部分は再レコーディング停止位置までが1つのクリップになります（既存のMIDIクリップの右端より左で再レコーディングを終了した場合、既存のMIDIクリップの右端までが1つのMIDIクリップになります）❺。MIDIマージ機能を無効にしていれば、既存のMIDIクリップの内容が再レコーディングした内容に書き換わり、有効にしていれば、既存のMIDIクリップの内容に再レコーディングした内容が追加されます。

既存MIDIクリップの左端から1小節以内の位置で再レコーディング開始（MIDIマージ無効状態）

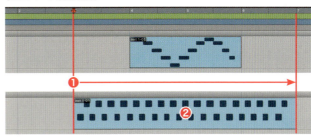

既存MIDIクリップの左端から1小節を越えて離れた位置で再レコーディング開始（MIDIマージ有効状態）

■ この操作の直後、クリップリストには既存のものと同じ名称のMIDIクリップが重複表示されますが、トラック上でMIDIクリップを一時的に移動させるなどすれば、重複表示を解消することができます。

既存のMIDIクリップと重ならない位置に再レコーディングを行うには

既存のMIDIクリップの左端から1小節以内の位置から、既存のMIDIクリップに重ならないように再レコーディングを行うと❶、既存のMIDIクリップに統合されます❷。

既存のMIDIクリップの右端から1小節以内の位置から再レコーディングした場合も❸、既存のMIDIクリップに統合されます❹。

既存のMIDIクリップの左端から1小節を越えて離れた位置から、既存のMIDIクリップに重ならないように再レコーディングを行うと、新しいMIDIクリップが作成されます❺。既存のMIDIクリップの右端から1小節を越えて離れた位置から再レコーディングした場合も、新しいMIDIクリップが作成されます❻。

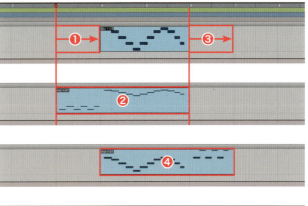

特定範囲のMIDIレコーディングを自動でやり直したい（オートパンチ）

演奏とPTSの操作を1人で行うワンマンレコーディングの場合、手動でMIDIレコーディングの開始と終了操作を行うクイックパンチレコーディングでは既存のMIDIクリップ内の特定範囲の修正に対応しきれないケースもあります。そういったときは、あらかじめ設定しておいた範囲に従ってMIDIレコーディングの開始と終了操作を自動で行ってくれる、オートパンチ機能を活用しましょう。

STEP 1 オートパンチレコーディングの対象範囲を設定する

オートパンチレコーディングの準備として、まずは編集ウィンドウの**タイムライン範囲と編集範囲をリンク**ボタン❶をクリックして有効（点灯状態）にしてください。

次に、セレクタツール❷で目的のMIDIクリップ上をドラッグし、オートパンチレコーディングの対象範囲を設定します❸。この際にshift+control/Start+ドラッグすると、範囲設定操作をスクラブ再生しながら行うことができます。

▶ MIDIでのオートパンチレコーディングの場合、レコーディングモードは**ノンディストラクティブ／ディストラクティブ**のいずれでも同じ結果が得られます。

▶ スクラブ再生について詳しくは「編集挿入位置の指定や範囲選択を音を聴きながら設定したい（スクラブ再生）」（P122）を参照してください。

オートパンチレコーディングの対象範囲の設定に従って、メインルーラー上には、タイムラインマーカーのインポイント（レコーディング開始位置）❹とアウトポイント（レコーディング終了位置）❺が表示されます。イン／アウトポイント自体を直接ドラッグしたり、セレクションインジケーターの**スタート、エンド、長さ**❻にロケーションの数値を直接入力することで再設定が可能です。

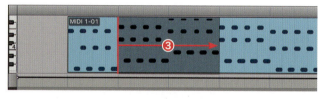
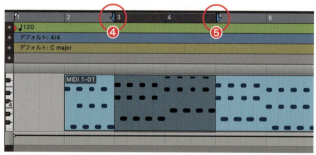

HINT & TIPS 難しいフレーズのMIDIレコーディングにはハーフスピードでトライ

MIDIレコーディングの強味は、テンポを変えても音質的な劣化がまったく起きないことです。演奏が難しいフレーズなどは、この利点をフルに利用して、一時的にテンポを落としたレコーディングで対処してみるのもいいでしょう。

PTSでは、トランスポートの再生ボタンをshift+クリックするだけで、セッションのテンポ設定を変更する必要なく、現在の半分のテンポで再生が行えるようになっています。MIDIレコーディング時にこの機能を利用したいときは、MIDIレコーディングを開始する際に、通常は**再生**ボタンをクリックするところを、shift+クリックに変更するだけでOKです。

STEP 2 プリロールとポストロールを設定する

　オートパンチレコーディング対象範囲の少し前からプレイバックを開始したいときはプリロールを設定します。同様にレコーディング終了後も多少プレイバックを続けたい場合は、ポストロールも設定しておきます。

　設定の際は、トランスポートの**プリロール**ボタン❶や**ポストロール**ボタン❷をクリックして機能を有効（グリーンに点灯した状態）にし、長さの数値を直接入力します。メインルーラー上には設定に従ってプリロールフラッグ❸とポストロールフラッグ❹が表示されます。プリロール／ポストロールフラッグ自体を直接ドラッグして余白の長さを再設定することも可能です。

　機能が有効になっているときはフラッグがイエロー、無効のときは白になります。

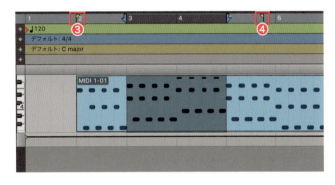

　ここでのように**タイムライン範囲と編集範囲をリンク**を有効に設定しているときは、トラック上の目的の位置をoption／Alt＋クリックすることで、プリロールやポストロールを設定することができます。

　プリロールはカウントオフ（クリックの前振り）との併用も可能です。カウントオフについて詳しくは「クリック（メトロノーム）を設定したい」（P34）を参照してください。

STEP 3 オートパンチレコーディングを行う

　オートパンチレコーディングを行うトラックの**トラックレコード**ボタンとトランスポートの**録音**ボタンの両方をクリックして点滅状態にします。

　トランスポートの**再生**ボタンをクリックするかスペースキーを押すと、プリロールフラッグ❶の位置からプレイバックが開始されます。タイムラインマーカーのインポイント❷の位置からはレコーディング状態となり❸、アウトポイント❹の位置でレコーディング状態から抜け、プレイバック状態に戻ります。その後ポストロールフラッグ❺の位置で自動的にプレイバックが停止します。

　MIDIマージ機能を無効にしていた場合は、画面例のようにオートパンチ範囲内のMIDIイベントが書き換わります❻。MIDIマージ機能を有効にしていた場合はオートパンチ範囲内にMIDIイベントが書き加えられます。

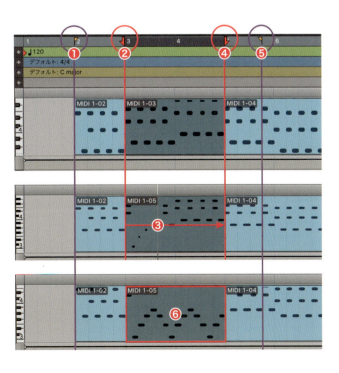

MIDIレコーディングを自動で繰り返しながら MIDIクリップ内に演奏を重ねていきたい

同一箇所のテイクを聴き比べたいときなどはループレコーディングが便利ですが、MIDIのループレコーディングではMIDIマージ機能が無視され、たとえば2小節間をループしながら、同じMIDIクリップ内にキック、スネア、ハイハットの順にフレーズを重ねてMIDIレコーディングしていくといったことができません。こういったケースにはループプレイバックレコーディングで対処します。

STEP 1 再生モードをループプレイバックモードに設定する

　ループプレイバックレコーディングを行う際は、トランスポートの**再生**ボタンをcontrol/Start＋クリックするか、右クリックしてコンテキストメニューから**ループ**❶を選択します。ループレコーディングモードに設定した場合、トランスポートの再生ボタンにループマークが表示されます❷。

▶ オプションメニューの**ループプレイバック**にチェックをつけることでも**ループプレイバック**モードにすることができます。

▶ 通常のループレコーディングを行う際の設定操作については「特定範囲のレコーディングを自動で繰り返したい（ループレコーディング）」（P74）を参照してください。

STEP 2 ループプレイバックレコーディングの対象範囲を設定する

　ループプレイバックレコーディングの準備として、まずは編集ウィンドウの**タイムライン範囲と編集範囲をリンク**ボタン❶をクリックして有効（点灯状態）にしてください。
　次に、セレクタツール❷で目的のMIDI／インストゥルメントトラック上をドラッグし、ループプレイバックレコーディングの対象範囲を設定します❸。

▶ MIDIでのオートパンチレコーディングの場合、レコーディングモードは**ノンディストラクティブ／ディストラクティブ**のいずれでも同じ結果が得られます。

　メインルーラー上にあるタイムラインマーカーのインポイント（レコーディング開始位置）❹とアウトポイント（レコーディング終了位置）❺を直接ドラッグしたり、セレクションインジケーターの**スタート、エンド、長さ**❻にロケーションの数値を直接入力することで対象範囲の再設定が可能です。

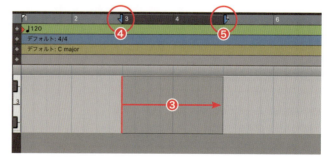

MIDIレコーディングを自動で繰り返しながらMIDIクリップ内に演奏を重ねていきたい

STEP 3 プリロールを設定する

　ループプレイバックレコーディング対象範囲の少し前からプレイバックを開始したいときはプリロールを設定します。

　設定の際は、トランスポートの**プリロール**ボタン❶をクリックして機能を有効（グリーンに点灯した状態）にし、長さの数値を直接入力します。メインルーラー上には設定に従ってプリロールフラグ❷が表示されます。プリロールフラグ自体を直接ドラッグして余白の長さを再設定することも可能です。機能が有効になっているときはフラグがイエロー、無効のときは白になります。

▶ ここでのように**タイムライン範囲と編集範囲をリンク**を有効に設定しているときは、トラック上の目的の位置をoption/Alt＋クリックすることで、プリロールを設定することができます。

▶ プリロールはカウントオフ（クリックの前振り）との併用も可能です。カウントオフについて詳しくは「クリック（メトロノーム）を設定したい」（P34）を参照してください。

▶ プリロール設定は必須ではありません。特にクリック音を鳴らしながらループプレイバックレコーディングを行うときは、むしろプリロールを使用せず、1回目のループを前振りカウント代わりに使って、2回目から演奏を開始した方が演奏しやすい場合もあります。

STEP 4 ループプレイバックレコーディングを行う

　同じMIDIクリップの中にキック、スネア、ハイハットの順にフレーズを重ねてドラムパートをMIDIレコーディングしていくようなケースでは、必ずトランスポートの**MIDIマージ**ボタン❶をクリックして点灯させ、機能を有効にしてください。

　次に、ループプレイバックレコーディングを行うトラックの**トラックレコード**ボタンとトランスポートの**録音**ボタンの両方をクリックして点滅状態にします。

　トランスポートの**再生**ボタンをクリックするかスペースキーを押すと、プリロールフラグ❷の位置からプレイバックが開始されます。タイムラインマーカーのインポイント❸の位置からはレコーディング状態となり、アウトポイント❹の位置でインポイントに戻って、引き続き2回目のレコーディングが行われます。レコーディング中に演奏された内容は、次々にMIDIクリップ内に書き加えられていきます❺。この動作はトランスポートの**停止**ボタンをクリックするか、もう1度スペースキーを押すまで、何度でも繰り返されます。

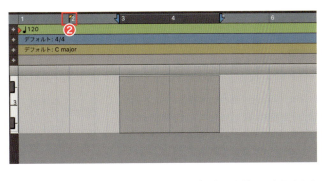

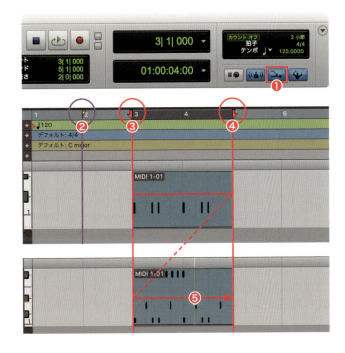

▶ MIDIマージボタンが点灯状態の場合、レコーディング状態であってもMIDIキーボードで何も演奏を行わなければ、その部分のMIDIクリップの内容は元のまま保持されます。

MIDIキーボードを使ってフレーズのステップ入力を行いたい

MIDI演奏データの作成方法には、実際のMIDIキーボードでの演奏をそのまま記録していくリアルタイムMIDIレコーディング以外に、1音ずつノートイベントのロケーション、音高、長さ、強弱（ベロシティ）を指定しながら行うステップ入力があります。キーボードの演奏力が不要なため、速弾きフレーズや微妙なアーティキュレーションが求められるフレーズにも柔軟に対応できます。

STEP 1 イベント操作ウィンドウを開く

イベントメニューの**イベント操作**から**ステップ入力**❶を選択すると、**ステップ入力**が選ばれている状態の**イベント操作ウィンドウ**が開きます。

なお、すでに他の操作が選ばれている**イベント操作**ウィンドウから、ステップ入力操作に移行したい場合は、ウィンドウ最上段にあるメニューから**ステップ入力**を選んでください。

STEP 2 ステップ入力機能を有効にし、入力の対象トラックを設定する

イベント操作ウィンドウ上段の**有効**にチェックをつけて、ステップ入力機能を有効にします❶。

STEP 3 ステップ入力を行うトラックと、ノートイベントを入力するロケーションを指定する

ステップ入力の準備として、まずは編集ウィンドウの**タイムライン範囲と編集範囲をリンクボタン**❶をクリックして有効（点灯状態）にしてください。

次に、セレクタツール❷で目的のMIDI／インストゥルメントトラック上の、ステップ入力を行うロケーションをクリックします❸。メインルーラー上のタイムラインマーカーが、その位置に移動します❹。

小節や拍ちょうどのロケーションからステップ入力を行いたい場合は、エディットモードを**絶対グリッドモード**❺にしておくといいでしょう。ここではInst 1トラックの2小節目を指定しています。

STEP 4 MIDIエディタを開く

ステップ入力はこのまま編集ウィンドウからも行えますが、ここではよりノートイベントの内容を把握しやすいMIDIエディタ上で操作を行うことにします。

STEP 3の操作後、そのまま**ウィンドウメニュー**から**MIDIエディタ**❶を選択すると、STEP 3でのトラック指定とロケーション指定が反映された状態でMIDIエディタが開きます❷。

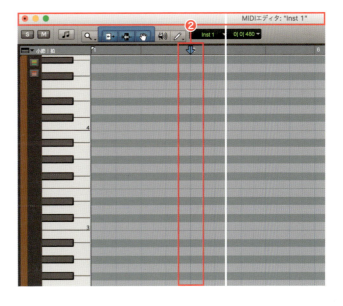

MIDI RECORDING

STEP 5　入力する音符の種類を選び、音の長さを指定する

　イベント操作ウィンドウの**単位**❶で、入力するノートイベントの音符の種類を指定します。連符を入力したい場合は、**連符指定**にチェックをつけて、**連符/拍数**に数値を入力します。

　また、**ノートの長さ**❷では、選択した音符本来の長さに対するパーセンテージを設定することで、ノートイベントに対して、スラーやスタッカートといったアーティキュレーション表現を加えることができます。音符本来の長さが100%になります。

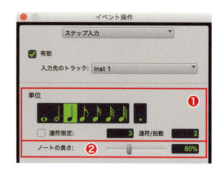

STEP 6　入力する音符の強弱（ベロシティ）を設定する

　続けて、**イベント操作**ウィンドウの**オプション**❶で、入力するノートイベントの強弱（ベロシティ）を指定します。

　入力ベロシティを使用のラジオボタンをオンにした場合は、ステップ入力の際にMIDIキーボードの鍵盤を弾いた強さが、ステップ入力するノートイベントのベロシティ値にそのまま反映されます。

　ベロシティ値を設定のラジオボタンをオンにした場合は、ここで設定した数値がステップ入力するノートイベントのベロシティ値になります。タッチセンス非対応のMIDIキーボードを入力用MIDIキーボードに使用しているときなどは、ここでベロシティ値を適宜設定しましょう。ベロシティ値は1〜127までの数値で設定可能です。値が大きくなるほど、強く弾いたことを意味します。

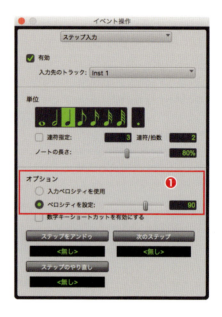

HINT&TIPS　アーティキュレーション記号や強弱記号を数値化すると？

　MIDI演奏データ作成のビギナーから、"アーティキュレーション記号や強弱記号をMIDIの値として数値化するとき、どれくらいに設定するのが正しいのですか"、という質問を受けることがあります。残念ながら実際には正解はありません。音色に設定されているベロシティカーブの種類、音量やフィルターのエンベロープをはじめ、サンプリング音源でのマルチサンプリングレイヤー設定なども含め、さまざまな要素の影響によって、結果がまったく変わってしまうからです。

　とは言え、まったく手がかりがないというのも困りますから、ここではMiniGrandの01 Real Pianoの音色に限定して数値を出してみることにしましょう。

　まず音符に対するノートイベントの長さのパーセンテージは、通常の音符（80%）、スタッカート（50%）、スタッカーティッシモ、（30%）、テヌート（95%）、テヌートスタッカート（90%）、レガート／スラー（100%）となります。

　また、強弱のベロシティ値は、通常の音符（72）、ピアニッシッシモ（16）、ピアニッシモ（32）、ピアノ（48）、メゾピアノ（64）、メゾフォルテ（80）、フォルテ（96）、フォルティッシモ（112）、フォルティッシッシモ（127）となります。

　ただし、これらはあくまで参考値程度に考えてください。

STEP 7 MIDIキーボードからノートイベントを入力する

STEP6の操作が終わったら、入力したい音の高さに合わせてMIDIキーボードの鍵盤を押します（その音が発音します）。

鍵盤から指を離すとSTEP3で指定したロケーションに、STEP5で指定した長さの、STEP6で指定したベロシティ値を持つノートイベントのステップ入力が完了し❶、タイムラインマーカーがSTEP5の**単位**で指定した音符（ここでは4分音符）の分だけ右に移動します❷。次のノートイベントはこのロケーションに入力されます。

次に入力するノートイベントも音の高さ以外同じ設定でかまわなければ、そのまま次の音の鍵盤を押してください。違う設定にしたい場合は、STEP5と6の操作で再指定を行います。以降これを繰り返して、フレーズを形作っていきます。

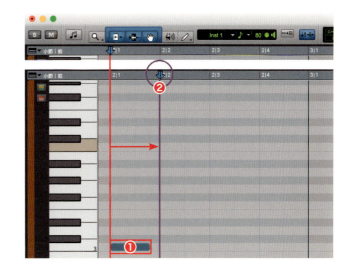

HOW TO 和音をステップ入力するには

和音をステップ入力する場合は、和音を構成するすべての音の鍵盤を押します❶。すべての鍵盤を同時に押さえるのが難しい場合は、ゆっくり1つずつ押さえている鍵盤を増やしていき、すべての音の鍵盤が押さえられた状態から同時に指を離すと、確実な和音のステップ入力が行えます。

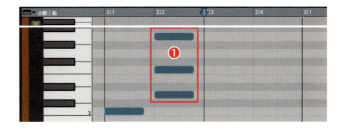

HOW TO 休符をステップ入力するには

休符をステップ入力する場合は、**イベント操作**ウィンドウの**オプション**にある**次のステップ**ボタン❶をクリックします。

ノートイベントが入力されることなく、タイムラインマーカーだけがSTEP5の**単位**で指定した音符（ここでは4分音符）の分だけ右に移動します❷。次のノートイベントはこのロケーションに入力されます。

MIDI RECORDING

HOW TO タイをステップ入力するには

　タイをステップ入力するときは、ステップ入力時にMIDIキーボードの鍵盤を押したまま**イベント操作ウィンドウ**の**オプション**にある**増加ボタン**❶をクリックします（MIDIキーボードの鍵盤を押している間だけ**次のステップ**から表示が切り換わります）。1度クリックするごとにSTEP 5で指定した**ノートの長さ**（ここでは4分音符の80％）の分だけ音の長さが増加し、タイムラインマーカーがSTEP 5の**単位**で指定した音符（ここでは4分音符）の分だけ右に移動します。

　1度行ってしまった増加を取りやめたいときは、MIDIキーボードから指を離さず、**減少ボタン**❷（MIDIキーボードの鍵盤を押している間だけ**ステップをアンドゥ**から表示が切り換わります）をクリックしてください。

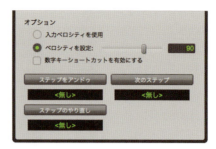

鍵盤を押している間だけ表示が変化

HOW TO ステップ入力をやり直すには

　ステップ入力をやり直すときは、**イベント操作ウィンドウ**の**オプション**にある**ステップをアンドゥ**ボタン❶をクリックします。クリックするごとに直前に入力したノートイベントから順次入力を取り消すことができます。タイムラインマーカーもそれに従って順次左に戻ります。

　ステップをアンドゥの操作を取り消したい（リドゥしたい）ときは、**ステップのやり直しボタン**❷をクリックします。

HINT & TIPS　数字キーショートカットを活用してステップ入力の効率をアップ

　イベント操作ウィンドウのオプションにある**数字キーショートカットを有効にする**にチェックをつけると、次のようなテンキーからの操作が可能になります。

0	**ステップをアンドゥを実行**
1	全音符の選択
2	2分音符の選択
3	**連符指定へのチェックの切り換え**
4	4分音符の選択
5	8分音符の選択
6	16分音符の選択
7	32分音符の選択
8	64分音符の選択

enter	**次のステップ**を実行
.	付点のオン／オフ

　また、**数字キーショートカットを有効にする**へのチェックの有無とは別に、鍵盤を押している間の機能変更も含めた**次のステップ**と**ステップをアンドゥ**、**ステップのやり直し**の操作にMIDIキーボードの鍵盤を割り当てることもできます。

　設定操作はシンプルで、それぞれのボタンの下の入力ボックス部分をクリックして点灯状態にし、MIDIキーボードの任意（普段使用しない両端など）の鍵盤を押した後、入力ボックス以外の部分クリックして消灯させるだけです。ボタンへの鍵盤の登録を解除するには、入力ボックスを点灯状態にしてdelete/Backspaceキーを押してください。

COMMON EDITING

01	クリップの配置／移動／リサイズをさまざまな基準で行いたい	114
02	クリップの選択をさまざまなスタイルで行いたい（セレクタツール）	118
03	編集挿入位置の指定や範囲選択を音を聴きながら設定したい（スクラブ再生）	122
04	クリップを移動させたい（グラバーツール）	124
05	特定のポイントを基準にしてクリップを移動させたい（シンクポイント）	128
06	クリップをリサイズしたい（トリムツール）	130
07	クリップをリサイズしたい（トリム機能）	132
08	クリップを任意の位置や範囲で分割したい	134
09	ツールを持ち換える手間を省きたい（スマートツール）	136
10	クリップ全体や中身の位置を微調整したい（ナッジ）	138
11	複数のクリップをまとめて操作したい（クリップグループ）	140
12	複数のクリップを1つに統合したい	142
13	クリップをループ再生させたい／連続配置したい	143
14	セッションに空白部分を挿入したい／不要部分を削除して左詰めで再配置したい	146
15	テンポ不明のフレーズからテンポやグルーブを割り出したい（Beat Detective）	148
16	未使用のクリップやクリップ中の未使用部分を削除したい	152

COMMON EDITING

クリップの配置／移動／リサイズを さまざまな基準で行いたい

クリップの配置、移動、リサイズなどを行う際には、エディットモードを使いこなしましょう。エディットモードは、エディット時の作業単位を設定する機能で、拍や秒、あるいは他のクリップを基準にすることなどが可能です。その時々に行いたい作業内容に合わせてエディットモードを使い分けることによって、作業効率が飛躍的に高まります。

HOW TO　範囲選択／配置／移動／リサイズを自由に行うには（スリップモード）

エディットモードの切り換えは編集ウィンドウ左上にある、4つの**エディットモード**ボタンで行います。

その内の1つ、**SLIP❶**をクリックしてボタンがグリーンに点灯すれば、**スリップ**モードが選択されたことになります。

スリップモードでは、トラック上での位置の指定や範囲選択、クリップの配置や移動を任意に行うことができ、リサイズや分割などもグリッドサイズの設定に関係なく自由に行えます。

HOW TO　範囲選択／配置／移動／リサイズをグリッドに従って行うには（絶対グリッドモード）

エディットを一定の基準に従って行いたい場合は、グリッドモードを使用します。グリッドモードには**絶対グリッドモード**と**相対グリッドモード**の2種類が存在します。

エディットモードボタンの**GRID❶**を1度クリックすると、ボタンが青く点灯し、**絶対グリッドモード**になります。

絶対グリッドモードでは、位置の指定や選択できる範囲がグリッドライン上に限定され、クリップの配置や移動、リサイズもグリッドライン上に限定されます。

> あらかじめ**スリップ**モードでクリップの左端よりも左の部分を含んだ範囲選択を自由に行ってから、**絶対グリッドモード**で移動を行う場合は、クリップの左端ではなく選択範囲の左端を基準にした制限になります。

現在のグリッドサイズの設定を確認するには、グリッドインジケーターの**グリッドボタン❷**をクリックして点灯させます。**グリッドボタン**が点灯している状態ではグリッドラインが常にトラック上に表示されます。

グリッドサイズの設定変更は、**グリッドボタン**右横のエリア❸をクリックすると表示されるメニューから行います❹。ここでは小節や音符、分／秒などからサイズの選択が可能です。

またメニューの最下段にある**メインタイムスケールに従う**にチェックをつけると、グリッドサイズの単位を常にメインタイムスケールに追従させることができます。

HOW TO 配置／移動／リサイズをグリッド単位で行うには（相対グリッドモード）

絶対グリッドモードの状態から、もう1度エディットモードボタンのGRIDをクリックすると、ボタンが紫に点灯し、表示がREL GRID❶に変わります。これは**相対グリッドモード**を意味します。

相対グリッドモードでは位置の指定や選択できる範囲についてはグリッドライン上に限定されますが、クリップの移動やリサイズはグリッドサイズの設定に従って制限されます。

たとえば、グリッドラインから外れた位置（1｜4｜643）に配置されているクリップを、グリッドサイズを4分音符に設定した状態で画面例のように移動させた場合❷、右方向へは2｜1｜643→2｜2｜643……、左方向へは1｜3｜643→1｜2｜643……というように、必ず4分音符間隔での移動になります❸。

▶ あらかじめ**スリップ**モードでクリップの左端よりも左の部分を含んだ範囲選択を自由に行ってから、**相対グリッド**モードで移動を行う場合は、クリップの左端ではなく選択範囲の左端を基準にした制限になります。

▶ スリップモードを選択している状態でcommand/Ctrl＋ドラッグした場合、絶対／相対グリッドモード（エディットモードボタンに表示されている方）として動作します。

COMMON EDITING

HOW TO 配置／移動／リサイズを数値で指定するには（スポットモード）

エディットモードボタンのSPOT❶をクリックするとボタンがオレンジに点灯し、**スポットモード**になります。 **スポットモード**では数値で移動やリサイズを行うため、クリップを移動したりリサイズしようとすると**スポットダイアログ**❷が開きます。

数値には、現在のタイムコード位置、オリジナルタイムスタンプ、ユーザータイムスタンプを入力することもでき、目的に合わせて正確な編集を行うことが可能です。位置の指定や範囲選択については自由に行えます。

▶ オリジナルタイムスタンプとユーザータイムスタンプについて詳しくは「クリップの位置情報を表示させるには／クリップの位置情報を任意に設定するには（タイムスタンプ）」(P129) を参照してください。

HOW TO 他のクリップの前後端にクリップを隙間なく配置／移動したいときには（シャッフルモード）

エディットモードボタンのSHUFFLE❶をクリックするとボタンが点灯し、**シャッフルモード**になります。

シャッフルモードでは、クリップの配置や移動が、前後のクリップと隣接する位置、またはトラックの先頭のみにしか行えなくなります❷。

また、既存クリップ間へ新規クリップを配置する場合には挿入扱いとなり、空白があった場合はその部分を含めて後ろのクリップが移動します❸。クリップをそのままの形で隙間なく並べたいときに便利なモードと言えます。

なお、位置の指定や範囲選択、リサイズについては自由に行えます。

▶ クリップのサイズを調整してクリップ間の隙間をなくしたいときにはトリム機能を使います。トリム機能について詳しくは「クリップをリサイズしたい（トリム機能）」(P132) を参照してください。

目的のクリップを左（右）に移動させると左隣（右隣）のクリップの後端（先端）に密着

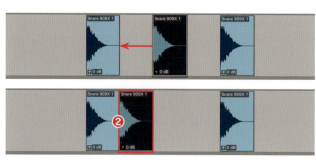

目的のクリップを既存クリップの間に挿入すると左隣のクリップに密着し、以降の全クリップが、挿入したクリップの長さ＋空白の長さの分だけ後ろに移動する

クリップの配置／移動／リサイズをさまざまな基準で行いたい

HOW TO シャッフルモードとグリッドモードを併用するには

シャッフルモードに設定している際に、GRID（またはREL GRID）をshift＋クリックすると両方のボタンが点灯状態になり❶、シャッフル＆グリッドモードとなります。

このモードでは、移動や挿入などの操作はシャッフルモード、範囲選択などの操作はグリッドモードで行われます。

HINT&TIPS 不用意なシャッフルモード選択を防止するシャッフルロック機能

シャッフルモードはクリップを隙間なく配置したり、挿入する際に便利に使えるモードですが、意図せずに使用すると既存クリップの配置位置に大きな影響を与えるため注意が必要です。たとえばショートカットキーの誤操作などによって意図せず**シャッフル**モードが選ばれていることに気づかないまま編集するといったことを防ぐために、**シャッフル**モードにはロック機能が付属しています。ロック操作は簡単で、**シャッフル**モード以外を選択している状態で、SHUFFLEをcommand/Ctrl＋クリックします。これで鍵マークが表示され、ロックが有効になります（スペルがSHUFLEに変わります）。ロックが有効の状態では**シャッフル**モードが一時的に選択不可となります。

ロックを解除したい場合は、SHUFLEをもう1度command/Ctrl＋クリックすればOKです。

HINT&TIPS 誤操作による不要なエディットを防止する編集ロック／時間ロック機能

すでにエディットが完了し、今後移動したり内容が変わってしまうと困るクリップは、ロックをかけておくことで誤操作を未然に防ぐことができます。

クリップのロック機能には、内容を変更できないようにする編集ロックと、位置を移動できないようにする時間ロックの2種類があります。目的のクリップを選択し、**クリップ**メニューから**編集ロック／ロック解除**または**時間ロック／ロック解除**❶を選択すれば、それぞれのロックがかかります。ロック状態になっているかどうかは、クリップ左下の鍵マーク❷の有無で確認することができます。

ロックを解除したいときは、ロック状態のクリップに対して上記と同様の手順を行います。

クリップの選択をさまざまなスタイルで行いたい（セレクタツール）

オーディオやMIDIレコーディングを行うと、その内容に合わせてクリップが作成されます。クリップにはコピー、ペースト、カットなどのエディットが行えるほか、各種の操作が可能です。こういった操作では、まず目的のクリップや範囲を選択することが必要です。この選択時に使用するのがセレクタツールで、さまざまなスタイルを使い分けることで快適に作業することができます。

HOW TO　編集挿入位置の指定や範囲選択を行うには

編集ウィンドウ内でカーソル移動を行うと、その動きに連動してカーソルインジケーター❶に現在位置が表示されます。

セレクタツール❷を選択し、トラック内をクリックすると、そこが編集挿入位置になります❸。またセレクタツールで左右にドラッグすると❹、その範囲の色が反転し選択された状態となります。同一トラック内、同一クリップ内に限らず、複数のトラックやクリップをまたいだ任意の範囲をドラッグ選択することもできます。

▶ デフォルトではトラック上での選択範囲とクリップリストでの選択が連動する状態になっており、ここでの解説もそれを前提としています。もし連動させたくない場合は、**設定**メニューから**初期設定**を選択し、Pro Tools初期設定ダイアログの**編集**タブにある**クリップリストの選択は編集範囲に従う**や**編集範囲はクリップリストの選択に従う**からチェックをはずします。

▶ 選択範囲のロケーションは編集ウィンドウのセレクションインジケーターで確認することができます。

▶ ここでの操作は**タイムライン範囲と編集範囲をリンク**が有効に設定されていることを前提にしています。この機能については「プレイバック／レコーディングの位置と範囲を設定したい」（P36）を参照してください。

▶ エディットモードの選択によって、編集挿入位置の指定や範囲選択の際の制限が異なります。詳しくは「クリップの配置／移動／リサイズをさまざまな基準で行いたい」（P114）を参照してください。

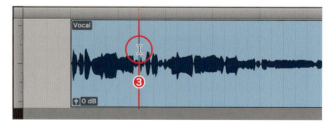

セレクタツールでクリックすると、そこが編集挿入位置になる

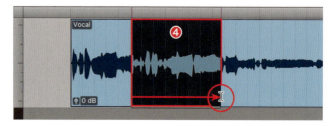

セレクタツールでドラッグすると、その範囲が選択状態になる

クリップの選択をさまざまなスタイルで行いたい（セレクタツール）

HOW TO 目的のクリップ全体を選択するには

セレクタツールで目的のクリップ上の任意の場所をダブルクリックすると、そのクリップ全体を選択することができます❶。

▶ グラバーツールでクリックすると、常にクリップ全体を選択することができます。なお、この場合はグラバーツールのモードが、**時間**、**オブジェクト**、**分割**のいずれに設定されていてもかまいません。

セレクタツールで目的のクリップをダブルクリックするとそのクリップ全体が選択状態になる

また、クリップリスト上で目的のクリップ名をクリックすることで、トラック上のクリップ全体を選択することも可能です❷。ただし、画面例のように同じクリップをトラック上に複数配置している場合は、時間的に最も早い（＝左の）位置にあるクリップのみが選択されます❸。

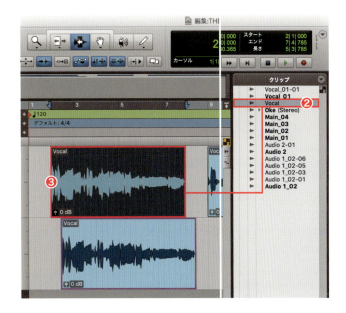

HOW TO クリップ間の隙間を選択するには

セレクタツール❶でクリップとクリップの間の任意の位置をダブルクリックすることで、その隙間の全域を範囲選択することができます❷。

同様に、トラックの先頭と最初に配置されているクリップの間をダブルクリックすると、その隙間の全域を範囲選択することが可能です❸。

セレクタツールでクリップ間の隙間の任意の位置をダブルクリックすると隙間の全域が選択状態になる

セレクタツールでトラック先頭と最初のクリップの隙間の任意の位置をダブルクリックすると隙間の全域が選択状態になる

COMMON EDITING

HOW TO 同一トラックに含まれる全クリップを配置の隙間を含めて一括選択するには

トラック上の任意の場所をセレクタツールでトリプルクリックすると、そのトラック上の全クリップが配置の隙間を含めて選択されます❶。トリプルクリップする場所はクリップ上、あるいはクリップ間のいずれであっても同様の結果となります。

また、トラック上の任意の位置を編集挿入位置に指定するか、範囲選択している状態で、**編集**メニューの**すべて選択**❷を実行することでも、上記同様の選択が行えます。

▶ この操作で選択されるのは、クリップとそれらの間の隙間を含めた範囲です。クリップだけが全選択された状態とは異なります。

セレクタツールでトラック上の任意の位置をトリプルクリックするとそのトラック内に配置されている全クリップが配置の隙間を含めて選択される

HOW TO 複数のクリップを配置の隙間を含めて選択するには

セレクタツールで複数のクリップをshift+ダブルクリックしていくと、それらのクリップが含まれる選択範囲が次々とクリップ間の隙間を含めて広がっていきます❶。

▶ グラバーツールでshift+クリックしても同様の結果が得られます。なお、この場合はグラバーツールのモードが、**時間**、**オブジェクト**、**分割**のいずれに設定されていてもかまいません。

複数のトラックにまたがった選択も可能で、選択した左上端のクリップから右下端のクリップの間にある全クリップがクリップ間の隙間を含めて範囲選択されます❷。

▶ クリップリスト内のクリップを次々にshift+クリックすることでも、それらのクリップが含まれる範囲を隙間を含めて全選択することができます。

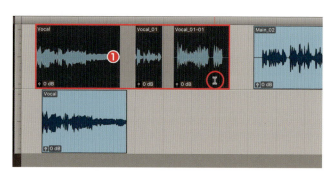

セレクタツールで同一トラック内の複数のクリップをshift+ダブルクリックしていくと、shift+ダブルクリックした中で最も左のクリップの左端から最も右のクリップの右端までの範囲が、隙間を含めて選択される

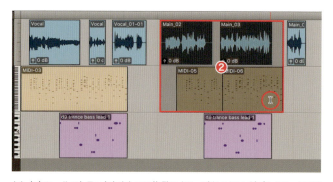

セレクタツールでトラックをまたいで複数のクリップをshift+ダブルクリックすると、shift+ダブルクリックした中で最も左上のクリップの左端から最も右下のクリップの右端までの範囲が、隙間を含めて選択される

別トラックに対して共通の選択範囲を適用するには

セレクタツールで範囲選択後❶、そのまま別のトラックの任意の位置をshift＋クリックすることで、同じ範囲選択をそのトラックに適用することができます❷。

この機能は隣接したトラックではなく、1つ以上離れたトラックに同じ選択範囲を適用したいケースにおいて特に重宝します。

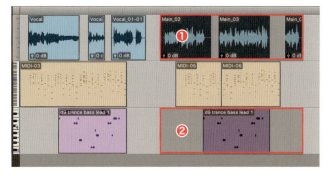

セレクタツールであらかじめ範囲選択しておき、そのまま他のトラック上の任意の場所をshift＋クリックすると、同じ選択範囲が適用される

範囲選択後に選択範囲を調整するには

範囲選択後、選択範囲を調整したい場合は、選択範囲の左右端をshift＋ドラッグすることで幅を変更することができます❶。

▶ ルーラー上のマーカーをドラッグすることで選択ずみの範囲を調整することもできます。マーカー上にポインタを置くと指の形となります。

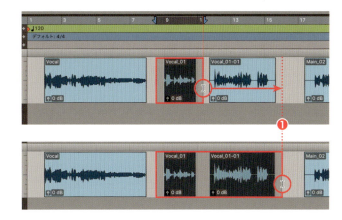

選択範囲を数値で指定するには

選択範囲の左端と右端のロケーションや、選択範囲の長さを数値入力して範囲選択を行うことも可能です。セレクションインジケーターの**スタート**（左端）、**エンド**（右端）、**長さ**などの数値をクリックし、テンキーなどから直接ロケーションの数値を入力します❶。

▶ **タイムライン範囲と編集範囲をリンク**または編集ウィンドウの**セレクションリンク**が有効になっていない場合は、編集ウィンドウ上のセレクションインジケーターが編集選択範囲、トランスポート上のセレクションインジケーターがプレイバック／レコーディング範囲を表します。

編集挿入位置の指定や範囲選択を音を聴きながら設定したい（スクラブ再生）

クリップの分割やサイズの微調整などのような細かい作業の際には、実際に音を確認しながらエディットする位置を決めた方が、正確かつ手早く進められるケースがあります。そういった際に重宝するのがスクラブシャトル機能です。スクラブシャトル機能では、マウスドラッグの動きに合わせて自由な速度で音を再生（＝スクラブ再生）しながら、目的のポイントを探ることができます。

STEP 1 スクラブ再生後、カーソルがその位置にとどまるように設定する

エディット時にスクラブシャトル機能を使う際は、スクラブ終了後にカーソルが操作前の位置に戻らないようにしておいた方がベターです。そのための設定を事前に行っておきましょう。

設定メニューから初期設定❶を選択してProTools初期設定ダイアログを開き、操作タブを開きます。ここでトランスポートセクション内にある編集挿入点をスクラブ/シャトルに追従❷にチェックをつけてください。

STEP 2 スクラブツールで目的のクリップ上をドラッグする

スクラブシャトル機能を使用するには、まず編集ウィンドウのツールバーからスクラブツール❶を選択します。するとカーソルがスピーカーマークに切り換わりますので、目的のクリップ上の任意の位置からドラッグすると❷、その速度に合わせてスクラブ再生されます。この操作はオーディオクリップ、MIDIクリップのいずれでも可能です。

▶ セレクタツール使用時にcontrol/Startキーを押すと、押している間だけスクラブツールに切り換えることができます。このやり方を利用すると、そのつどツールバーでツールを選び直す手間が省けますので、ぜひ覚えておきましょう。

編集挿入位置の指定や範囲選択を音を聴きながら設定したい（スクラブ再生）

スクラブ再生しながらエディットしたいポイントを探り、目的の箇所で止めるとタイムラインマーカーがそこにとどまります❸。shift+ドラッグでスクラブ再生を行えば、スクラブ再生した部分を範囲選択することもできます❹。

なお、command/Ctrl+ドラッグでスクラブ再生すると、再生速度を下げることができます。option/Alt+ドラッグでスクラブ再生した場合は、マウスボタンを押している間、ドラッグ開始時の速度を維持したまま自動的に再生が進みます。また、その状態でさらに右にドラッグすると再生スピードが上がり、左にドラッグすると再生スピードが下がります。

▶ トラックの境界上をドラッグすると、隣接する2つのトラックの同時スクラブ再生が可能です。なおその際は、2つのトラックが同種（オーディオ同士、MIDI同士など）であることが条件となります。

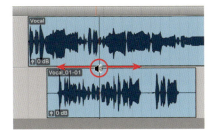

HOW TO テンキーでスクラブ再生を行うには

PTSにはスクラブツールによるドラッグ再生の他に、テンキーを用いたスクラブ再生機能も用意されています。

control/Start+テンキー（1〜9）を押すとスクラブ再生が開始されます。再生速度は5を基準として数字の大きさに比例し、スクラブ再生中にテンキーを押し直して再生速度を変えることもできます。0またはスペースキーを押した時点で再生が終了します。また、スクラブ再生中にshiftキーを押して範囲選択を行うことも可能です❶。

なお、スクラブ再生中に−（マイナス）キーを押すと逆再生となります（+キーを押せば順方向の再生に戻ります）。

control/Start+テンキー（1〜9）を押すとスクラブ再生が開始される。スクラブ再生のキー操作にshiftキーを加えるとshiftキーを押している間の範囲選択も可能。さらにスクラブ再生のキー操作に−（マイナス）キーを加えると逆再生となる

クリップを移動させたい(グラバーツール)

クリップを適切な位置に配置することは、制作のあらゆるシーンにおいて必要不可欠な基本動作です。クリップ移動を行う際には通常グラバーツールを使用し、時間／オブジェクト／分割の3つのモードを使い分けます。また、数値で配置位置を指定して移動させるシフトコマンドも用意されています。さまざまな移動操作を覚えて効率的なエディットを目指しましょう。

STEP 1 エディットモードを選択する

移動操作の前にエディットモードを選択します。移動操作をグラバーツールで行う際には、**スリップモード❶**、**絶対グリッドモード❷**、**相対グリッドモード**のいずれかを選択するのが通常です。

▶ 以降の操作は、エディットモードが**スリップ**モード、**絶対グリッド**モード、**相対グリッド**モードのいずれかに設定されていることを前提にしたものです。**シャッフル**モードや**スポット**モードを選択した場合には解説とは異なる結果が得られてしまいますので注意してください。

STEP 2 グラバーツールのモードを時間またはオブジェクトに設定する

編集ウィンドウのツールバーからグラバーツール❶を選択します。トラック上にカーソルを持っていくと、手のひらの形で表示されます。

グラバーツールには**時間**、**オブジェクト**、**分割**の3つのモードが用意されており、右クリックで開くコンテキストメニューから動作モードを選択することができます。ここでのようにクリップの移動を目的とする場合は、**時間**または**オブジェクト**モードに設定します❷。

HINT & TIPS　重ねて配置されたクリップの扱いについて

すでにクリップが配置されている位置に、別のクリップが重なるように配置された場合は、後から配置されたクリップが優先的に表示、再生されます。つまり、既存のクリップは後から配置されたクリップとの境界で自動的にトリムされ、後から配置されたクリップによって完全に覆われてしまった既存のクリップは自動的にトラックから除外されるわけです。

ただ、中にはそれでは困るというケースもあるはずです。そんなときは、あらかじめ**設定**メニューから**初期設定**を選択して**Pro Tools初期設定**ダイアログを開き、**編集**タブを開きます。左上の**クリップ**セクション内にある**編集で完全重複されたクリップを別プレイリストに移動**にチェックをつけておきましょう。こうしておくと、除外されたクリップは自動的に新規プレイリストに移動され、いつでも元の状態に戻すことができます。なお、プレイリストについては「同じトラックに別テイクのレコーディングを行いたい（代替プレイリスト）」（P66）を参照してください。

クリップを移動させたい（グラバーツール）

STEP 3 移動の対象となるクリップを選択する

グラバーツールでクリップをクリックすると、クリップ全体が選択されます❶。

複数のクリップの選択は、shift＋クリックしながら行います。右の画面例は、で示したクリップをshift＋クリックしたときの選択結果の違いを表したものです。STEP2でグラバーツールを**時間**モードに設定した場合は複数クリップ間の隙間も含めて選択されますが❷、**オブジェクト**モードに設定した場合はクリックしたクリップのみが選択されます❸。

なお、いずれのモードでも、トラックを飛ばして選択することは可能です。

▶ 複数選択の際には、種類の異なるクリップが混在してもかまいません。

▶ セレクタツールでクリップをダブルクリックすることでもクリップ全体の選択が可能です。また複数クリップの選択はshift＋ダブルクリックで行えます（なお、その際の動作はグラバーツールを**時間**モードに設定しているときと同様になります）。

COMMON EDITING

 目的の位置までクリップをドラッグする

　グラバーツールでクリップを選択したら、それを目的の位置までドラッグします❶。

　時間モードで複数選択した場合、shift＋クリックしたクリップ間の隙間を含めた範囲全体の移動になり❷、**オブジェクト**モードで複数選択した場合は、shift＋クリックしたクリップのみが位置関係を保った形での移動になります❸。

▶ クリップの選択後、クリップ以外の位置をクリックすると選択が解除されます。

▶ タイムラインマーカーのイン／アウトポイントを利用してクリップ内の一部だけを範囲選択したとしても、移動の際には自動的にそのクリップ全体が対象になります。また複数クリップの選択時に、選択範囲内に一部だけ含まれている状態になったクリップは移動対象とはなりません。

▶ クリップ内の一部だけを移動対象にしたい場合は、クリップを分割する必要があります。詳しくは「クリップを任意の位置や範囲で分割したい」(P134)を参照してください。

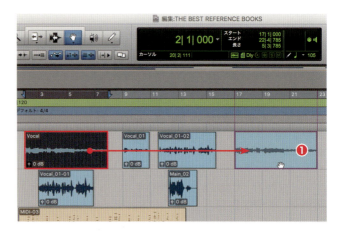

HINT&TIPS　修飾キーを活用したクリップの移動と複製移動

　編集挿入位置を指定後、グラバーツールで目的のクリップをcontrol/Start＋クリックすると（クリック操作より先にcontrol/Startキーを押すのがコツです）、編集挿入位置が前端になるようにクリップが移動します。逆に、control/Start＋command/Ctrl＋クリックした場合は、編集挿入位置が後端になるように移動します。なお、クリックではなく、そのまま上下にドラッグすれば、別トラック上の編集挿入位置へクリップを移動させることも可能です。

　さらに、以上のキー操作にoption/Altキーを組み合わせれば、クリップの単なる移動ではなく、複製移動が行えます。

クリップを別トラックの同じ位置へ移動させるには

目的のクリップを別トラックの同じ位置に移動させたいときは、グラバーツールでcontrol/Start+ドラッグを行います（ドラッグ操作より先にcontrol/Startキーを押すのがコツです）。この操作では左右へのドラッグが無効になり、確実に元の位置と同じ位置にクリップを移動させることができます❶。

クリップを別トラックの同じ位置へ移動させたいときはcontrol/Start+ドラッグ

クリップを数値による位置指定で移動させるには

編集メニューからシフトを選択すると、シフトダイアログが表示されます。このダイアログを利用すると、クリップの移動を数値指定で行うことが可能です。

目的のクリップを選択後、移動方向や現在位置からの移動量を小節|拍、分:秒、サンプルなどの各単位で指定します❶（各単位での数値は連動して変化します）。

OKをクリックすると、シフトダイアログでの設定に従ってクリップが移動します❷。

クリップの前後の移動は、あらかじめ設定しておいた単位に従ってキー操作で行うこともできます。詳しくは「クリップ全体や中身の位置を微調整したい（ナッジ）」（P.138）を参照してください。

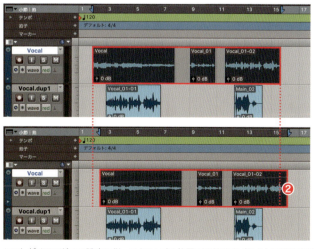

シフトダイアログでの設定に従ってクリップの位置が2拍分右（後ろ）に移動する

特定のポイントを基準にして
クリップを移動させたい(シンクポイント)

装飾音(前打音)や1拍目以外から始まるアウフタクトのフレーズなどのように、クリップの左端が小節の頭のようなキリのいい位置にならないケースがあります。そういったクリップを拍や小節といった音楽的単位で移動させたい際に便利なのがシンクポイントです。シンクポイントは移動の際の基準点と言うことができ、あらかじめクリップ内にその位置を指定しておくことができます。

STEP 1 シンクポイントに設定したい位置を指定する

シンクポイントは、小節途中からフレーズが始まるクリップに対して、実際の小節頭となる位置に設定するといった使い方が一般的で、クリップ内の任意の位置に設定することができます。

シンクポイントを設定する際には、まずセレクタツール用いて目的の位置をクリックし、編集挿入位置としておきます❶。

STEP 2 シンクポイントを設定する

次にクリップメニューを開き、シンクポイントを設定❶を選択すると、STEP1で指定した編集挿入位置にシンクポイントが設定されます。シンクポイントが正しく設定されたかどうかは、クリップ下部の▼マークの有無で確認できます❷。

シンクポイントの設定後、グリッドモードでの移動操作などを行う際は、クリップの左端ではなくシンクポイントが基準となります❸。

特定のポイントを基準にしてクリップを移動させたい（シンクポイント）

HOW TO シンクポイントを削除するには

設定したシンクポイントを削除したい場合は、目的のクリップ全体を選択し、再び**クリップ**メニューを開きます。

ここで**シンクポイントを削除**❶を選択すると、クリップ上から▼マークが消え、クリップの左端を基準にした通常の移動動作に戻ります。

HOW TO クリップの位置情報を表示させるには／クリップの位置情報を任意に設定するには（タイムスタンプ）

クリップには位置情報として2種類のタイムスタンプを設定し、表示させることができます。

オリジナルタイムスタンプは、レコーディング時にクリップの左端を基準にして自動的に作成される位置情報で、表示させたいときは**表示**メニューの**クリップ**から**オリジナルタイムスタンプ**❶を選択してチェックをつけます。情報の内容はクリップの先頭に表示され、表示単位はメインカウンター（メインタイムスケール）の設定に従います❷。

ユーザータイムスタンプは、ユーザーがいつでも任意に設定できる位置情報で、設定はクリップリストのメニューから**タイムスタンプ**❸を選択すると開く**ユーザータイムスタンプ**ダイアログで行います。**ユーザータイムスタンプ**の入力欄❹に目的の位置を入力するか、または現在受信中のタイムコード、現在範囲選択中の開始位置を代入することもできます。

クリップの先頭にユーザータイムスタンプの内容を表示させたいときは、**表示**メニューの**クリップ**から**ユーザータイムスタンプ**を選択し、チェックをつけます。

■ **スポット**モードでのクリップ移動を行う場合、移動先としてオリジナルタイムスタンプやユーザータイムスタンプの位置を選ぶことができます。

■ オリジナルタイムスタンプとユーザータイムスタンプは、いずれか一方しか表示できません。非表示に戻す場合は、**表示**メニューの**クリップ**から**時間なし**を選択してチェックをつけます。

■ タイムスタンプが持つ位置情報は小節や拍といった音楽的な単位ではなく、絶対時間（SMPTEタイム）として記録されています。セッションのテンポ変更に自動的に追従してタイムスタンプの設定値が変わることはありませんから、タイムスタンプを利用したクリップ移動の際には注意してください。

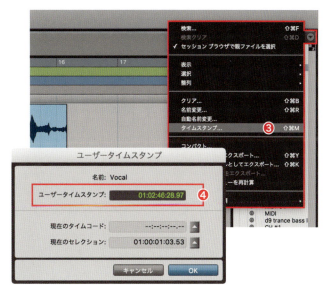

クリップをリサイズしたい(トリムツール)

レコーディング後のクリップを適切なサイズに変更することは、PTSの編集作業において頻繁に行う基本の操作です。リサイズには2つの方法がありますが、ここではマウス操作で行えるトリムツールを用いた方法を取り上げます。トリムツールを使いこなすことによって、不要な部分をカットしたり、あるいは必要に応じて元の状態に戻したりといったことが自在にできるようになります。

STEP 1 エディットモードを選択する

リサイズ操作の前にエディットモードを選択します。リサイズ操作をトリムツールで行う際には、**スリップモード❶**、**絶対グリッドモード❷**、**相対グリッドモード**のいずれかを選択するのが通常です。

▶ 以降の操作は、エディットモードが**スリップ**モード、**絶対グリッドモード**、**相対グリッドモード**のいずれかに設定されていることを前提にしたものです。**シャッフル**モードや**スポット**モードを選択した場合には解説とは異なる結果が得られてしまいますので注意してください。

STEP 2 トリムツールのモードを標準に設定する

トリムツール❶を選択し、動作モードを選択します。

トリムツールには**標準**、**TCE**、**ループ**の3つのモードが用意されており、右クリックで開くコンテキストメニューから動作モードを選択することができます。

ここでのようにクリップの一般的なリサイズを目的とする場合は、**標準**モードに設定します❷。

クリップをリサイズしたい（トリムツール）

STEP 3 クリップ上の目的の位置をクリック、または目的の位置までドラッグする

　トリムツールを選択し目的のクリップに重ねると、クリップ前半ではカーソルの形が [になります❶。この状態でクリップ上の目的の位置をクリックすると、左端からクリックした位置までの間がカットされます❷。

　クリップ後半ではカーソルの形が] になります❸。この状態でクリップ上の目的の位置をクリックすると、右端からクリックした位置までの間がカットされます❹。

　同様に、クリップの左端や右端をドラッグすることで、ドラッグした方向にリサイズすることも可能です❺。

　なお、オーディオクリップはレコーディング開始から終了までの長さが最長となり、それ以上長くすることはできません。レコーディング開始から終了までと同じ長さを持つオーディオクリップを、PTSではファイル全体クリップと呼んでいます。

▶ MIDIクリップについては、サイズを長くする際の制限はありません。

［ 形のトリムツールでクリックすると、左端からその位置までの間がカットされる

］ 形のトリムツールでクリックすると、右端からその位置までの間がカットされる

クリップの左右端をトリムツールでドラッグすると、方向に合わせてリサイズできる

HINT&TIPS　ファイル全体クリップや複数箇所で使用している同一クリップの扱いについて

　ファイル全体クリップはレコーディングなどでファイルが作成されたときに自動的に作成されるクリップです。本文にあるように、オーディオクリップとしては最長の状態で、これよりもサイズを短くすることはできますが、長くすることはできません。

　ファイル全体クリップをトリムツールで短くすると、新たなクリップとして認識され、クリップリストに追加されます。また、左右端をドラッグして最長の状態に戻すと、短くした際に新規作成されたクリップが再度ファイル全体クリップに統合されます。

　なお、同じクリップを複数箇所で使っている際に、そのうち1つのみリサイズを行った場合は、そのクリップだけが新たなクリップとして認識され、クリップリストに追加されます（残りのクリップのサイズには影響しません）。

クリップをリサイズしたい（トリム機能）

クリップのリサイズには、トリムツールを使用する方法以外にトリム機能を使う方法があります。トリム機能では、現在の編集挿入位置や選択範囲を基準にして一括処理ができたり、ショートカットキーも用意されているので、慣れると効率よく作業することができます。また他のクリップのサイズに合わせるなどの処理も可能です。状況に応じてトリムツールと使い分けるといいでしょう。

HOW TO クリップを必要な長さだけ残すように／必要な長さまで広げるようにトリミングするには

まずセレクタツールでクリップ内の必要な範囲を選択し❶、次に**編集**メニューの**クリップをトリム**から**選択範囲**❷を選択すると、選択中の範囲を残してクリップの左右端が短くトリミングされます❸。

また、セレクタツールでクリップ外の必要な範囲を選択し❹、同じメニューから**選択範囲を埋める**を選択すると、選択中の範囲までクリップの左右端を広げてトリミングされます❺。

▶ いずれの場合も、複数トラックのクリップを対象にして一挙にトリミングすることができます。

▶ オーディオクリップは、ファイル全体クリップのサイズを超えてクリップのサイズを長くすることはできません。

HOW TO クリップを編集挿入位置を基準にしてトリミングするには

まずセレクタツールで目的の位置を編集挿入位置として設定し❶、次に**編集メニュー**の**クリップをトリム**から**スタートから挿入位置まで**❷を選択すると、元のクリップから編集挿入位置より左の部分がカットされます❸。

同じメニューから**エンドから挿入位置まで**を選択した場合は、元のクリップから編集挿入位置より右の部分がカットされます❹。

> いずれの場合も、複数トラックのクリップを対象にして一挙にトリミングすることができます。

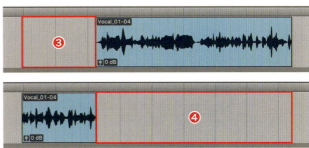

HINT&TIPS　クリップ同士を配置の隙間を埋めるようにトリミングすることも可能

まず、セレクタツールでクリップの隙間とそれに隣接するクリップの一部（クリップ全体である必要はありません）を含むように範囲選択し❶、次に**編集メニュー**の**クリップをトリム**から**スタート方向に選択範囲を埋める**を選択すると、隙間の右側に位置するクリップの左端を左側のクリップの右端まで拡張することができます❷。

同じメニューから**エンド方向に選択範囲を埋める**を選択すると、左側に位置するクリップの右端が右側のクリップの左端まで拡張されます❸。

いずれの場合も、複数トラックのクリップを対象にして一挙にトリミングすることができます。

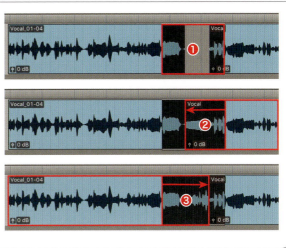

COMMON EDITING 08
クリップを任意の位置や範囲で分割したい

クリップの一部を移動させたりコピーする際には、事前にクリップを分割しておくと便利です。クリップの分割には、位置や範囲を指定しコマンド操作で行う方法（ショートカットキーも用意されています）と、グラバーツールを使ってマウス操作で分割と移動を同時に実行する方法があります。その後に行う操作に応じてそれぞれの分割操作を使い分けましょう。

HOW TO クリップを任意の位置や選択範囲で分割したいときには

最も基本的なクリップの分割方法です。まず目的のクリップに対し、セレクタツールを用いて目的の編集挿入位置❶または範囲❷を指定します。

次に**編集**メニューの**クリップを分割**から**選択範囲**❸を選択すると、編集挿入位置または選択範囲を基準に、クリップの分割が実行されます。

▶ 範囲選択後、**クリップ**メニューから**キャプチャー**を選択し、クリップの名前を入力すると、選択範囲を新規のクリップとしてクリップリストに登録することができます。この場合、クリップの分割は行われません。

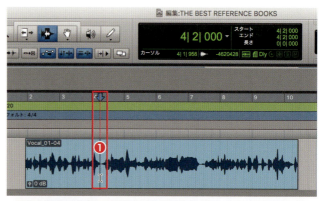

▶ クリップを現在のグリッドラインに従って分割したい場合は、目的のクリップを選択状態にし、**編集**メニューの**クリップを分割**から**グリッド上**を選択します。まず**プリセパレート値**ダイアログが表示され、ここで設定した数値の分だけ、グリッドラインよりも左で分割されます。通常は0のままにしておきますが、分割後のクリップのロケーションをグリッドラインより前にしたいときは適宜mSec単位で数値を入力してください。**OK**をクリックすると選択状態にあったクリップが現在のグリッドライン上で分割されます。

編集挿入位置による分割ではそこを境界として2分割されるのに対し❹、範囲指定による分割では前後の境界で3分割されます❺。

分割後はそれぞれが分割前のクリップとは別のクリップとして扱われ、クリップリストに追加されます。

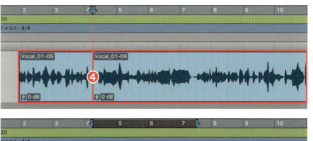

HOW TO クリップを選択範囲で分割し、同時に移動も行いたいときには

グラバーツールの**分割**モードを使用すると、クリップの分割と移動を同時に行うことができます。

まず、グラバーツール❶を右クリックし、コンテキストメニューから**分割**❷を選択しておきます。

次に、セレクタツール❸で分割範囲を設定します❹。この状態で分割モードのグラバーツールに切り換え❺、選択範囲されている部分をドラッグすると❻、選択範囲を切り取るかたちで分割が実行され、同時に移動も行われます❼。分割後はそれぞれが分割前のクリップとは別のクリップとして扱われ、クリップリストに追加されます。

▶ 同じ操作をoption/Alt+ドラッグに変更して行うと、選択範囲がコピーされ、新規クリップとして別の位置へ配置することができます。この場合、元のクリップの分割は行われません。

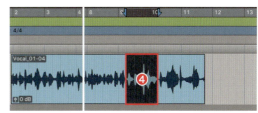

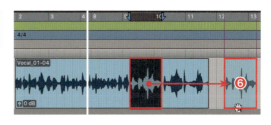
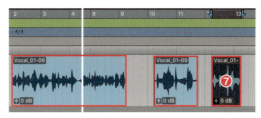

ツールを持ち換える手間を省きたい（スマートツール）

PTSには、カーソルの位置に応じてツールが自動的に切り換わるスマートツールという機能が搭載されています。スマートツールとして利用できるものには、トリム／セレクタ／グラバーに加え、スクラブツールやフェードツールなどが含まれており、そのつどツールバーのクリックでツールを持ち換えることなく連続的にさまざまなエディットを行うことができます。

HOW TO スマートツールを選択するには

スマートツールは、トリムツール、セレクタツール、グラバーツールの3つを囲む枠をクリックすると有効となり、選択時には3つのツールと枠が点灯します❶。

▶ スマートツール選択時のトリムツールとグラバーツールのモードは、それぞれあらかじめ選択されているものが適用されます。

HOW TO スマートツールをトリムツールとして使用するには

オーディオクリップの上下中央付近の左右端にカーソルを重ねると、トリムツールに切り換わります❶。この状態では、ドラッグによるクリップのリサイズが可能です。

MIDIクリップ上では、左右端であれば上下位置を問わずトリムツールになります。また、ノートイベントの左右端にカーソルを当てると、ノートイベントに対するトリムツールとなります。

HOW TO スマートツールをセレクタツールとして使用するには

クリップの上半分の左右端以外にカーソルを重ねると、セレクタツールに切り換わります❶。この状態では、編集挿入位置の指定やドラッグによる範囲選択が可能です。

スマートツールをグラバーツールとして使用するには

クリップの下半分の左右端以外にカーソルを重ねると、グラバーツールに切り換わります❶。この状態では、クリップ全体の選択や移動、複製移動などができるようになります。

スマートツールをスクラブツールとして使用するには

オーディオクリップの上半分の左右端以外にカーソルを重ね、さらにcontrol/Startキーを押すと、スクラブツールに変わります❶。この状態では、ドラッグによるスクラブ再生が可能です。

スマートツールをフェードツールとして使用するには

オーディオクリップの上1/4以内の左右端にカーソルを重ねると、フェードツールに切り換わります❶。この状態では、ドラッグによるフェードイン／アウトの設定が可能です。

▶ ここで適用されるフェードの効果は別途設定された内容に準じます。フェード設定について詳しくは「オーディオクリップにフェードを設定したい」(P158)を参照してください。

スマートツールをクロスフェードツールとして使用するには

隣接するオーディオクリップの下1/4以内の境界線上にマウスカーソルを重ねると、クロスフェードツールに切り換わります❶。この状態では、ドラッグによるクロスフェードの設定が可能です。

▶ ここで適用されるクロスフェードの効果は別途設定された内容に準じます。クロスフェード設定について詳しくは「オーディオクリップにフェードを設定したい」(P158)を参照してください。

▶ 隣接するオーディオクリップがファイル全体クリップ同士の場合のように、境界線以降／以前にデータを持たないオーディオクリップに対するクロスフェードの設定は行えません。

クリップ全体や中身の位置を微調整したい(ナッジ)

ナッジは、クリックやドラッグのようなマウス操作によるクリップの移動と違い、あらかじめ設定しておいた単位に従った、キー操作による移動が行える機能です。クリップ全体の移動だけでなく、クリップの位置と長さを固定したまま内部のデータのみを移動させることもできます。移動を正確に行いたい場合や、位置を微調整したい際などに活躍してくれるでしょう。

STEP 1 ナッジの単位を設定する

ナッジ機能を利用する際には、事前に移動の単位を設定しておくことが必要です。編集ウィンドウのナッジインジケーター❶をクリックすると表示されるメニューから行います❷。ここでは小節や音符、分／秒などからサイズの選択が可能です。

またメニューの最下段にある**メインタイムスケールに従う**にチェックをつけると、ナッジの単位を常にメインタイムスケールに追従させることができます。

▶ 移動の単位はoption/Alt+command/Ctrl+テンキーの＋や－を押すことで変更することができます。

HOW TO キー操作でクリップを移動させるには

編集ウィンドウのトラック上で、目的のクリップまたは範囲を選択します❶。

この状態で、テンキーの＋を押すと、そのたびにクリップが右（後ろ）へナッジ単位（ここでは2分音符）に従って移動します❷。また、テンキーの－を押した場合は、クリップが左（前）への移動になります❸。

クリップ以外の部分や、複数のクリップを選択範囲に含めた場合、それら全体を移動させることも可能です。

キー操作でクリップをリサイズするには

編集ウィンドウのトラック上で、目的のクリップまたは範囲を選択します❶。

この状態で、ナッジ移動操作にoption/Altキー操作を加えると、クリップの左端だけを移動の対象にしたクリップのリサイズが行えます。＋キーでクリップが短くなり❷、－（マイナス）キーでクリップが長くなります❸。

ナッジ移動操作にcommand/Ctrlキー操作を加えた場合は、クリップの右端だけを移動の対象にしたクリップのリサイズが行えます。このケースでは＋キーでクリップが長くなり❹、－（マイナス）キーでクリップが短くなります❺。

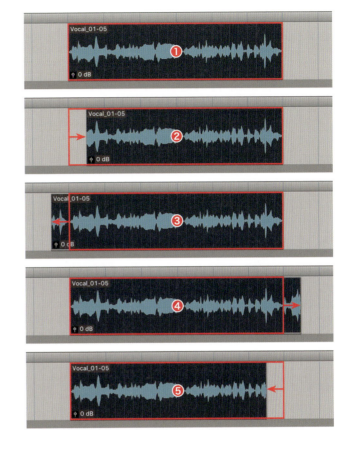

キー操作でクリップ内のデータだけを移動させるには

編集ウィンドウのトラック上で、目的のクリップまたは範囲を選択します❶。

この状態で、ナッジ移動操作にcontrol/Startキー操作を加えると、クリップの位置と長さを固定したままクリップ内のデータ（波形やMIDIイベント）だけを前後に移動させることができます。

＋キーでデータが左（前）へ移動し❷、－（マイナス）キーでデータが右（後ろ）へ移動します❸。

▶ 通常のナッジ移動とは＋／－（マイナス）キーの操作による移動方向が逆になります。

▶ この操作はファイル全体クリップに対しては行えません。

複数のクリップをまとめて操作したい（クリップグループ）

複数のクリップを組み合わせてフレーズを構成しているときなどは、コピー＆ペーストや移動、分割などの際にクリップグループ機能を用いると便利です。クリップグループでは個々のクリップの配置位置を保持しつつ1つにまとめることが可能で、エディット後のグループ解除もできます。オーディオファイルを増やしたくない場合や元の状態に戻すことが想定されるケースで重宝します。

STEP 1　グループにまとめたいクリップを選択する

クリップをグループ化する際には、まず編集ウィンドウで対象のクリップを含む範囲を選択します❶。選択した範囲がグループ化後のクリップサイズになります。

▶ 種類の異なるクリップ、複数のトラックにわたるクリップ、トラックをまたいだクリップのグループ化も可能です。

▶ トラック上のすべてのクリップをグループ化したい場合は、セレクタツールでトラック上の任意の位置をトリプルクリックします。目的のクリップを次々と選択していきたい場合は、グラバーツールでshift＋クリックしていきます。

STEP 2　クリップのグループ化を行う

クリップメニューから**グループ**❶を選択すると、STEP1で選択した範囲がグループ化されます❷。クリップグループには左下にそれを示すマークが表示されます❸。

またクリップリストには、作成されたクリップグループが追加されます❹。

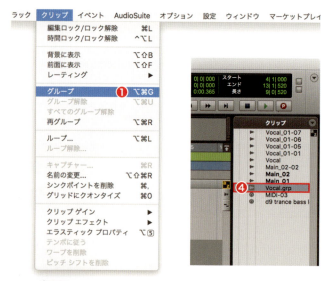

複数のクリップをまとめて操作したい（クリップグループ）

クリップグループをエディットするには

クリップグループ❶に対しては、通常のクリップと同様に移動❷やリサイズ❸、分割❹などのエディットを行うことができます。分割されたクリップグループは、それぞれ新しいクリップグループとしてリストに追加されます❺。

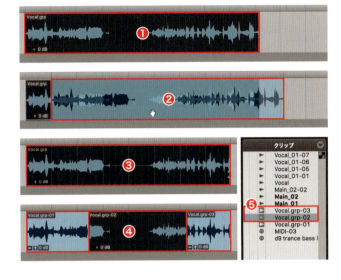

クリップグループ内の特定のクリップをエディットするには

クリップグループにまとめられたクリップは、個々の配置位置を保持していますので、再度個別にエディットを加えたい場合はグループを解除することで特定のクリップへの追加エディットを行うことができます。

解除方法は簡単で、対象のクリップグループを選択後❶、**クリップ**メニューから**グループ解除**❷を選択するだけです。これで、個々のクリップの状態に戻ります❸。

▶ オーディオクリップグループ内の波形をペンシルツールで書き直したり、MIDIクリップグループ内のノートイベントをエディットするなどした場合は、自動的にクリップグループが解除されます。

目的のクリップの追加エディット終了後、再度グループクリップにまとめたい場合は、**クリップ**メニューから**再グループ**❹を選択します。直前にグループ解除したクリップが元どおりにグループ化されます❺。

▶ 波形やノートイベントへのエディットを加えたことでグループ化が自動解除されたクリップは、**再グループ**コマンドでは元のグループに戻すことはできません。この場合は、STEP2の操作を再度行い、新規クリップグループを作成します。

複数のクリップを１つに統合したい

PTSにおける制作では、レコーディングを何回かに分けて行ったり、エディット時にクリップを分割、コピーしたりすることが多いため、必然的にクリップの数が増加していきます。ただ、あまり細切れ状態だと扱いにくい場合もありますので、その際はクリップの統合を行うといいでしょう。オーディオクリップの統合を行うと、その結果を反映したオーディオファイルが新規作成されます。

STEP 1 統合したいクリップを選択する

クリップを統合する際には、まず編集ウィンドウで対象のクリップを含む範囲を選択します❶。選択した範囲が統合後のクリップサイズになります。

▶ 種類の異なるクリップ、複数のトラックにわたるクリップ、トラックをまたいだクリップの統合はできません。

▶ トラック上のすべてのクリップを統合したい場合は、セレクタツールでトラック上の任意の位置をトリプルクリックします。目的のクリップを次々と選択していきたい場合は、グラバーツールでshift+クリックしていきます。

STEP 2 クリップの統合を行う

編集メニューから**クリップ統合**❶を選択すると、STEP1で選択した範囲が統合され、新規クリップとして置き換えられます（選択範囲内に含まれた空白部分は無音となります）❷。

またクリップリストには、統合後のクリップが追加されます❸。このクリップはファイル全体クリップとなります。なお、クリップリストには統合前のクリップもそのまま残されます。

HINT&TIPS　クリップの統合はクリップゲインやフェードの確定用途にも活用できる

オーディオクリップの統合を行うと、現在オーディオクリップに対して行っているクリップゲインやフェードの設定内容が確定され、ファイル全体クリップ（＝オーディオファイル）として書き出されます。

同様の結果は、コミットやトラックバウンスなどで得ることもできますが、より簡易的に編集内容を確定したい場合には、クリップ統合コマンドを活用するのもいいでしょう。

なお、選択範囲に含まれるオーディオクリップが１つであっても、クリップ統合コマンドは機能しますから、特定のオーディオクリップに対する設定内容の確定も行えます。

ただし、クリップ統合コマンドを利用した場合には、インサートやセンドなどのプラグインエフェクトや、パンの情報を反映させることはできませんので、それらの設定も反映させたいときはコミットやトラックバウンスを行ってください。

COMMON EDITING 13 クリップをループ再生させたい／連続配置したい

リズムトラックなどで同じクリップを繰り返し使用するような場合は、クリップのループ再生機能を使うと便利です。目的のクリップをループモードでドラッグすると、ドラッグした分だけそのクリップの再生が繰り返されます。また、繰り返しコマンドによる回数を指定した複数配置も可能です。ループ機能と繰り返しコマンドでは結果に違いがありますので、うまく使い分けましょう。

STEP 1 小節や拍の長さに合わせてループさせるクリップをリサイズする

ループは小節単位や拍単位など、一定の音楽的な周期で行われるのが通常です。

そのため、まずループさせたいクリップの長さが小節や拍にぴったり合うように、**標準**モードの**トリムツール❶**を使ってリサイズしておきましょう❷。さらに、必要があれば、グラバーツールでクリップをループ開始位置まで移動させます。

このような操作の場合、編集モードは**絶対グリッド**モードが適しています。

> オーディオクリップの長さが小節より短い場合、そのままでは小節を周期にしたループ設定や複製配置が行えません。こういったケースではまずループさせたいクリップを含む小節ぴったりの範囲を選択し、**編集**メニューから**クリップを統合**を選択します。こうすることで、長さが足りなかった部分を空白（無音）で埋めた小節ぴったりの長さのオーディオクリップが新規作成されます。これを用いることで小節周期のループが設定できるわけです。なお、MIDIクリップの場合はトリムツールで自由にリサイズ可能です。

STEP 2 トリムツールのモードをループに設定する

ループの設定は**ループ**モードにしたトリムツールで行います。トリムツール❶を右クリックし、コンテキストメニューから**ループ❷**を選択します。トリムツールが**標準**モードから**ループ**モードに切り換わり、ボタン表示も切り換わります❸。

COMMON EDITING

STEP 3 ループモードのトリムツールでクリップの右端をドラッグする

カーソルをクリップ左右端の下1/4以外に移動させると、**ループモードのトリムツール**として機能します❶。

その状態で左端なら左方向、右端なら右方向の目的の位置までドラッグすると❷、ドラッグ終了位置までがループ区間として設定され、STEP 1で設定した長さを繰り返しの周期とするループクリップが作成されます❸。ループクリップには、周期ごとにループマークが表示されます❹。

ループ区間の長さは**ループモードのトリムツール**でドラッグすることでいつでも変更可能です。

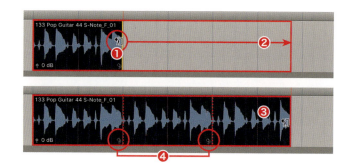

▶ ループ区間設定後に、いずれかのループ単位の左右端を**標準モードのトリムツール**でドラッグすることでループ周期のリサイズも可能です。なお、その際はループクリップの長さ自体は変わらず、その区間内におけるループの回数が変わります。

▶ **ループ**モードに設定したトリムツールは、カーソルをクリップ左右端の下1/4以内に移動させると**標準モードのトリムツール**として機能します。

HOW TO ループ区間を回数や長さで数値設定するには

ループ区間は**ループコマンド**で設定することも可能です。

ループさせたいクリップを選択後❶、**クリップメニュー**から**ループ**❷を選択すると、**クリップルーピングダイアログ**が開きます。

ループを回数で指定する場合は**ループの数**を選択し、回数を入力します。**ループの長さ**を選択すれば、小節｜拍｜ティックなどで、ループ区間の長さを直接指定できます❸。**セッションの最後または次のクリップまでループ**を選択した場合は、次のクリップの左端まで（ない場合はセッションの最後まで）の空白を埋めるようにループ区間が設定されます。

繰り返しの周期の間をなめらかにつなぎたい場合は、**クロスフェード**にチェックをつけましょう。その際のフェードカーブは、**設定**をクリックすると開く**ループクロスフェードダイアログ**で設定できます。**OK**をクリックすると選択内容に従ってループクリップが作成されます❹。

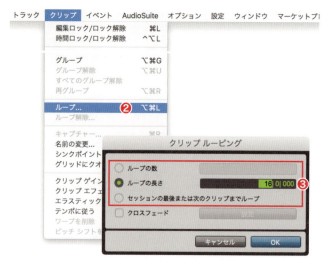

▶ **ループの長さ**の単位はメインタイムスケールの設定に従います。

ループクリップをエディットするには

ループクリップは通常のクリップ同様、途中の任意の部分を削除したり❶、他のクリップを重ねて配置することもできます❷。エディットを行った部分以外はループ区間設定が保持されます。

ループ区間内にブレイクを作ったり、冒頭をアウフタクトで始めたいケースや、フィルインを組み合わせたい場合などにも対応できるわけです。

ループの設定を解除するには

ループ設定を解除したい際は、目的のループクリップ全体を選択し❶、**クリップ**メニューから**ループ解除**を選択します。するとダイアログが開き、解除後の結果を選択するようにうながされます。

削除❷を選択すると、STEP3の操作を行う前の状態に戻ります❸。**フラットに**❹を選択すると、ループクリップの内容がそのまま通常のクリップの連続配置に置き換えられます❺。

▶ **ループ**モードのトリムツールで元のクリップと同じ長さに戻しても、通常のクリップに戻るわけではなく、扱いはループクリップのままになります（ループマークは消えません）。

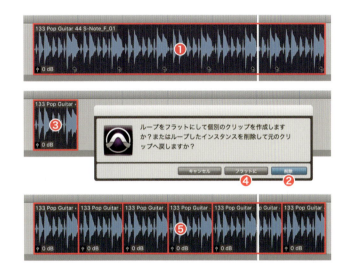

クリップを繰り返し回数を指定して連続配置するには

繰り返しコマンドを利用すれば、選択した範囲を繰り返しの周期とするクリップの連続配置が可能です。そのため、同一トラック上はもちろん、複数トラックにわたる複数のクリップを含む範囲、クリップの外側の空白を含む範囲、クリップ内の一部だけを含む範囲などを連続配置の対象にすることができます。

操作は簡単で、対象のクリップ（や範囲）を選択後、**編集**メニューから**繰り返し**❶を選択して繰り返しダイアログを開いたら、**繰り返し数**❷に目的の数値を入力するだけです。**OK**をクリックすると、選択範囲の右端から選択範囲を周期とするクリップの連続配置が行われます。

セッションに空白部分を挿入したい／不要部分を削除して左詰めで再配置したい

制作がある程度進行し、トラックも増えた状態から、セッションの長さを変えるのはなかなか大変です。そういったケースには、セッションに任意の長さの空白を挿入（時間挿入）したり、不要部分を削除して残りの部分全体を左に詰めて再配置（時間削除）することで対処しましょう。時間挿入や時間削除ではクリップだけでなくマーカーなどまで移動の対象に含めることができます。

HOW TO　セッションの途中に時間挿入を行うには

あらかじめ時間挿入の対象に含めたくないトラックを非表示にしておきます。

次に、編集ウィンドウのルーラー上か、任意のトラック上（**タイムライン範囲と編集範囲をリンク**を有効にしている場合）を範囲選択し、時間挿入を行う位置と長さを指定します❶。

その際、すべてのトラックにわたって範囲選択を行う必要はありません。

▶ **タイムライン範囲と編集範囲をリンク**について詳しくは「プレイバック／レコーディングの位置と範囲を設定したい」（P36）を参照してください。

この状態で、**イベント**メニューの**時間操作**から**時間挿入**❷を選択すると、**時間操作**ウィンドウが時間挿入モードで開きます。選択中の範囲が**スタート**、**エンド**、**長さ**の数値に反映されていますが❸、もちろんここで数値を設定し、時間挿入位置や長さを変更することも可能です。

また、時間挿入部分に本来のセッションの拍子とは違う拍子を設定したい場合は、**拍子設定**にチェックをつけて、目的の拍子を入力します。**クリック**で、挿入する空白部分におけるクリック音の発音間隔を変更することもできます。

▶ **拍子設定**はメインタイムスケールに**小節｜拍**が選択されている場合のみ設定が行えます。なお、**拍子設定**にチェックをつけると、その時点で自動的に**スタート**、**エンド**の位置が最寄りの小節線の位置に調整されます。

再アラインでは、時間挿入を行った際に移動の対象となる項目を指定します。通常は、**拍子**、**テンポ**、**調**、**コードルーラー**、**ティックベースマーカー＆トラック**、**すべてのサンプルベースのマーカー＆トラックを選び**❹、時間挿入の結果、あらゆる項目が右（後ろ）に移動するように設定します。

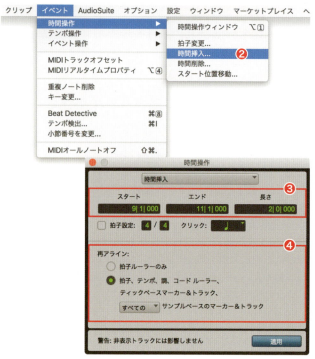

各種の設定が完了したら**適用**をクリックし、時間挿入を実行します。

すると、設定した範囲に空白が挿入され、以降のクリップがその分だけ右（後ろ）にずれます❺。

なお、選択範囲の左端にかかっていたクリップはその位置で分割されますが、ノートイベント❻は分割されず、そのままの位置にそのままの長さで残ります。

HOW TO セッションの途中に時間削除を行うには

あらかじめ時間挿入の対象に含めたくないトラックを非表示にしておき、次に任意のトラック上で時間削除を行う位置と長さを範囲選択します。

この状態で、**イベントメニュー**の**時間操作**から**時間削除**を選択すると、**時間操作**ウィンドウが時間削除モードで開きます。**スタート**、**エンド**、**長さ**や**再アライン**の設定のしかたについては時間挿入の際と同じですが、**適用**をクリックすると選択中の範囲が削除され❶、後続部分が左（前）詰めで再配置されます❷。

なお、選択範囲の左端上にかかっているノートイベント❸は分割も削除もされず、そのままの位置にそのままの長さで残ります❹。

HINT&TIPS　セッションの先頭に時間挿入を行う際の２つの方法

セッションの先頭より左（前）に時間挿入を行いたい場合、２つの方法があります。

１つ目はソングスタートマーカーを右にドラッグする方法です。ドラッグした分だけソングスタートマーカーの左にマイナス小節が挿入され、既存のクリップやテンポ、マーカー等がすべて右（後ろ）に移動します。

２つ目は**イベントメニュー**の**時間操作**から**スタート位置移動**を選択し、スタート位置移動モードの**時間操作**ウィンドウで**スタート位置を以下に移動**に任意の数値を入力する方法です。通常は**タイムベース**を**小節 | 拍**に設定し、小節数を入力します。また、**ソングスタートを以下の番号に変更**にチェックをつけ、**スタート位置を以下に移動**の数値と同じ数値を入力すれば、スタート位置移動後のセッションの先頭を１小節目とすることができます。**再アライン**の設定については時間挿入の際と同様です。なお、いずれの操作を行った場合も、非表示トラックを含め、すべてのトラックが移動対象となります。ただし、タイムベースセレクタを**サンプル**に設定しているトラックは移動対象から除外されます。

COMMON EDITING

テンポ不明のフレーズからテンポやグルーブを割り出したい（Beat Detective）

フリーテンポで演奏されたフレーズや、テンポが不明の素材を小節単位で編集したり、追加のパートを同期演奏させたいといった際には、テンポを検出する必要が出てきます。こういったケースではBeat Detectiveを使用します。ビートトリガーを基準にしたテンポの検出／調節や、セッションのテンポをクリップ内の演奏テンポ変化に追従させるといった作業を行うことができます。

STEP 1　テンポを割り出す対象を選択する

　Beat Detectiveの操作はオーディオクリップでもMIDIクリップでも基本的に同じです。

　編集ウィンドウで、テンポを割り出して拍や小節線に合わせたいクリップ（または範囲）を選択します❶。なお、選択範囲より前のテンポを変更する必要がない場合は、スクラブ再生などで確認しながら、拍ちょうどの位置から始まるように選択範囲を調節しましょう。次に、**イベントメニュー**から**Beat Detective**❷を選択します。

▶ Beat Detectiveほどの細かなテンポ変化の検出は不要で、オーディオクリップのサイズから一定のテンポを割り出すだけでかまわない場合は、**テンポ検出**コマンドを利用します。テンポ検出の対象にするクリップや範囲を選択後、**イベントメニュー**から**テンポ検出**を選択すると、**小節｜拍マーカーを追加**ダイアログが開きます。**スタート**と**エンドの場所**で、クリップの位置と音楽的なサイズを指定し、**OK**をクリックすると、検出と同時にテンポ情報がセッションのテンポ設定に反映されます。

STEP 2　Beat Detectiveの操作モードと対象範囲を指定する

　Beat Detectiveウィンドウが開いたら、**操作**セクションで操作モードを**オーディオ**（MIDIクリップが対象のときはMIDI）かつ**小節｜拍マーカーを生成**に設定します❶。

　次に**選択**セクションの**開始小節｜拍**と**終了小節｜拍**でSTEP1で選択したクリップや選択範囲の左端と右端が本来のテンポなら何小節目の何拍目に該当するのかを入力します❷。また必要に応じて、その間の拍子や含まれる音符の最小単位（画面例では4分音符）なども設定しておきます。

▶ **選択**セクションで**選択範囲をキャプチャー**をクリックすると、**開始小節｜拍**などの項目に現在の選択位置を代入することができます。また**終了をタップ**をクリックすることでタップの間隔から**終了小節｜拍**を指定することもできます。

STEP 3 ビートトリガー分析モードを選択する

Beat Detectiveでは、選択範囲内にある音量ピークの分析によってリズムの単位を検出し、ビートトリガーという目印を作成します。

検出セクションでは、そのビートトリガーの検出基準や感度について設定します。オーディオクリップの場合は**分析**のメニューで、分析をキックなどの低域中心に行うか（**低域を強調**）、ハイハットなどの高域中心に行うか（**高域を強調**）、**高分解能**とするかを選択できます❶。高分解能では全帯域を対象にした分析になります。

MIDIクリップの場合は、和音と見なせるノートイベントに対して、どれを基準にするかを選択します❷。

分解能では検出する最小の単位を設定します。

STEP 4 ビートトリガーを検出する

分析する❶をクリックし、**感度**スライダーを右にドラッグすると❷、選択中のクリップにビートトリガーが作成されます❸。

> **トリガータイム表示**にチェックをつけておくと、各ビートトリガーがどの拍に相当するかが数値で表示されます。

感度が低すぎるとビートトリガーが作成されませんし、高すぎると不要なピークまでビートトリガーだと判断されてしまいます。思うような結果となるまで感度スライダーを調節してください。

なお、**分析**のメニューでモードを選び直した場合は、そのつど**分析する**をクリックする必要があります。

COMMON EDITING

STEP 5 ビートトリガーの位置を調節する

　自動検出では思うようにビートトリガーが検出できなかった場合、グラバーツールでビートトリガーをドラッグして任意の位置に移動させることができます❶。また、不要なビートトリガーは、option/Alt＋クリックで削除可能です❷。

　また、感度を下げても消したくないビートトリガーは、目的のビートトリガーをcommand/Ctrl＋クリックすることで、感度設定の影響を受けなくなり、常時有効状態を保つようになります。

▶ ビートトリガーの位置は必ずしもフレーズの拍の位置と一致させる必要はありません。

ビートトリガーの位置を移動させたいときはグラバーツールでドラッグする

不要なビートトリガーはoption/Alt＋クリックで削除できる

STEP 6 ビートトリガーの検出結果をテンポルーラーに反映させる

　STEP3〜5の操作でビートトリガーの位置を決定したら、生成❶をクリックします。選択範囲のテンポ設定が細かく調整され、作業前には小節からはみ出していたクリップの見かけ上のサイズ❷がぴったり小節線にそろうようになります❸。

▶ STEP1で設定した範囲内に、タイムベースセレクタをティックに設定している他のトラックのオーディオクリップが存在する場合、ここでのビートトリガーの検出結果をテンポ変動に反映させたときの影響について確認するセッションを再アラインダイアログが表示されます。ティック位置を維持（移動する）を選択すると、テンポの変動に他のトラックのオーディオクリップの配置位置が追従しますが（たとえば2小節目の1拍目に配置されたオーディオクリップは、どんなテンポに変わっても2小節目1拍目に配置されたままになります）、サンプル位置を維持（移動しない）を選択すると、テンポの変動に関係なくクリップの時間的位置を保持します（たとえばBPM120のセッションで2小節目の1拍目＝開始から3秒の位置に配置されたオーディオクリップは、どんなテンポに変わっても開始から3秒の位置に配置されたままになります）。

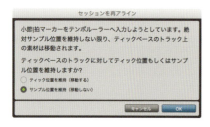

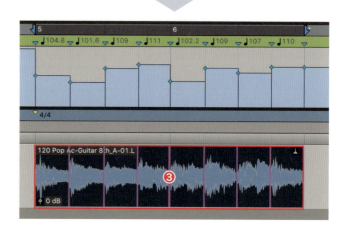

HOW TO 演奏からノリを抽出するには（グルーブテンプレート）

Beat Detectiveには、テンポに合わせて演奏したフレーズや素材からそのノリ（グルーブ）を抽出し、保存しておくグルーブテンプレート機能が用意されています。

グルーブテンプレートを作成するには、まずグループ抽出元になるクリップのテンポをセッションのテンポと合わせ、見かけ上のサイズを小節ぴったりにしておく必要があります。セッションのテンポをクリップに合わせる場合は、STEP2までの操作が終わった時点で**感度スライダーの値を0に設定**し、**生成❶**をクリックします。

▶ クリップが最初からセッションのテンポと合っている場合は上記の操作は必要ありません。

▶ 感度のスライダーがグレーアウトしている場合は**分析する**をクリックしてください。

クリップの見かけ上のサイズが小節ぴったりとなったら❷、操作セクションで**グルーブテンプレートを抽出❸**を選択します。ここで感度スライダーの値を調整し、必要なビートトリガーが抽出できたら、**抽出❹**をクリックします。

グルーブテンプレートを抽出するダイアログが表示されるので、**長さやコメントなどを適宜入力**し、**グルーブクリップボードに保存**か**ディスクに保存❺**をクリックして保存を行います。

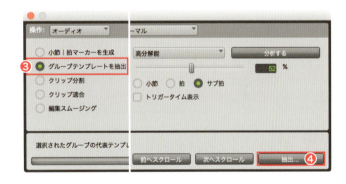

未使用のクリップや クリップ中の未使用部分を削除したい

制作作業が進んでくると、複数録っておいたテイクや、分割した際に不要となった部分のクリップなどがどんどん溜まっていくことでしょう。それらを放置しておくと管理が大変になったり、ストレージ容量を圧迫することにもつながりますので、適宜整理することをおすすめします。PTSではそういった整理作業をクリップリスト上で簡単に行えるよう配慮されています。

STEP 1 削除したいクリップの種別をクリップリスト上に表示させる

まず表示設定を行って、削除対象とする種別のクリップだけがクリップリスト上に表示されるようにしましょう。

クリップリストのメニュー❶から表示を選択し、削除対象にしたいクリップの種別にチェックをつけます❷。全部の種別にチェックをつけた状態では、全種別のクリップが表示対象となります。

▮ Audio Filesフォルダ内に存在する、クリップリストに表れないファイルの整理については「完成したセッションの完全なバックアップコピーを作成したい」(P288) を参照してください。

STEP 2 クリップリスト上から未使用クリップだけを選択する

次に、クリップリストのメニューの選択から未使用❶を選択します

▮ ファイル全体クリップを対象に含めたくない場合は、ファイル全体以外の未使用オーディオを選択します。

▮ "未使用を選択"には親クリップは含まれませんにチェックをつけると、派生するクリップを持つクリップ (＝親クリップ) は、未使用であっても選択対象になりません。

未使用のクリップやクリップ中の未使用部分を削除したい

STEP1の操作後、クリップリストに表示されていたクリップの中から、未使用の（＝セッションで使用されていない）クリップがすべて選択されます❷。

現在選択されている未使用クリップの中から特定のクリップだけを除外したい場合は、command/Ctrlキーを押しながら目的のクリップ名をクリックし、選択状態を個別に解除していきます。逆に特定のクリップだけを対象にしたい場合は、STEP1の操作後、クリップリストから目的のクリップを直接選択します。

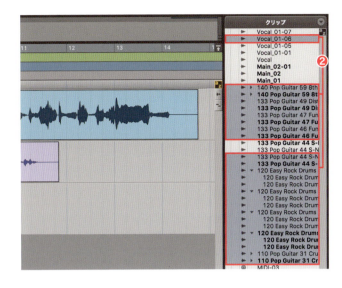

STEP 3 選択中のクリップにクリア操作を実行する

STEP2の操作終了後、クリップリストのメニューから**クリア**❶を選択します。

すると、クリア操作における結果の違いを説明するダイアログが表示されます。**キャンセル**以外に3つの動作が選択できますから❷、目的に合ったボタンをクリックしてください。その際にアラートが表示される場合もありますが、**はい**を押します❸。クリックしたボタンに従って、それぞれのクリア操作が実行されます。

▶ オーディオクリップを対象にして**削除**を行う場合、元になっているファイル全体クリップ（＝オーディオファイル）はディスク上に残ります。これは主にクリップリストの表示を整理する目的で使用します。**消去**は、オーディオクリップの元になっているオーディオファイルも含めてクリアの対象となり、即座にディスクから削除されます。**ゴミ箱へ移動**は、最終的な結果は**消去**と変わりませんが、いったんOSのゴミ箱へ送られ、その後ゴミ箱を空にした時点でディスクから消去されます。これらは主にディスクの空き容量を増やす目的で使用します。なお、**消去**の際にセッション内にそのファイル全体クリップから派生したクリップが存在する場合は、**消去**の実行を確認するアラートが表示されます。ここで**はい**をクリックしてしまうと、セッション内に残っているオーディオクリップが機能しなくなりますので、注意してください。

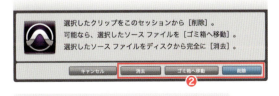

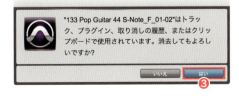

153

COMMON EDITING

 ファイル全体クリップからオーディオクリップに使用されていない部分を取り除くには

ファイル全体クリップからオーディオクリップに使用されていない部分を取り除くと、ディスクの空き容量を増やすことができます。

まずクリップリストのメニューの**選択**から**すべて**❶を選択し、全クリップを選択状態にします。

次に、クリップリストのメニューから**コンパクト**❷を選択して、**選択項目をコンパクト化**ダイアログを開きます。

残る部分の前後にフェード等の余地を残すために**パッド**❸を設定し（1000ミリ秒＝1秒）、**コンパクト化**をクリックすると、セッションで使用されている部分にパッド設定値を加えた以外の部分がファイル全体クリップから取り除かれます。

▶ コンパクト化はオーディオクリップ以外には適用されません。

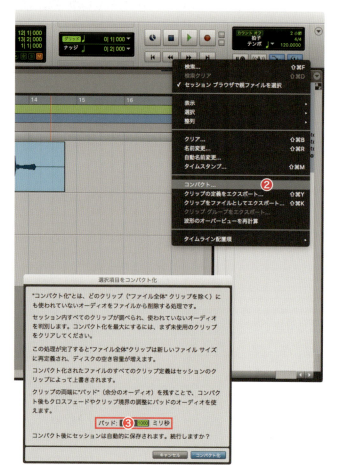

01	複数のテイクを組み合わせてベストテイクを作りたい（プレイリストビュー）	156
02	オーディオクリップにフェードを設定したい	158
03	オーディオクリップ内の無音部分や音量の小さな部分を削除したい	160
04	セッションのテンポにオーディオクリップの演奏テンポを合わせたい（タイムストレッチ）	162
05	セッションのテンポにオーディオクリップの演奏テンポを追従させたい（エラスティック）	164
06	オーディオクリップ内の演奏のノリをそろえたい／移調したい（エラスティック）	168
07	セッションのテンポにオーディオクリップの演奏テンポを追従させたい（ビート分割）①	170
08	セッションのテンポにオーディオクリップの演奏テンポを追従させたい（ビート分割）②	172
09	オーディオクリップ内のフレーズのタイミングを部分的にずらしたい（ワープ）	177
10	オーディオクリップにAudioSuiteエフェクトを適用したい	180
11	オーディオクリップをオーディオファイルとして書き出したい	182
12	オーディオクリップの波形を直接書き換えたい	184

複数のテイクを組み合わせてベストテイクを作りたい（プレイリストビュー）

代替プレイリスト機能を利用すると、何度かレコーディングしたテイクの中からOKテイクとして実際に採用するプレイリストをまるごと1つ選択できるだけでなく、複数のテイクの中から出来のいい部分だけをピックアップして組み合わせたベストテイクを作成し（この作業のことをコンピングと呼びます）、それをOKテイクとして採用することが可能です。

STEP 1 プレイリストビューを開く

目的のオーディオトラックのトラックビューセレクタをクリックし、メニューから**プレイリスト**❶を選択すると、テイクごとに作成された代替プレイリストが展開表示されます❷。

 トラックに代替プレイリストが存在しているかどうかは、トラックネーム右横のプレイリストセレクタの状態で判断することができます。青く点灯しているトラックには代替プレイリストが存在します。

 代替プレイリストの作成方法について詳しくは、「同じトラックに別テイクのレコーディングを行いたい（代替プレイリスト）」（P66）を参照してください。

 ループレコーディングの際に、自動的に代替プレイリストを作成することも可能です。設定法については「特定範囲のレコーディングを自動で繰り返したい（ループレコーディング）」のSTEP2（P74）を参照してください。

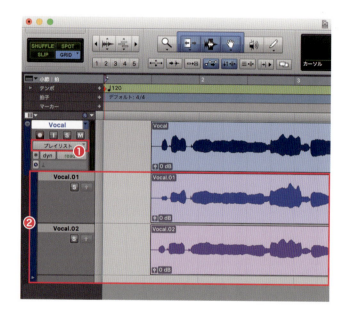

HOW TO プレイリストビュー上で各テイクのプレイリストを比較試聴するには

プレイリストビュー上でプレイリストを比較試聴する際は、目的のプレイリストのSボタン❶をクリックします。代替プレイリストのSボタンは、位置選択式のため、1クリックでプレイリストの切り換えが行えます。

メインプレイリスト（現在トラックの演奏に採用されているプレイリスト）を試聴するときは代替プレイリストのSボタンを消灯させます。

 オーディオトラックのSボタンは、トラック自体をソロ状態にする（他のトラックをミュート状態にする）ためのものです。用途を混同しないように注意しましょう。

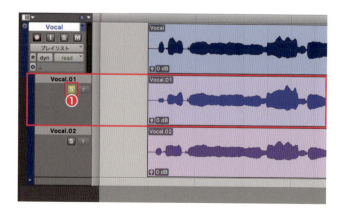

OKテイクとして実際に採用するプレイリストをまるごと入れ換えるには

プレイリストセレクタ❶をクリックし、メニューから目的のプレイリストを選択し❷、チェックをつけ換えることで、メインプレイリストをまるごと入れ換えることができます。

コンピングでベストテイクを作成するには

コンピングによってベストテイクを作成する際は、エディット作業に入る前に、土台となるプレイリスト（OKテイクに使える部分が多いプレイリスト）をメインプレイリストに設定しておきます。

次に、代替プレイリストの演奏から使いたい部分を範囲選択し❶、↑ボタン❷をクリックします。すると選択部分がオーディオクリップとしてオーディオトラック上の位置に配置されます❸。

貼り付けられたオーディオクリップは、通常同様トリミング幅の調整や位置の移動、フェードインやフェードアウトでつながりを自然にするなどのエディットが可能です。このようにして各プレイリスト内の出来のいい部分だけを組み合わせていけば、その結果がそのままOKテイク（メインプレイリスト）としてトラックの演奏に使用されます。

> プレイリストセレクタから**新規**を選んで空のプレイリストを作り、それを土台となるメインプレイリストとして、空白の状態からコンピング作業を行う方法もあります。

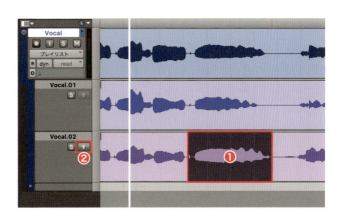

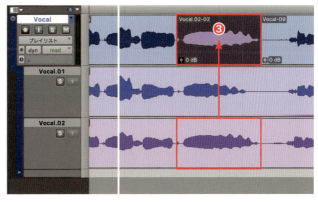

AUDIO EDITING 02 オーディオクリップにフェードを設定したい

オーディオクリップをトリミングしたり、組み合わせたとき、最初や最後の部分やつながりが不自然に聞こえることがあります。原因の多くはオーディオクリップの両端部分で余韻やノイズなどが急に途切れてしまったことにあります。そのような箇所には、オーディオクリップの両端に適宜フェードを設定して、音の立ち上がりや切れ方が自然になるようにエディットします。

STEP 1 フェード適用範囲を選択し、フェードダイアログを開く

フェードイン❶の場合はオーディオクリップの左端を含むように、フェードアウトの場合は右端を含むように適用範囲を選択します。選択の際には端からはみ出してもかまいません。クロスフェード❷の場合は、隣り合うオーディオクリップの右端と左端が含まれるように適用範囲を選択します。複数トラックをまたいで範囲選択し、一気にフェード処理を行うことも可能です❸。

適用範囲を選択したら、**編集**メニューの**フェード設定**から**作成**❹を選択して、**フェードダイアログ**を開きます。

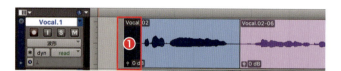

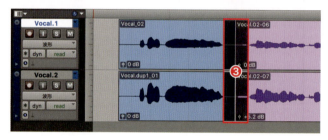

▶ 画面例ではわかりやすくするために、極端に長めの範囲選択を行っています。

▶ ここでのフェード処理はオーディオクリップの立ち上がりや切れ方を自然にするためのものであり、演出効果としてのフェード処理とは用途が異なります。演出効果としてのフェードインやフェードアウト、クロスフェードなどは、フェーダーのオートメーションを利用して行います。

▶ クロスフェードは、一方または両方のオーディオクリップがファイル全体クリップの場合は設定できません。

HINT & TIPS 複数クリップに対して一括フェード処理を行うバッチフェード

クリップの両端や、複数クリップをまたいでのフェード処理（クロスフェード含む）を一括で行いたい場合、バッチフェードが便利です。

グラバーツールでオーディオクリップ全体を複数選択した状態にし、**編集**メニューの**フェード設定**から**作成**を選択すると、通常のフェードダイアログではなく、**バッチフェードダイアログ**が開きます。

この**バッチフェードダイアログ**で、フェードイン、クロスフェード、フェードアウトそれぞれの設定を行い、**OK**をクリックすると、選択状態にあったすべてのオーディオクリップに対して、共通のフェード設定が反映されます。

なお、オーディオクリップをビートごとに分割した場合などは、Beat Detectiveの編集スムージング機能で一括フェード処理を行う方法もあります。

STEP 2　フェードダイアログの表示設定を行う

フェードダイアログの表示は縦に並んでいるボタン❶で切り換えることができます。上から波形非表示（フェードカーブのみ表示）、フェード結果の波形のスプリット表示、重ね合わせ表示、合成表示の切り換えを表し、▲▼ボタンでは表示のズームイン／アウトが可能です。

複数のクリップを選択している場合は、1、2、Both❷で表示や試聴対象を切り換えます。

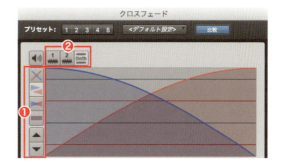

STEP 3　フェード設定を行う

STEP1でオーディオクリップの左端を含むように範囲選択した場合は、フェードダイアログに**インシェイプ**❶、右端を含むように範囲選択した場合は**アウトシェイプ**、隣り合うオーディオクリップの境界を範囲選択した場合は**アウト／インのリンク**❷が表示されます。

各シェイプのセクションで、フェードカーブを**スタンダード**、**S-カーブ**、プリセットメニューから選択します。フェード効果の聴感は、**均一のパワー**（音圧基準）か**均一のゲイン**（音量基準）から選択できます。**なし**を選択するとインとアウトに別々のカーブが設定できます。プリセットメニュー以外のシェイプを選択した場合はドラッグでフェードカーブを調整することができ、スピーカーボタンで設定の試聴も可能です。OKをクリックすると、適用範囲部分にフェードが設定されます。

なお、STEP1でオーディオクリップ外にはみ出して範囲選択を行っていても、自動的にフェードの先端や終端がオーディオクリップの左右端になるように調節されます❸。また、隣接していないクリップにクロスフェードを適用した場合、自動的に双方のオーディオクリップが延長され、隙間を埋めた上でフェードが作成されます。

■ ここで行ったフェード設定は、フェードツールの規定値としても利用されます。フェードツールの操作について詳しくは「スマートツールをフェードツールとして使用するには」（P137）や「スマートツールをクロスフェードツールとして使用するには」（P137）を参照してください。

HINT&TIPS　トランスポートに用意されているフェードインボタンは何のためにある？

トランスポートの**ポストロール**ボタンの下に**フェードイン**ボタンがあります。呼び方としては同じようなフェード機能ですが、ここで行ったような使い方とは用途が違います。

セッションの途中から不用意にプレイバックすると、スタートの瞬間にブツッといったアタック音が発生することがあります。これは、波形の途中からいきなり再生されたことで生じるノイズですが、トランスポートの**フェードイン**ボタンはこのノイズを目立たなくさせるための機能として用意されたものなのです。

秒数を入力することで、最大4秒までのフェードインを設定することができます。**フェードイン**ボタンを点灯させると機能が有効になります。

オーディオクリップ内の無音部分や音量の小さな部分を削除したい

レコーディングを行うと演奏の前後や合間の部分も収録されますが、本来無音であるべきそういった場所に予期せぬ物音やバックグラウンドの騒音が入ってしまうと、ミックスの際に邪魔になるだけでなく、最終的な作品のサウンドクオリティまで劣化してしまいます。こういったノイズにはオーディオクリップから基準以下の音量部分を削除するストリップサイレンスで対応します。

STEP 1　ストリップサイレンスウィンドウを開く

ストリップサイレンスの設定は**ストリップサイレンスウィンドウ**で行います。
編集メニューの**ストリップサイレンス**❶を選択して、このウィンドウを開いてください。

STEP 2　目的のオーディオクリップを選択する

まず、ストリップサイレンスの対象にするオーディオクリップを選択状態にします❶。
ストリップサイレンスはオーディオクリップ単体だけでなく、オーディオクリップ内の一部を部分選択したり、複数オーディオクリップや複数範囲を同時選択した場合にも機能します。

削除の基準となるレベルを設定し、ストリップサイレンスを実行する

次に、**ストリップサイレンス**ウィンドウのパラメーターで、削除の基準となるレベルを設定していきます。各パラメーターのスライダー❶を調整すると、残る範囲が設定に従ってオーディオクリップ上に白枠で表示されます❷。

ストリップスレッショルドは、この数値以下の部分を削除するというしきい値を設定するパラメーターです。右に動かせばより多くの部分が削除されますので、必要な箇所が削除されないように調整します。音量の小さい箇所と演奏部分が交互に連続する箇所を細かくぶつ切りしたくない場合は、**最小ストリップ時間**を設定します。ストリップスレッショルド以下の音量であっても、**最小ストリップ時間**に設定した時間を下回る長さになってしまう部分は削除対象から除外されます。

アタックが遅い音色での演奏や発声前のブレスノイズのニュアンスを削除対象にしたくない場合は、**クリップスタートパッド**で、ストリップスレッショルド以下の音量になってから実際に削除処理を行うまでの猶予時間を設定します。同様に、後端の余韻部分などのニュアンスを自然にしたい場合は、**クリップエンドパッド**で削除処理までの猶予時間を設定してください。

> ストリップサイレンス処理の適正値は、対象にするオーディオクリップの演奏内容とノイズレベルによって、大きく変動します。各パラメーターや選択範囲を試行錯誤し、白枠が理想に近い形になるまで調整しましょう。

パラメーターの設定が終わったら、**ストリップ**❸をクリックし、ストリップサイレンスを実行します。クリップは白枠の表示に従って分割され、枠外の部分が削除されます❹。また既存のオーディオクリップは、処理の結果を反映した新規のオーディオクリップに置き換えられます。

> **抽出**をクリックすると白枠で囲まれた範囲が削除されます。**分割**をクリックした場合は削除は行われず、演奏部分とノイズ部分の分割のみが行われます。

> **名前の変更**をクリックすると、処理の結果として新規作成されるオーディオクリップの名称を、任意の名前に変更することができます。

セッションのテンポにオーディオクリップの演奏テンポを合わせたい（タイムストレッチ）

セッションのテンポ設定に従ってレコーディングを行った後、作業が進むうちにテンポを変えたくなることがあります。そのような場合、PTSではTCEモードのトリムツールを用いることで素早く対処することができます。セッションのテンポとオーディオクリップ内の演奏のテンポ差があまり大きくない場合や、ナレーションなどの尺合わせ（収録時間調整）などの用途に向いています。

STEP 1　トリムツールをTCEモードに設定する

ここでは本来BPM120でレコーディングされた1小節のオーディオクリップをBPM128のセッションに合わせるケースを例にしてみましょう。

BPM120のセッション上ではきっちり1小節に収まっているオーディオクリップ（Drum Loop_01）の見かけ上の長さが❶、セッションのテンポをBPM128に変更すると2小節目以降にはみ出した形になります❷。このような際の対応に便利なのがTCEモードのトリムツールです。

トリムツールを右クリックしてコンテキストメニューからTCE❸選択し、TCE（Time Compression/Expansion）モード❹に設定します。

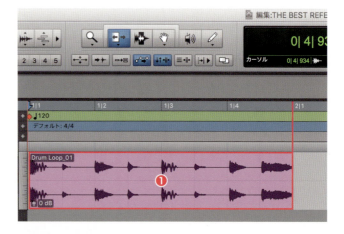

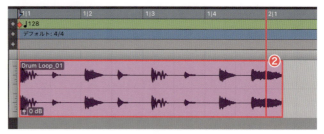

STEP 2 TCEモードのトリムツールでオーディオクリップの右端を現在のテンポでの正しい位置に移動させる

TCEモードのトリムツールで、2小節目の1拍目よりもはみ出しているオーディオクリップの右端を2小節目の1拍目までドラッグします❶。

▶ このような操作の場合、エディットモードを**絶対グリッド**に設定した方が正確に行えます。

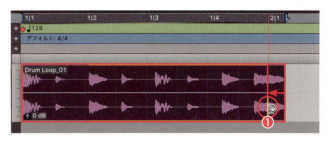

BPM120でレコーディングされた1小節のオーディオクリップの長さが圧縮され、BPM128で演奏された新たな1小節のオーディオクリップ（Drum Loop-TmShft_01）として置き換わります❷。

また、BPM128で1小節ちょうどの長さのオーディオクリップ（Drum Loop-TmShft_01）❸を、BPM120のセッションに合わせるケースでは、逆にオーディオクリップの見かけ上の長さが足りなくなります❹。

この場合はTCEモードのトリムツールで、足りなくなっているオーディオクリップの右端を、BPM120のテンポでの2小節目の1拍目まで右にドラッグします❺。本来BPM128でレコーディングした1小節のオーディオクリップの長さが伸張され、BPM120で演奏された新たな1小節のオーディオクリップ（Drum Loop-TmShft_02）として置き換わります❻。

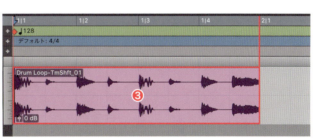

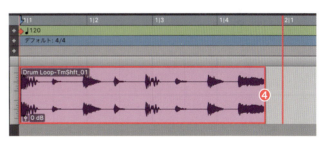

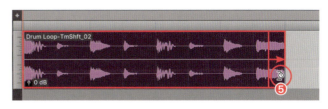

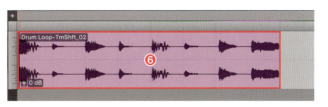

セッションのテンポにオーディオクリップの演奏テンポを追従させたい(エラスティック)

1度レコーディングしてしまったオーディオクリップは、そのままではレコーディング後のテンポ変更に対応できませんが、PTSではオーディオトラックをエラスティックオーディオに設定するだけで、セッションのテンポ変更に対するオーディオクリップのテンポ追従が行えるようになります。その結果としてMIDIクリップとのシームレスな連携が可能になるわけです。

STEP 1 エラスティックオーディオの処理モードを選択する

エラスティックオーディオは、オーディオトラックのエラスティックオーディオプラグインセレクタ❶をクリックし、メニュー❷から処理モードを選択することで使用可能になります。処理モードは次のように分かれています。

Polyphonicはピアノやギター、あるいはアンサンブルのような和音演奏に効果的です。**Rhythmic**はドラムやパーカッションなどアタックが明確な楽器の演奏に、**Monophonic**はボーカルやベース、リードソロのような単音メロディのパートに適しています。**Varispeed**は特殊で、あえてテープレコーダーやターンテーブルのようにテンポ(回転数)を変更するとピッチも変わるような効果を狙いたいときに使用します。

▶ **X-Form**は非常に高品質な結果が得られるモードですが、他のモードと違ってリアルタイムプロセッシングでまかなうことができず、常にレンダープロセッシング(ファイル書き換え処理)で動作します。

STEP 2 処理モードのOPTIONS設定を行う

処理モード選択後、エラスティックオーディオプラグインセレクタをクリックすると、**エラスティック設定ウィンドウ**が開きます。

Polyphonicモード❶では、**OPTIONS**に2つのパラメーターが表示されます。**FOLLOW**はフレーズの音量変化をトレースするかどうかを選択するスイッチです。4分音符のコードストロークのようにシンプルな音量変化(リズム)がある演奏ではオンにします。**WINDOW**では圧縮伸長の単位を設定します。短くはっきりとした音が多い場合は短めに、持続音が続くようなフレーズでは長めに設定するのが基本です。

Rhythmicモード❷では、テンポを遅くする場合に、打楽器音の減衰時間をどの程度まで引き延ばすかをDECAY RATEで設定します。

　X-formモード❸ではQUALITYで処理品質を3段階に変更できます（高品質にするほどレンダリングに時間がかかります）。またFORMANTのENABLE INをオンにすると、ピッチを変えた場合でも母音や声質ができるだけ不自然にならないように処理が行われます。

　なお、これら以外のモードにOPTIONSパラメーターはありません。

STEP 3　トラックのタイムベースをティックに設定する

　エラスティックオーディオを利用して、セッションのテンポと異なる演奏テンポのオーディオクリップをセッションのテンポに合わせる際は、まずSTEP2までの設定をすませたオーディオトラック上の、目的の位置にオーディオクリップを配置し、選択状態にしておきます（オーディオクリップの配置を行ってからSTEP2までの操作を行ってもかまいません）❶。

　次に、トラックのタイムベースセレクタ❷をクリックして、メニューからティック❸を選択し、タイムベースセレクタのアイコンをメトロノーム表示に変えます❹。

AUDIO EDITING

STEP 4　エラスティックプロパティウィンドウでソースの長さを正しく設定し直す

続いて、**クリップメニューからエラスティックプロパティ**❶を選択し、**エラスティックプロパティ**ウィンドウを開きます。

セッションのテンポと異なる演奏テンポのオーディオクリップの場合、**ソースの長さ**❷の値が本来とは異なっているはずですから、ここに本来の長さ（ここでは4｜0｜000＝4小節）を入力してください❸。

その結果、オーディオクリップの右上にエラスティックオーディオ処理を受けていることを示すアイコンが表示され、オーディオクリップの見かけ上の長さが、ソースの長さの設定に従って正しく小節や拍にそろいます❹。

以降、セッション全体のテンポ変更はもちろん、テンポが徐々に変動していく設定を行った場合も、このオーディオクリップの演奏テンポは常にその変化に追従するようになります。

▶ エラスティックオーディオモードに設定したトラック上のオーディオクリップに対してTCEモードのトリムツールを使用すれば、エラスティックプロパティの**ソースの長さ**に数値を入力するのと同じ結果をよりフレキシブルなドラッグ操作で得ることができます。

▶ エラスティックオーディオモードでのリアルタイム処理はコンピュータのCPUに負荷をかけるため、多くのオーディオトラックをエラスティックオーディオモードに設定してしまうと、そのままではコンピュータの処理能力を超えてしまうことがあります。そういった場合は、エラスティックオーディオプラグインセレクタのアイコン部分をクリックして、メニューの**リアルタイムプロセッシング**から**レンダープロセッシング**にチェックをつけ換えてください。処理モードの名称の右にあるインジケーターが点灯している状態がリアルタイムプロセッシング、消灯している状態がレンダープロセッシング選択中であることを表します。

エラスティックオーディオモードを解除するには

エラスティックオーディオモードで作業を行ったトラックを、通常のオーディオトラックに戻すには、エラスティックオーディオプラグインセレクタのアイコン部分をクリックし、メニューから**なし-エラスティックオーディオオフ**❶を選択します。

確認のダイアログが表示され、2種類の解除方法が提示されます。**もとに戻す**❷を選択すると、オーディオクリップがエラスティックオーディオによるエディット以前の状態に戻ります。セッションのテンポ設定に追従させていた場合などは、オーディオクリップの右端が小節線とずれた状態に戻ります。

コミット❸を選んだ場合は、エラスティックオーディオモードでエディット後の現状のオーディオクリップの状態をすべて反映した新規のオーディオファイルが作成され、トラック上の同じ位置に配置されます❹。セッションのテンポ設定に追従させていた場合などは、オーディオクリップの右端がエラスティックオーディオモードをオフにする前から変化せず、オフにする直前と同じように再生されます（ただし、以降のテンポ変更には追従しなくなります）。

HINT&TIPS　通常のタイムストレッチとエラスティックオーディオでのタイムストレッチ

「セッションのテンポにオーディオクリップの演奏テンポを合わせたい（タイムストレッチ）」（P162）で紹介したTCEモードのトリムツールを使用した、通常モードのオーディオトラック上で行うタイムストレッチは、オーディオクリップの時間的な圧縮伸張をシンプルな処理で行うもので、大幅なテンポの変更にはあまり向きません。また、セッションのテンポを変更するたびに、それに合わせて処理をやり直す必要があり、連続的なテンポ変化にも追従させることができません。

それに対して、エラスティックオーディオモードに設定したトラック上でTCEモードのトリムツールを使用した場合は、エラスティックオーディオの処理モード設定を反映したタイムストレッチ処理となり、より自然な結果が得ることができます。また、その後のテンポ変更や連続的なテンポ変化にも追従可能になります。

オーディオクリップ内の演奏のノリを そろえたい／移調したい（エラスティック）

1度レコーディングしてしまったオーディオクリップは、そのままではレコーディング後に演奏のノリを修正したり、移調したりすることができませんが、PTSではオーディオトラックをエラスティックオーディオに設定するだけで、ノリの修正（クオンタイズ）や移調（トランスポーズ）が行えるようになります。その結果としてMIDIクリップとのシームレスな連携が可能になるわけです。

HOW TO　オーディオクリップ内の演奏にクオンタイズをかけるには（エラスティックオーディオ）

エラスティックオーディオモードに設定されているオーディオトラック上のオーディオクリップは、MIDIクリップ内のノートイベントに対するのと同様、クリップ内の演奏に対してクオンタイズをかけることが可能です。

目的のオーディオクリップを選択後❶、**イベント**メニューの**イベント操作**から**クオンタイズ**❷を選択すると、**クオンタイズ**が選ばれている状態の**イベント操作**ウィンドウが開きます。

クオンタイズの対象のメニューに**エラスティックオーディオイベント**❸が選ばれていることを確認し、**クオンタイズグリッド**や**オプション**に用意されているパラメーターを適宜設定して**適用**❹をクリックしてください。

▶ **クオンタイズの対象**のメニューでオーディオクリップを選択した場合は、オーディオクリップ自体の配置位置に対するクオンタイズになります。

▶ トラックをエラスティックオーディオモードに設定する際の操作について詳しくは「セッションのテンポにオーディオクリップの演奏テンポを追従させたい（エラスティック）」（P164）を参照してください。

▶ **クオンタイズグリッド**は音符からだけでなく、他のオーディオクリップやMIDIクリップから抽出したグルーブテンプレートからも選ぶことができます。グルーブテンプレートの作成方法について詳しくは「演奏からノリを抽出するには（グルーブテンプレート）」（P151）を参照してください。

▶ クオンタイズ設定について詳しくは「ノートイベントに詳細なエディットを行いたい（イベント操作）」（P208）を参照してください。

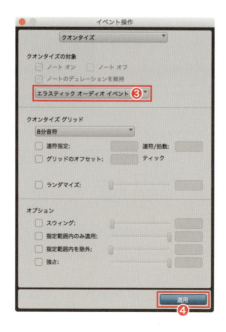

オーディオクリップ内の演奏のノリをそろえたい／移調したい（エラスティック）

オーディオクリップ内の演奏にトランスポーズをかけるには

エラスティックオーディオモードに設定されているオーディオトラック上のオーディオクリップは、MIDIクリップ内のノートイベントに対するのと同様、クリップ内の演奏に対してトランスポーズをかけることが可能です。

目的のオーディオクリップを選択後、**イベント**メニューの**イベント操作**から**トランスポーズ❶**を選択すると、**トランスポーズ**が選ばれている状態の**イベント操作**ウィンドウが開きます。

ラジオボタンをオンにして、用意されている4種類のトランスポーズ方法から目的に合ったものを選び❷、パラメーターを適宜設定して**実行❸**をクリックしてください。

■ オーディオイベントへのトランスポーズはMIDIクリップへの場合と違い、大幅な移調を行うとサウンドに違和感が生じる場合があります。

■ トランスポーズ設定について詳しくは「ノートイベントに詳細なエディットを行いたい（イベント操作）」（P.208）を参照してください。

エラスティック分析結果を修正するには

トランスポーズ、クオンタイズのエディットで思うような結果を得られなかったときは、エラスティック分析の結果を確認してみましょう。対象のオーディオクリップを選択後、**クリップ**メニューから**エラスティックプロパティ❶**を選択すると**エラスティックプロパティ**ウィンドウが開きます。ここには現在選択中のオーディオクリップに対するエラスティック分析の結果が表示されますから❷、修正すべき点があれば、その項目を正しい値に変更してください。

また、部分的に細かな修正を行いたい場合は、オーディオクリップ内のイベントマーカーをエディットします。トラックビューセレクタを**分析❸**にしてオーディオクリップ内にイベントマーカー（ビートを表す縦の線）を表示させ❹、ドラッグして位置を微調整します。オーディオクリップの下半分をcontrol/Start＋クリックすると、新たなイベントマーカーを追加することができ、イベントマーカーをダブルクリックもしくはoption/Alt＋クリックすると削除することができます。範囲選択してdelete/Backspaceキーを押すことで、範囲内に含まれるイベントマーカーの一括削除も可能です。

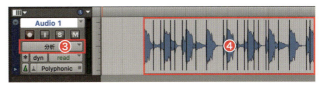

AUDIO EDITING 07
セッションのテンポにオーディオクリップの演奏テンポを追従させたい(ビート分割)①

オーディオクリップ内のフレーズを前後の音量変化を基準にしてビートごとに分割し、細分化された各ビートをフレーズを構成する個々のオーディオクリップとして配置し直せば、セッションのテンポ変更への追従やクオンタイズなどが行えるようになります。ここではタブトゥトランジェントを活用したシンプルなオーディオクリップのビート分割操作を紹介します。

STEP 1 タブトゥトランジェントを有効にする

まず、目的のオーディオクリップ内のフレーズが小節や拍ちょうどに収まるよう、事前に前後の余分な空白をカットし、さらにオーディオクリップの左右端が拍や小節ちょうどの位置になるようにセッションのテンポを調整し、配置しておきます。

次に、編集ウィンドウの**タブトゥトランジェント**ボタン❶をクリックして点灯させます。

▶ タブトゥトランジェントによるビート分割操作は、対象とするオーディオクリップが短めで、内容が打楽器のようなリリースの短い音色での演奏のときに適しています。また併用も可能ですが、通常はトラックがエラスティックオーディオモードに設定されていない状態で行います。

STEP 2 目的のオーディオクリップを選択し、tabキーを押す

続いて、目的のオーディオクリップ全体を選択状態にします❶。編集挿入位置マーカー(**タイムライン範囲と編集範囲をリンク**が有効に設定されている場合はタイムラインマーカー)のインポイント❷とアウトポイントがオーディオクリップの左右端に設定されます。

この状態でtabキーを押すと、マーカーが最初のビートの位置へ移動します❸。また、それと同時にオーディオクリップの選択状態が解除されますが、そのまま作業を続けてかまいません。tabキーを押すたびに、次のビートの位置にマーカーが移動します。

▶ 同様の操作は、オーディオクリップ内の特定の選択範囲に対しても行うことができます。

▶ 同様の操作は、選択状態にある複数のトラック上のオーディオクリップを対象に行うことができます。また、選択にMIDIクリップを混在させることも可能です(その場合、必要ならばノートイベントの位置でオーディオクリップを分割することができます)。

▶ **タブトゥトランジェント**が無効に設定されている状態でtabキーを押した場合は、クリップの右端と左端へ次々と編集挿入位置が移動します。

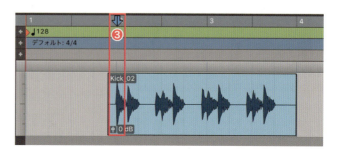

STEP 3 オーディオクリップの分割を行う

分割したいビートの位置までマーカーを進めたら（もちろん1つ目のマーカーでもかまいません）❶、**編集**メニューの**クリップを分割**から**選択範囲**❷を選択するか、comman/Ctrl+Eキーを押してください。その位置でオーディオクリップが分割されます❸。以降、必要に応じてSTEP2とSTEP3の操作を繰り返していきます。

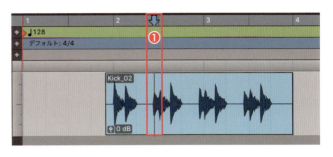

▶ トラックのキーボードフォーカス機能が有効になっている場合は、Bキーを押すだけでオーディオイベントを分割可能です。キーボードフォーカスについて詳しくは「1つのキー操作でショートカットを行うには」（P281）を参照してください。

なお、オーディオクリップ内の必要なビートの位置を選択して、そこだけで分割を行うのではなく、オーディオクリップ内のすべてのビートの位置で一気に分割してしまいたい場合は、目的のオーディオクリップ全体や特定範囲を選択後、**編集**メニューの**クリップを分割**から**トランジェント**❹を選択します。

なお、**選択範囲**を選んだときと違い、**トランジェント**を選択した場合は**プリセパレート値**ダイアログが表示されるので、本来のビートの位置よりも左に分割位置をずらしたい場合は数値を入力します。OK❺をクリックすると、オーディオクリップがすべてのビートの位置で分割されます❻。

▶ ビート分割によって細分化されたオーディオクリップは、そのままの状態ではエディット時に1つのフレーズとして扱いづらくなりますから、適宜グループ化しておきましょう。こうすることで、フレーズを構成するすべてのオーディオクリップを取りこぼすことなく、グループ単位での一括コピー&ペーストや移動が行えるようになります。クリップのグループ化について詳しくは「複数のクリップをまとめて操作したい（クリップグループ）」（P140）を参照してください。

以上の操作を行っておくと、トラックのタイムベースがティックに設定されている場合、元になったオーディオクリップ内のフレーズの演奏テンポがセッションのテンポ変動に追従するようになり、さらに、**イベント操作**ウィンドウから行う詳細なクオンタイズやBeat Detectiveから行う**クリップ適合**、**クリップ**メニューの**グリッドにクオンタイズ**といった各種のクオンタイズ操作にも、対応できるようになります。

▶ ビート分割によって、テンポ変更に追従させたオーディオクリップのフレーズは、テンポ変更の大小にかかわらず、常にビート分割実行時の音質を保ちます。

AUDIO EDITING 08
セッションのテンポにオーディオクリップの演奏テンポを追従させたい(ビート分割)②

オーディオクリップ内のフレーズをトランジェント(前後の音量変化)を基準にしてビートごとに分割し、細分化された各ビートを個々のオーディオクリップとして配置し直せば、セッションのテンポ変更への追従やクオンタイズなどが行えるようになります。ここではBeat Detectiveによる、タブトゥトランジェントよりも精密に設定可能なオーディオクリップのビート分割操作を紹介します。

STEP 1 ビート分割の対象にするオーディオクリップの下準備を行う

まず、目的のオーディオクリップ内のフレーズが小節や拍ちょうどに収まるよう、事前に前後の余分な空白をカットし、さらにオーディオクリップの左右端が拍や小節ちょうどの位置になるようにセッションのテンポを調整し、配置しておきます。

以上の操作が完了したら、目的のオーディオクリップを選択状態にします❶。

▶ Beat Detctiveによるビート分割操作は、対象とするオーディオクリップの内容が長めで、打楽器のようなリリースの短い音色での演奏のときに適しています。また併用も可能ですが、通常はトラックがエラスティックオーディオモードに設定されていない状態で行います。

STEP 2 Beat Detectiveウィンドウで操作モードと対象にする範囲を指定する

イベントメニューからBeat Detective❶を選択してBeat Detectiveウィンドウを開き、操作セクションでクリップ分割❷を選択します。

次に選択セクションの開始小節|拍と終了小節|拍で、選択状態にあるオーディオクリップの左端と右端の位置を指定します❸。STEP1で下準備を行っている場合は選択範囲をキャプチャー❹をクリックするだけでかまいません。終了をタップをクリックすることで、終了小節|拍をタッピングで指定することも可能です。

拍子にはこのオーディオクリップ内の演奏の拍子を入力し、次を含むには、このオーディオクリップ内の演奏に使われている最も短い音符を選択しておきます❺。

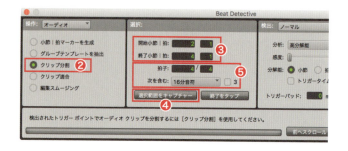

セッションのテンポにオーディオクリップの演奏テンポを追従させたい（ビート分割）②

STEP 3 ビートトリガーの検出を行う

Beat Detectiveでは、選択範囲内にある音量ピークの分析によって、それがどの拍に相当するかを検出し、ビートトリガーという目印を作成します。**検出**セクションでは、そのビートトリガーの検出基準や感度について設定します。

検出セクションが**ノーマルモード❶**であることを確認後、**分析**メニューから、キックなどの低域にフォーカスした分析を行いたいときは**低域を強調**モード、ハイハットなどの高域にフォーカスした分析を行いたいときは**高域を強調**モード、全帯域を対象にした分析を行いたいときは**高分解能**モードを選択します。**分解能**では、ビートトリガーの基準間隔（検出する最小単位）を設定します。また、**トリガータイム表示**にもチェックをつけておきます❷。

分析する❸をクリックし、**感度スライダー❹**を右にドラッグすると、選択中のオーディオクリップにビートトリガーが作成されます❺。トリガータイム表示にチェックをつけていたため、各ビートトリガーがどの拍に相当するかがロケーション値で表示されます。感度が低すぎるとビートトリガーが作成されませんし、高すぎると不要な箇所まで誤認されてしまいます。思うような結果となるまで感度スライダーを調節してください。なお、**分析**のメニューでモードを選び直した場合は、再び**分析する**をクリックする必要があります。

STEP 4 ビートトリガーの検出結果に修正を加える

Beat Detectiveによるオーディオクリップのビート分割はビートトリガーの位置に従って行われます。分割を行う前に、ビートトリガーの検出結果をチェックし、必要があれば修正を加えましょう。

STEP 3の操作で検出されたビートトリガーは、左右ドラッグによって位置に修正を加えることができます。エディットモードが**絶対グリッドモード**になっている場合でも、この操作に関しては移動制限はありません。また、不要なビートトリガーはoption/Alt＋クリックで削除できます❶。

> 感度を下げても残しておきたいビートトリガーに対しては、command/Ctrl＋クリックしておきます。

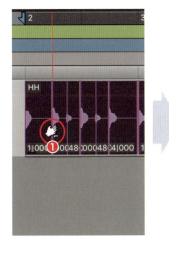
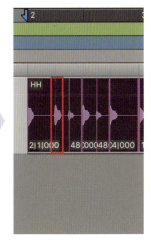

AUDIO EDITING

STEP 5　オーディオクリップの分割を行う

分割❶をクリックすると、ビートトリガーの位置に従ってオーディオクリップが分割されます❷。

■ ビート分割によって細分化されたオーディオクリップは、そのままのバラバラ状態ではエディット時に1つのフレーズとして扱いづらくなりますから、適宜グループ化しておきましょう。こうすることで、フレーズを構成するすべてのオーディオクリップを取りこぼすことなく、グループ単位での一括コピー&ペーストや移動が簡単に行えるようになります。クリップのグループ化について詳しくは「複数のクリップをまとめて操作したい（クリップグループ）」（P140）を参照してください。

以上の操作を行っておくと、トラックのタイムベースがティックに設定されている場合、元になったオーディオクリップ内のフレーズの演奏テンポがセッションのテンポ変動に追従するようになり、さらに、**イベント操作**ウィンドウから行う詳細なクオンタイズやBeat Detectiveから行う**クリップ適合**、**クリップ**メニューの**グリッドにクオンタイズ**といった各種のクオンタイズ操作にも、対応できるようになります。

■ ビート分割によって、テンポ変更に追従させたオーディオクリップのフレーズは、テンポ変更の大小にかかわらず、常にビート分割実行時の音質を保ちます。

また**分割**をクリックする前に、他の複数のトラック上のオーディオクリップを選択状態にすると、元になるオーディオクリップ（画面例ではAudio 1_03）上のビートトリガーのラインが他のトラックのオーディオクリップ上まで伸びます❸。

この状態で**分割**をクリックするとAudio 1_03に設定されているビートトリガーの位置で、選択状態にあるすべてのオーディオクリップ（画面例ではAudio 2_01やAudio 3_01）を分割することができます❹。なお、この操作を行いたい場合は、STEP1の段階で、あらかじめ対象にするオーディオクリップの長さと配置位置をそろえておくのが基本となります。

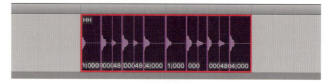

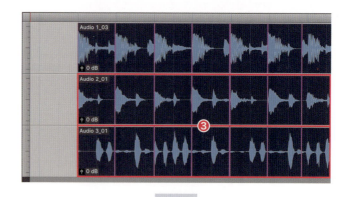

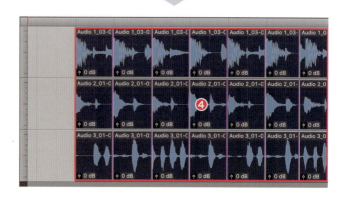

分割後の各オーディオクリップをビートトリガーの検出位置に従って正確にそろえるには

ビートごとに分割された各オーディオクリップには、**トリガータイム表示**にチェックをつけているとわかるように、ビートトリガー検出の際に見なされた拍位置の情報が含まれています。この拍位置の情報に従って各オーディオクリップの位置を正確にそろえたいときは（もちろん、フレーズ本来のノリとは違うものになります）、STEP 5の操作が完了した状態で、Beat Detectiveウィンドウの操作モードを**クリップ適合**❶に切り換えます。

クリップ適合は分割後の各オーディオクリップの拍位置情報に従ってクリップの再配置を行うためのモードで、クオンタイズのバリエーションとも言えます。**コンフォーム**❷をクリックすると、各オーディオクリップが、それぞれが持つ拍位置情報に基づき、正確な位置へと移動します。

また、ここで**選択**セクションの**終了小節│拍**を変更（画面例では本来2小節のフレーズだったものを3小節になるように変更）して❸、**コンフォーム**をクリックすることで、分割後の各オーディオクリップをフレーズを崩さずに2/3のテンポになるように再配置する❹、といったことも可能です。

なお、**クリップ適合**を行うことによってオーディオクリップの境界に不自然な隙間や音量の差が生じてしまった場合は、操作モードを**編集スムージング**❺に切り換え、**スムージング**セクションで、隙間を埋めたりクロスフェードをかけるといった処理を設定します。**隙間を埋めてクロスフェード**を選択した場合は、クロスフェードの長さを設定します。設定が完了したら、**スムージング**❻をクリックして処理を実行します。

▶ **コンフォーム**セクションの**強さ**でどの程度拍に近づけるか、**指定範囲内**でどこまでのずれの大きさを処理の対象にするか、**スウィング**でリズムをどの程度ハネさせるか（8分または16分）の設定が可能です（チェックをつけるとスライダーが機能します）。なお、必ずしもすべてを設定する必要はありません。また、どれにもチェックをつけずに**コンフォーム**をクリックした場合は、**強さ**だけを100%に設定したときと同じ結果が得られます。

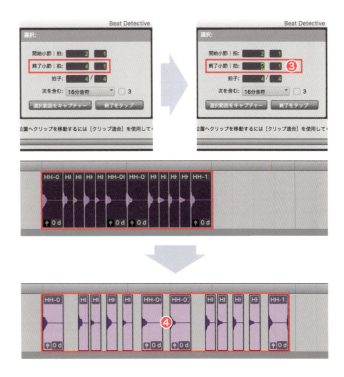

▶ ドラムなどのアタックのはっきりしたフレーズにクロスフェードをかけるとアタック感が損なわれることがあるので注意しましょう。

AUDIO EDITING

HOW TO オーディオクリップ内の演奏にクオンタイズをかけるには（ビート分割）

タブトゥトランジェントやBeat Detectiveを利用したビート分割によって細分化されたフレーズのオーディオクリップは、MIDIクリップ内のノートイベントに対するのと同様、クオンタイズをかけることが可能です。

フレーズを構成するオーディオクリップをすべて選択後❶、**イベント**メニューの**イベント操作**から**クオンタイズ**❷を選択すると、**クオンタイズ**が選ばれている状態の**イベント操作**ウィンドウが開きます。

クオンタイズの対象のメニューで**オーディオクリップ**❸を選択し、**クオンタイズグリッド**や**オプション**に用意されているパラメーターを適宜設定して**適用**❹をクリックしてください。

▶ ビート分割後の細分化されたオーディオクリップをグループ化している場合は、いったんグループ化を解除した状態にしてからクオンタイズをかけ、その後再グループ化を行います。

▶ クオンタイズグリッドは音符からだけなく、他のオーディオクリップやMIDIクリップから抽出したグルーブテンプレートからも選ぶことができます。グルーブテンプレートの作成方法について詳しくは「演奏からノリを抽出するには（グルーブテンプレート）」(P151)を参照してください。

▶ クオンタイズ設定について詳しくは「ノートイベントに詳細なエディットを行いたい（イベント操作）」(P208)を参照してください。

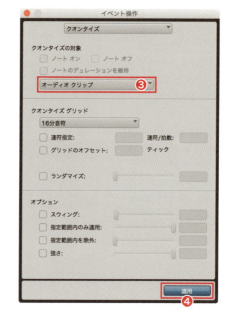

HINT&TIPS 複数トラック上のオーディオクリップから検出されたビートトリガーの統合

STEP5で1つの基準となるビートトリガーを、他のトラック上のオーディオクリップにも適用する方法を紹介してますが、逆に、複数のトラック上のそれぞれのオーディオクリップで検出したビートトリガーから必要なものを次々と加えて、基準となるビートトリガーを作成していくことも可能です。

操作の流れとしては、まず通常と同じように、**検出**セクションが**ノーマル**モードの状態で最初のオーディオクリップのビートトリガーを設定します。次に、そのまま**検出**セクションを**コレクション**モードに切り換え、**独自を付け加える**をク

リックします。これで1つ目のビートトリガーが記録されます。続いて2つ目のオーディオクリップのビートトリガーを、**検出**セクションが**ノーマル**モードの状態で設定し、ここでもまた最初と同じように**コレクション**モードに切り換えて、**独自を付け加える**をクリックします。すると、1つ目のビートトリガーに重なる形で2つ目のオーディオクリップのビートトリガーが書き加えられます。以後、同じ操作を繰り返すことで、複数のオーディオクリップから検出されたビートトリガーの統合を進めていくことができるわけです。

オーディオクリップ内のフレーズの
タイミングを部分的にずらしたい（ワープ）

タブトゥトランジェントやBeat Detectiveを利用したビート分割によって細分化されたフレーズのオーディオクリップでは、フレーズを構成する個々のオーディオクリップから目的のものを左右ドラッグし、自由にタイミング（配置位置）を変更することができます。エラスティックオーディオを利用したワープ処理では、それと同様の操作をフレーズの細分化なしに行うことが可能です。

STEP 1 ワープビューモードを有効にする

ここでの操作はエラスティックオーディオモードを設定したトラック上で行っていきます。

オーディオクリップ内のフレーズの部分的なタイミング補正を行いたいトラックのトラックビューセレクタ❶をクリックし、メニューから**ワープ**❷を選択してワープビューモードに切り換えます。

ワープビューモードでは、クリップ上にイベントマーカーが表示されます❸。

トラックをエラスティックオーディオモードに設定する際の操作について詳しくは「セッションのテンポにオーディオクリップの演奏テンポを追従させたい（エラスティック）」（P164）を参照してください。

HOW TO フレーズ内の目的のビートのタイミングを変更したいときは（イベントマーカー基準の場合）

イベントマーカーは、オーディオクリップ内のビートの位置を表しています。

フレーズ内の目的のイベントマーカー（ビート）だけを対象にしてタイミング変更を行いたいときは、まず目的のイベントマーカー❶の左右隣のイベントマーカーをグラバーツールでダブルクリックして、▲で表示されるワープマーカー❷を作成しておきます。こうすることで、ワープマーカーよりも外側の部分の波形は、目的のビートの位置変更による影響を受けなくなります。

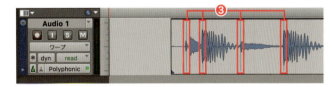
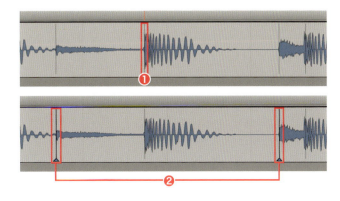

次に、2つのワープマーカーに挟まれているイベントマーカーを、目的のタイミング位置までドラッグして移動させます❸。それに伴って、つながりが自然になるようにイベントマーカーの前後の波形が伸縮します❹。前述のように、ワープマーカーの外側の波形は変化しません❺。

また、移動後のイベントマーカーはワープマーカーに変わります❻。このワープマーカーはshift＋ドラッグで位置の再調整が可能です。

▶ イベントマーカーをグリッドラインにそろえたい場合は、ドラッグの前にイベントモードを**絶対グリッド**にし、任意の位置へ自由に移動させたい場合は**スリップ**モードにしておきましょう。

▶ STEP 1の操作完了後、ワープマーカーをまだ作成していない状態で、タイミングを変更したいイベントマーカーをshift＋ドラッグで移動させると、ここでの操作と同じ結果をダイレクトに得ることができます。

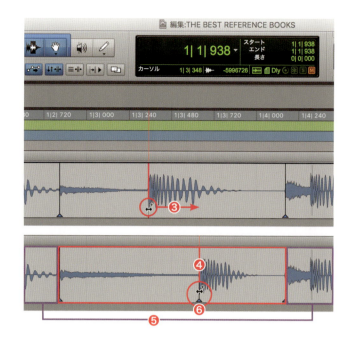

HOW TO　フレーズ内の目的のビートのタイミングを変更したいときは（任意設定のワープマーカー基準の場合）

イベントマーカーの位置をワープマーカーの基準にしたのでは思うような結果が得られない場合は、任意の位置をグラバーツールでcontrol/Start＋クリックして新規ワープマーカーを作成して対応します。

画面例では、既存のイベントマーカー❶を移動の対象とし、まずその左側の任意の位置に新規のワープマーカーを作成後❷、移動対象のイベントマーカーの右隣の既存のイベントマーカーからワープマーカーを作成しています❸。

この状態で間に挟まれている既存のイベントマーカーをドラッグして目的のタイミング位置まで移動させます❹。それに伴って、つながりが自然になるようにイベントマーカーの前後の波形が伸縮します❺。この場合も、ワープマーカーの外側の波形は変化しません。画面例ではわかりづらいですが、移動後のイベントマーカーはワープマーカーに変わります❻。このワープマーカーはshift＋ドラッグで位置の再調整が可能です。

まったく既存のイベントマーカーがない位置に、両端と中心の3つのワープマーカーを新規作成するケースでは真ん中のワープマーカーをshift＋ドラッグで移動させます。

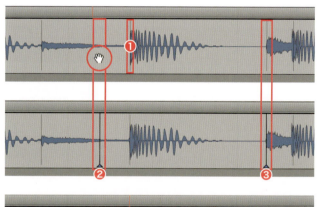
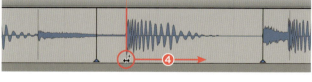
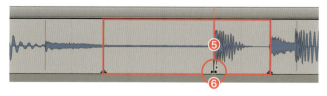

▶ **フリーハンドモードのペンシルツール**でのクリックでも新規ワープマーカーが作成可能です。**フリーハンドモードのペンシルツール**のshift＋ドラッグによるワープマーカーの移動の際は、エディットモードの設定にかかわらず、常に自由移動となります。

オーディオクリップ内のフレーズのタイミングを部分的にずらしたい（ワープ）

HOW TO フレーズ内の特定範囲のタイミングを変更したいときは

特定範囲のスタート位置を前後に移動させるワープ操作も可能です。たとえばドラムのフィルインフレーズのノリはそのまま残しつつ、フィルインの開始位置を前後にずらすといった使い方ができます。この場合、まず移動させたい範囲を挟むようにワープマーカーを作成します❶。イベントマーカーを利用する方法と任意の位置への新規作成を適宜使い分けてください。次に、その範囲の左右に1つずつワープマーカーを作成します❷。

内側の移動の対象範囲を設定したワープマーカーを含むようにセレクタツールで範囲選択し❸、左右いずれかのマーカーを目的の位置までドラッグして移動させます❹。内側のワープツールに挟まれた部分の波形と外側のワープツールの左右部分の波形は変化せず❺、残りの部分の波形が伸縮します。

▶ 画面例のように移動の対象範囲を設定したワープマーカーの内側にさらに別のイベントマーカー（やワープマーカー）があった場合も、それらが結果に影響を及ぼすことはありません。

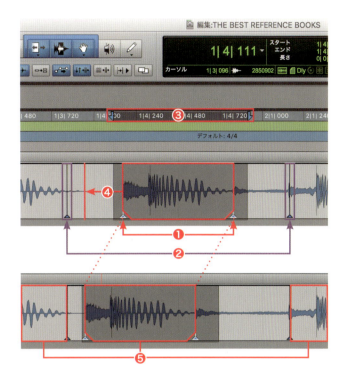

HOW TO ワープマーカーを削除するには

不要なワープマーカーを削除したい場合は、グラバーツールで目的のワープマーカーをダブルクリックするか❶、option/Alt＋クリックします❷。

また、セレクタツールで削除したいマーカーを含む範囲を選択後、delete/Backspaceキーを押すことで複数のワープマーカーの一括削除が行え、command/Ctrl＋Aでオーディオクリップ全体を選択状態にしてdelete/Backspaceキー押すことでワープマーカーを一括全削除することができます。なお、ワープマーカーを削除してもイベントマーカーは残ります。

目的のワープマーカーを
ダブルクリックして削除

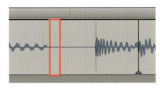

目的のワープマーカーを
option/Alt＋クリックして削除

オーディオクリップに AudioSuite エフェクトを適用したい

AAXプラグインエフェクトがリアルタイムでエフェクト処理を行うのに対して、AudioSuiteエフェクトはエフェクトの設定に従ってレンダリングを行い、エフェクト効果を含んだファイル全体クリップを新たに生成します。AAXプラグインエフェクトとAudioSuiteエフェクトはほぼ共通のラインナップになっていますが、中にはAudioSuiteエフェクトにしかないものもあります。

 エフェクト処理の対象にするオーディオクリップを選択する

ここではMod Delay IIIをAudioSuiteエフェクトとして使用してみることにしましょう。

まず編集ウィンドウで、Mod Delay IIIの効果をかけたいオーディオクリップを選択します❶。

オーディオクリップ内の一部を部分選択したり、画面例のように複数トラック上の複数のオーディオクリップの選択にも対応できます。

▶ AudioSuiteエフェクトの中には、Mod Delay IIIやD-Verbのように、それ自体にリバース効果のレンダリング機能を搭載しているものもあります。

適用したいAudioSuiteエフェクトを選択する

AudioSuiteメニューのOtherからMod Delay III❶を選択して、Mod Delay IIIのAudioSuiteエフェクト設定ウィンドウを開きます。

▶ プロセッシング試聴ボタンをクリックして点灯させると、再度クリックして消灯させるまで、選択中のオーディオクリップがループ再生されます。なお、複数トラック上のオーディオクリップを選択している場合は、最も上に位置するトラック上のオーディオクリップのみ試聴できます。

▶ AudioSuiteエフェクト設定ウィンドウの右上にあるターゲットボタンを消灯させると、現在のウィンドウを開いたまま他のAudioSuiteエフェクト設定ウィンドウを開くことができます（同じエフェクトでも、別のエフェクトでもOK）。ただしレンダリング処理できるのは常に1つのエフェクトに限られますから、ディレイ＋リバーブのような複合エフェクトが必要なケースでは1種類ずつレンダーボタンをクリックしてレンダリングを重ねていくことになります。

STEP 3　AudioSuiteエフェクト設定ウィンドウでレンダリング時の出力設定を行い、処理を実行する

効果に関する設定パラメーターはエフェクトによって異なりますが、レンダリングに関する部分は、ほぼ共通しています。まず通常の場合、**選択参照**のメニューは部分選択も反映される**プレイリスト**❶を選択しておきます。また、**プレイリストに使用**ボタン❷をクリックして点灯状態にしておくと、処理後のオーディオクリップが現在のトラック上に配置され、さらにクリップリストにも追加されます。**プレイリストに使用**ボタンを消灯状態にした場合は、処理後のオーディオクリップがクリップリストに追加されるだけになります。

プロセッシングの出力モードのメニューで**個別ファイルを作成**❸を選択すれば、複数選択中のオーディオクリップ対しても個別に処理が行われ、選択したものと同じ長さのオーディオクリップが個々に作成されます❹。

連続ファイルを作成❺を選択した場合は、範囲選択中の左右端を対象にした処理が行われ、その範囲と同じ長さを持つオーディオクリップがトラックごとに作成されます❻。なお、**ファイルを上書き**を選ぶとオーディオクリップの元になっているオーディオファイル自体を処理に従って書き換え、**取り消し**を実行しても元の状態に戻せなくなりますので、注意してください。

プロセッシングの入力モード❼ではレンダリングの際に参照する対象を選びます。**クリップごと**を選ぶと、常に（部分選択の場合でも）オーディオクリップをまるごと参照します。**選択範囲全体**を選んだ場合は、常にその範囲内だけを参照します。

またプロセッシングの出力モード選択とプロセッシングの入力モード選択の組み合わせによっては、**AudioSuiteハンドル**（処理範囲の前後ののびしろ）❽が0〜60秒の間で設定可能になります。リバーブやディレイのように、選択範囲の右端以降に余韻の部分が残るようなエフェクトの場合、これを利用することで余韻部分を含めたレンダリングが行えるわけです❾。さらに、**ファイル全体**ボタンがグレーアウトしていないときは、これをクリックして点灯させると、AudioSuiteハンドルの範囲がオーディオクリップの元になっているオーディオファイルの長さと等しくなります。

レンダーボタン❿をクリックすると、レンダリング処理が実行されます。**リバース**ボタン⓫をクリックすると、Mod Delay IIIの効果を加えた上で、それを逆回転したサウンドが得られます。

▶ リバースボタンをクリックして逆回転サウンドをレンダリングした場合、AudioSuiteハンドルの設定は無視され、処理ののびしろは作られません。

オーディオクリップを
オーディオファイルとして書き出したい

セッション中のオーディオクリップを他のセッションで使いたい場合や、他の人に送りたい場合などには、オーディオクリップのファイルエクスポート機能を利用しましょう。セッション全体のバウンスやトラックのバウンスと異なり、作成されるオーディオファイルにエフェクトやフェーダーの設定を反映させることはできませんが、素早く書き出しできる簡易用法として活用できます。

 ファイルエクスポートの対象にするオーディオクリップを選択する

編集ウィンドウのトラック上かクリップリストから、オーディオファイルとして書き出したいオーディオクリップを選択します❶。複数のオーディオクリップを選択して、一括処理を行うことも可能です(ただし、それぞれが個別のオーディオファイルとして書き出されます)。

▶ オーディオクリップのフィルエクスポート機能では、オーディオクリップ内の特定範囲を書き出しの対象にすることはできません。こういったケースには、**編集メニューのクリップを分割**など利用してあらかじめ対象部分を独立したオーディオクリップに切り分けておき、それを選択することで対処してください。

▶ 任意の複数トラックの出力をミックスして1つのオーディオファイルとして書き出したい場合の操作については、「トラックバウンスでサブミックス(ステム)ファイルを書き出すには」(P264)を参照してください。

 エクスポートファイルの仕様を設定する

クリップリストの▼❶をクリックするか、クリップリスト上で目的のクリップを右クリックしてメニューを表示させ、**クリップをファイルとしてエクスポート**❷を選択します。

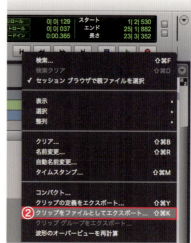

オーディオクリップをオーディオファイルとして書き出したい

選択されたものをエクスポートダイアログが表示されるので、ここでエクスポートファイルの**ファイルタイプ、フォーマット、ビットデプス、サンプルレート**の各項目をメニュー選択で設定します❸。また、エクスポートファイルをAvid製品で使用する場合は、**Avidとの互換性を強制する**にチェックをつけておきましょう。

さらに、**重複したファイル名の解決方法**❹のラジオボタンで保存先に同じ名前のファイルがある場合の動作を指定します。

▶ 多くのDAWやファイルプレーヤーソフトは、(マルチ)モノ形式のステレオファイルに対応していません。エクスポートファイルをPTSだけで利用する場合を除き、**フォーマット**には**インターリーブ**を選択しておきましょう。

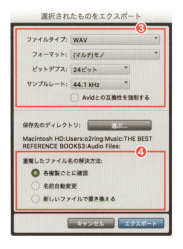

STEP 3 ファイルエクスポートを実行する

エクスポートファイルのデフォルトの保存先は、セッションフォルダ内のAudio Filesフォルダになっていますが、必要ならば**保存先のディレクトリ**の**選ぶ**ボタン❶をクリックして、別の場所を指定することもできます。

エクスポート❷をクリックすると、選択中のオーディオクリップのオーディオファイル書き出し(=ファイルエクスポート)が実行されます。書き出されたオーディオファイルには選択したオーディオクリップ名と同じ名称がつけられます❸。

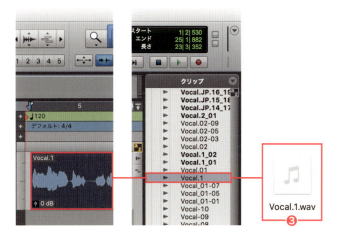

オーディオクリップの波形を直接書き換えたい

オーディオクリップの波形は、線状表示になるまでズームを繰り返していくと、ペンシルツールで直接書き換えることができるようになります。普段はダイレクトな波形のエディット操作などあまり利用する機会はないと思いますが、レコーディングの際に混入した"プツッ"といったスパイクノイズをトリミングでうまく消せない場合などは、この機能を活用して除去にトライしてみましょう。

STEP 1 線状の波形表示になるまでズームレベルを上げる

　スパイクノイズ部分の波形はトゲのような形で表示されます。ズームツール❶でできるだけピンポイントでその部分を含むように範囲選択すると❷、左右に拡大表示されます。この操作を何度か繰り返して波形が線状に表示される状態になるまでズームレベルを上げていきます❸。

▶ ズームツールでoption/Alt＋クリックするとズームアウトします。ズームイン／アウトはスクロールバーの＋と－ボタンをクリックすることでも行えます。

　波形表示の縦方向を拡大表示したい場合は、トラックの境界をドラッグしたり❹、**トラックのオプション**ボタン❺をクリックして、メニューから大きな表示サイズを選択して幅を広げ、さらに**オーディオズームイン**ボタン（▲）❻で波形のスケールを変更します。書き換えたい部分が明確に見えるように調整しましょう❼。

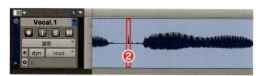
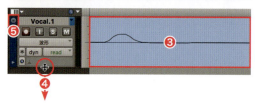

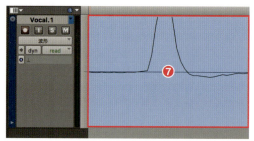

STEP 2 フリーハンドモードのペンシルツールで波形を書き換える

　エディットモードを**スリップ**モード❶に設定し、フリーハンドモードのペンシルツール❷でドラッグして、ノイズ部分の前後がなめらかにつながるように波形を書き換えてください❸。

▶ この操作は実際はオーディオクリップではなく、その元になっているオーディオファイルの波形自体を書き換える操作となります。操作の前に対象のオーディオファイルのコピーを作成しておくといいでしょう。なお、ここでの操作結果は、同じオーディオファイルを元にしているすべてのオーディオクリップに反映されます。

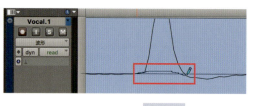

MIDI EDITING

01	ノートイベントをピアノロール形式でエディットしたい／入力したい	186
02	ノートイベントをスコア形式でエディットしたい／入力したい	190
03	ノートイベントをリスト形式でエディットしたい／入力したい	194
04	連続的に変化するMIDIイベントをグラフィカルにエディットしたい／入力したい	196
05	ノートイベントを分割／統合／ミュートしたい	196
06	ノートイベントから条件に合ったものだけを選択したい	198
07	同一のMIDIクリップに対して共通のエディット結果を反映させたい	203
08	トラック／クリップ単位でMIDIイベントの値を一括制御したい（リアルタイムプロパティ）	204
09	ノートイベントに詳細なエディットを行いたい（イベント操作）	208
10	リアルタイムプロパティやイベント操作の効果や結果を解消したい／定着させたい	212

ノートイベントをピアノロール形式でエディットしたい／入力したい

MIDIレコーディングされたノートイベントは、各種のエディタ上から、ロケーション、音高、デュレーション、ベロシティをエディットすることができ、新たなノートイベントを入力することも可能です。ここでは通常モードのMIDIエディタ上での操作方法を紹介します。通常モードのMIDIエディタは、独立ウィンドウ表示、編集ウィンドウの枠内表示、トラック内表示のそれぞれで利用可能です。

STEP 1　MIDIエディタを開く

ここではMIDIエディタを独立ウィンドウで開いた場合の操作を中心に解説します。

まず、**ウィンドウ**メニューから**MIDIエディタ**❶を選択してMIDIエディタを独立ウィンドウで開いてください。なお、表示中のMIDIエディタは、**ウィンドウ**メニューの**MIDIエディタ**❷で、前面表示と背景表示を切り換えることができます。

▶ 編集ウィンドウ内にMIDIエディタを表示させる場合は、編集ウィンドウ左下の上向き矢印をクリックします。

▶ 独立ウィンドウ表示のMIDIエディタは、目的のMIDIクリップをダブルクリックして開くこともできます。この方法で開いた場合、**ターゲット**ボタンが自動的に点灯状態になります。

STEP 2　MIDIエディタ上にエディット対象トラックを表示させる

MIDIエディタの**ターゲット**ボタン❶が点灯状態になっている場合、編集ウィンドウ上の選択範囲❷とMIDIエディタの表示内容がリンクします❸。複数のトラックにまたがる選択をした場合、エディタ上では範囲内のすべてのトラック内にあるノートイベントが重なる形で表示されます。

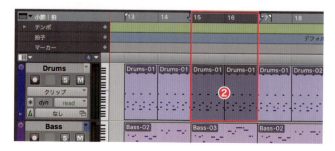

またMIDIエディタのトラックリストで表示させたいトラックを選択（複数選択も可）すると❹、●●のクリックによって目的のトラックのノートイベントの表示／非表示を選択することができます。

▶ **ターゲット**ボタンを消灯させれば、独立ウィンドウ表示のMIDIエディタを追加し、それぞれに異なるトラックのノートイベントを表示させることができます。

STEP 3 MIDIエディタ上での表示設定を行う

MIDIエディタに複数トラックを表示させているときに**色分け（トラック）**ボタン❶を点灯状態にすると、ノートイベントがトラックごとの色別表示になります❷。**色分け（ベロシティ）**ボタン❸を点灯状態にすると、ノートイベントの表示色の単色の濃淡にベロシティの強弱が反映されます❹（この2つのボタンの点灯は一意選択となります）。

また、右上のズームボタン❺の上半分をクリックすると領域内に表示できる音域が増加（1音あたりの天地幅が減少）し、下半分をクリックすると減少（1音あたりの天地幅が増加）します。

さらに、**編集中にMIDIノートを再生**❻のインジケーターを点灯状態にして、ノートイベントを発音させながらエディットできるようにしておきましょう。

▶ 編集ウィンドウのトラックビューセレクタで**ノート**を選択すると、トラックをノートイベント表示に切り換えることができます。**ベロシティ**を選択するとノートイベントとベロシティのバークラフが重なって表示されます。ノートイベントとベロシティをトラック上で別々に表示させたい場合は、トラックの表示を**ノート**にし、オートメーションレーンの表示に**ベロシティ**を選択します。

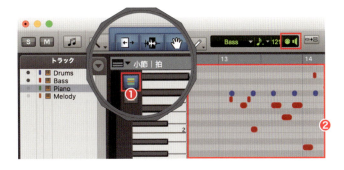

MIDI EDITING

HOW TO　ノートイベントのロケーションや音高、デュレーションをエディットするには（MIDIエディタ）

　グラバーツール❶でノートイベントを上下にドラッグすると音高、左右にドラッグするとロケーションが変更できます❷。

　また、トリムツール❸でノートイベントの左右端を左右にドラッグするとデュレーションが変更できます❹。ノートイベントを複数選択した場合は、すべてに共通の変更が加えられます。

　複数のトラックを表示させている場合、トラックリストでペンシルマークをつけたトラックの内容が最前面に表示されます。

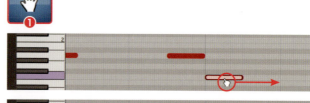

▶ control/Start＋テンキーの＋（−）を押すとノートイベントのロケーションを変えずに音高を半音単位で上げて（下げて）いくことができます。

▶ ノートイベントのエディットにはナッジ機能を利用することができます。またMIDIエディタでのナッジ単位は、編集ウィンドウとは別に設定できます。操作自体は編集ウィンドウ上でのクリップをリサイズする際と同様です。ナッジ機能について詳しくは「クリップ全体や中身の位置を微調整したい（ナッジ）」（P138）を参照してください。

▶ エディットモードを使い分けることで、ノートイベントのロケーションやデュレーションの変更が効率的に行えるようになります。またMIDIエディタでのエディットモードは、編集ウィンドウとは別に設定できます。挙動自体は編集ウィンドウ上での場合と同様です。エディットモードについて詳しくは「クリップの配置／移動／リサイズをさまざまな基準で行いたい」（P114）を参照してください。

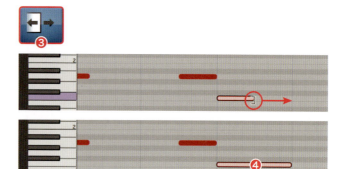

HOW TO　ノートイベントのベロシティをエディットするには（MIDIエディタ）

　デフォルト状態のコントローラーレーンには、ノートイベントのベロシティ値がバーグラフで表示されています❶。バーの先端を上下にドラッグすると、コントローラーレーンの左上にそのつど現在のベロシティ値が表示されると同時に、その値でノートイベントが発音します。

　また、ノートイベント自体をcommand/Ctrl＋上下ドラッグしても同様の操作が行えます❷。この場合、現在のベロシティ値はピアノロール左上に表示されます。同一のタイミングに複数のノートイベントが重なっている際に、その内の1つのノートイベントのベロシティだけを操作したいケースなどでは、こちらの方が便利です。

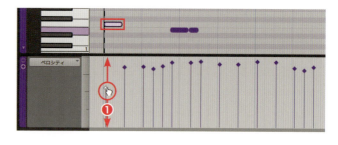

目的のノートイベントを直接command/Ctrl＋上下ドラッグする

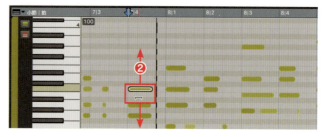

▶ コントローラーレーンが表示されていない場合は、ピアノロール下端をドラッグします。またコントローラーレーンにベロシティ以外の項目が表示されている場合は、レーンビューセレクタのメニューからベロシティを選択します。

ノートイベントを入力するには（MIDIエディタ）

ペンシル有効トラック❶でノートイベントを入力したいトラックが選択されていることを確認し、フリーハンドモードのペンシルツール❷を選択します。

クリックの際に入力されるノートイベントのデュレーションとベロシティの初期値は、MIDIエディタ上部のMIDIノートの長さ❸のメニューで選択されたものと、MIDIノートのベロシティ❹で指定した数値になります。

MIDIエディタ上の任意の位置をクリックするとそこにノートイベントが書き込まれます❺。書き込み時にそのままドラッグすると、デュレーションを指定することも可能です❻。

線モードのペンシルツール❼でドラッグすると、同じ音高で、同じベロシティ値のノートイベントを連続入力できます❽。三角形モード、正方形モード、ランダムモード❾のペンシルツールでドラッグした場合は、同じ音高で、それぞれの形に応じて変化するベロシティ値のノートイベントが連続入力されます❿。またこの際の連続する音符の長さは、グリッドサイズの設定値に従います。

不要なノートイベントはダブルクリックすると直接削除できます。

▶ 入力ずみのノートイベントを選択し、**選択範囲表示**の**選択範囲のスタート**を**編集**のロケーションに目的の数値を入力することで、スリップモードでのドラッグ操作よりも、精密かつ的確なノートイベントの移動を行うことができます。

▶ 入力ずみのノートイベントを選択し、**選択範囲表示**の**MIDIノート音程**（左）の音名をクリックして点灯させると、MIDIキーボードから音高を指定することができます。また、**MIDIノートアタックベロシティ**（右）の数値をクリックして点灯させた状態でMIDIキーボードを弾くと、そのときの値でベロシティを設定することが可能です。

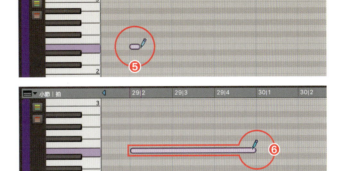

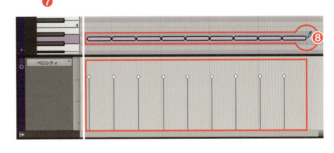

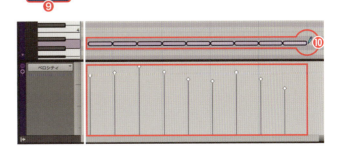

MIDI EDITING 02

ノートイベントをスコア形式で
エディットしたい／入力したい

MIDIレコーディングされたノートイベントは、各種のエディタ上から、ロケーション、音高、デュレーション、ベロシティをエディットすることができ、新たなノートイベントを入力することも可能です。ここでは記譜表示モードのMIDIエディタ上での操作方法を紹介します。記譜表示モードのMIDIエディタは、独立ウィンドウ表示、編集ウィンドウの枠内表示のそれぞれで利用可能です。

STEP 1　MIDIエディタを記譜表示モードに切り換える

　MIDIエディタの記譜表示ボタン❶をクリックして点灯させると、現在表示対象となっているトラック❷のノートイベントが五線譜上に音符で表示されます❸。

　トラックリストの●●のクリックによって❹、目的のトラックのノートイベントの表示／非表示を選択することができます❺。

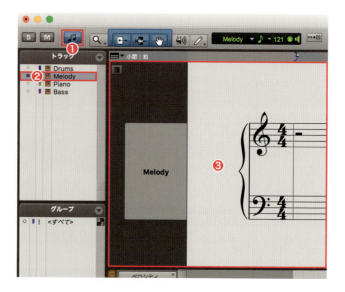

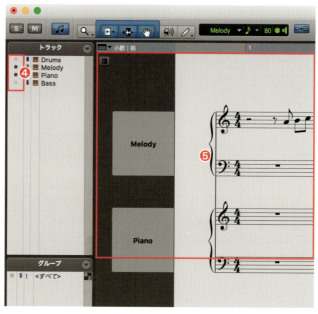

ノートイベントをスコア形式でエディットしたい／入力したい

STEP 2　記譜表示モードでの譜表の選択や最小入力可能音符を設定する

目的のトラックの音部記号❶をダブルクリックして、**記譜表示トラック設定**ウィンドウを開き、まず**音部記号**セクションで、トラックのパートに合った音部記号を選択しましょう。また、移調楽器パートを実音ではなく移調表示させたい場合は、楽器の種類に合わせて**移調表示**セクションの**調**と**オクターブ**を設定します❷。

下段は2つのタブに分かれていますが、設定項目は同じで、**グローバル**タブでの設定が全トラック共通、**属性**タブでの設定が現在選択中のトラックだけに適用される設定となります❸。

クオンタイゼーション表示のメニューから、記譜表示モードのMIDIエディタで表示（＝入力）可能な最小音符を選択します。

スウィングをストレートににチェックをつけると、実際にはスウィングしているノートイベントであっても、ストレート（ハネなし）で表示されます（なお、これはあくまで表示上の設定ですので、演奏に影響はありません）。

ノート重複可にチェックをつけると、同じピッチで重なる部分があるノートイベントを分けて表記します。チェックをはずすと重なりを排除してタイが多くならないよう表示します。

分割位置では音部記号セクションで**大譜表**（ト音記号とヘ音記号の2段譜表）表示を選択した際の、上下段への割り振りの基準となる音高を設定します。

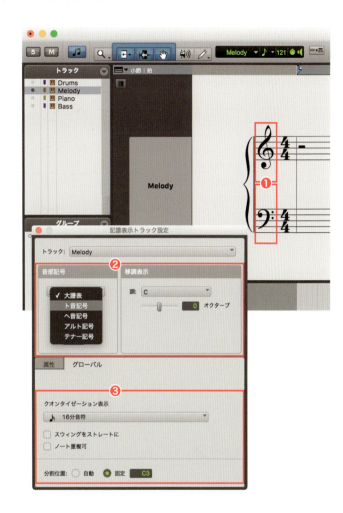

HOW TO　ノートイベントをエディット／入力するには（MIDIエディタ／記譜表示モード）

記譜表示モードのMIDIエディタ上で行うエディットやノートイベントの入力操作は、通常モードのMIDIエディタ上での操作と変わりませんが❶、選択できるエディットモードが**絶対グリッドモード**❷に限られてしまう点には注意しましょう。

MIDIエディタ上で行うエディットやノートイベントの入力操作について詳しくは、「ノートイベントのロケーションや音高、デュレーションをエディットするには（MIDIエディタ）」（P188）、「ノートイベントのベロシティをエディットするには（MIDIエディタ）」（P188）、「ノートイベントを入力するには（MIDIエディタ）」（P189）を参照してください。

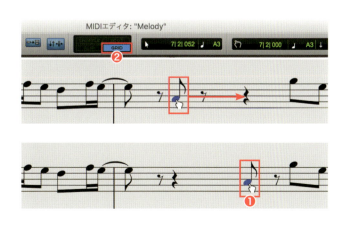

MIDI EDITING

HOW TO コードネームとギターコードダイアグラムを入力するには（楽譜エディタ）

ウィンドウメニューから**楽譜エディタ❶**を選択して楽譜エディタ❷を開き、そこからノートイベントのエディットや入力を行うことも可能です。またその際の操作は記譜表示モードのMIDIエディタでの操作に準じます。

また、楽譜エディタにはコードネームとそれに適合するギターコードダイアグラムを表示させることができます。コードネームの入力は**編集ウィンドウのルーラー**で行います。**表示**メニューの**ルーラー**にある**コード記号❸**にチェックをつけると、編集ウィンドウにコードルーラー❹が追加されます。**ルーラー**のメニューで**コード**にチェックをつけることでも同じ結果が得られます。

コードルーラー上の目的の位置でcontrol/Start＋クリックすると❺、**コード変更ダイアログ**が開きます。

▶ **コード変更**ダイアログは、コードルーラー上の目的の位置をクリック後、**コード**の＋ボタンをクリックして開くこともできます。

画面上部の**コード**でルート音とコードのバリエーションを指定します。**ベース**は自動的にルートと同じ音に設定されますが、分数コードやオンコードを入力したい場合は、ルート音とは別にベース音を指定します❻。

コードネームを設定すると、そのコードに従ってギターコードダイアグラムが表示されます❼。同じコードネームに対する押さえ方のバリエーションが複数提示されますから、目的に合ったものを選択してください。OK❽をクリックすると、コードルーラー上にコードネームが入力され❾、楽譜エディタにはギターコードダイアグラムも合わせて表示されます❿。

コードネームとギターコードダイアグラムを削除したい場合は、コードルーラー上か、楽譜エディタ上で対象のコードネームをoption/Alt＋クリックします。

▶ コードネームを入力しても、その内容が演奏に反映されるわけではありません。

HOW TO 楽譜エディタの内容を見やすい楽譜に整えて印刷するには

楽譜エディタの内容は、レイアウトや表示項目を整え、見やすい楽譜にすることができます。**ファイル**メニューから**楽譜設定**❶を選択し、**楽譜設定**ダイアログを開きます。

情報セクションで**タイトル**と**作曲者**を入力すると、楽譜の1ページ目に表示されます。また、**表示**セクションでチェックをつけた項目が楽譜上に表示され、印刷結果にも反映されます。**間隔**セクションでは、それぞれの表示項目の間隔を設定し、**レイアウト**セクションで用紙のサイズや、譜表のサイズ、上下左右の余白を設定します❷。

楽譜エディタ上で整えた楽譜を印刷したい場合は、**ファイル**メニューから**楽譜印刷**を選択します。OS標準の印刷ダイアログが表示されたら、通常の印刷と同じ手順で印刷を行ってください。

ノートイベントをリスト形式で
エディットしたい／入力したい

MIDIイベントリストには、現在選択中のMIDIクリップ内のすべてのMIDIイベントについての内容が時系列（ロケーション）に沿って表示されます。MIDIエディタに比べるとフレーズとしてのイメージはつかみにくいかもしれませんが、ノートイベント以外も含め、演奏に必要なすべてのMIDIイベントに対して、数値を用いた正確なエディットや入力が行えるのが特徴です。

 MIDIイベントリストを開く

対象のMIDIクリップを選択後、**ウィンドウ**メニューから**MIDIイベントリスト**❶を選択すると、そのMIDIクリップの内容を表示するイベントリストが開きます❷。

ターゲットボタン❸を点灯させている場合、編集ウィンドウのトラック上で選択した範囲と、MIDIイベントリスト上の表示対象がリンクします。MIDIトラックセレクタ❹のメニューから、内容を表示するトラックを切り換えることもできます。

MIDIイベントリスト内には、上から1行ずつ時系列に沿ってMIDIイベントが表示されます。**開始**がそのイベントのロケーションを表し、**イベント**には種類を表すアイコンとその設定値が並んでいます。たとえば、音符アイコンはノートイベントを表し、その隣が音高、さらにノートオンベロシティ、ノートオフベロシティと続きます。**長さ／情報**にはデュレーションが表示されます。

その他の各MIDIイベントの表示の意味は以下のようになっています。

■プログラムチェンジ

| 4| 1| 000 | 🔲 46 | 0 | 8 | 46 |

ロケーション｜プログラムナンバー｜バンクコントローラー0（MSB）｜バンクコントローラー32（LSB）｜プログラムナンバー

■コントローラーイベント

| 4| 1| 480 | △ 11 | 89 | エクスプレッション |

ロケーション｜コントロールナンバー｜設定値｜コントローラーの名称

■ピッチベンドイベント

| 5| 2| 487 | ∿ -8192 | ピッチベンド |

ロケーション｜設定値｜イベントの名称

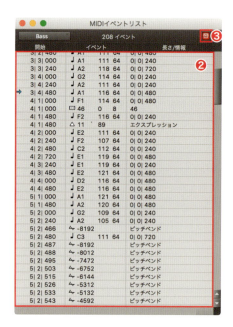

MIDIイベントリストに表示するイベントの種類に制限を加えるには

MIDIイベントリストの右上にある▼をクリックして、メニューからフィルターの表示❶を選択するとMIDIイベントリスト表示フィルターダイアログが表示されます。

表示セクションで、選択されたものだけか選択されたもの以外のラジオボタン❷をオンにし、チャンネル情報やコントローラー❸で対象の項目にチェックをつけたり、メニューから対象を選択することで、リストに表示されるMIDIイベントの種類を制限することができます。画面はノートイベントだけを表示する設定にした例です。

 **ノートイベントをエディット／入力するには（MIDIイベントリスト）**

MIDIイベントリスト上の各イベントの設定値は自由に変更できます。数値や音名をダブルクリックするとグリーンに反転表示され、編集可能状態になるので、テンキーやMIDIキーボードから内容を変更してください❶。編集可能状態にあるときは上下左右のカーソルキーを使って項目間を移動することもできます。ノートイベントのピッチはC3といった音名形式だけでなく、60のようにMIDIノートナンバーを入力する形でも指定できます。

MIDIイベントリスト上でMIDIイベントを新規に入力する際は、MIDIイベントリストの右上にある▼をクリックして、メニューから編集位置に挿入、再生位置に挿入、再生位置近くのグリッド位置へ挿入のいずれかを選択し❷、挿入から入力するイベントの種類を選択します❸。リスト上部に入力欄が表示されるので❹、イベントの種類に応じた数値を設定後、enterキーを押して確定します。

なお、入力後もそのまま同種のMIDIイベントを入力できる状態が続くので、入力操作を終了したい場合はescキーを押すか、他のウィンドウに移動します。

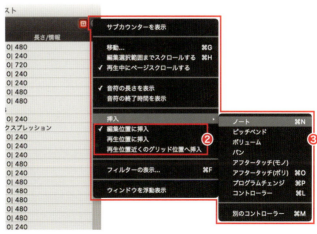

連続的に変化するMIDIイベントを
グラフィカルにエディットしたい／入力したい

MIDIイベントにはノートイベントの他に、ボリュームやエクスプレッション、パン、モジュレーションなどのコントローラーイベントやピッチベンドイベントなどが存在し、これらを連続的に用いることで、演奏に連続的な表情の変化を与えられるようになっています。このような連続的な変化を持つMIDIイベントは、MIDIエディタ上でグラフィカルにエディット／入力することができます。

STEP 1 MIDIエディタに目的のコントローラーレーンを表示させる

まず、MIDIエディタ上にエディットの対象にするトラックが表示された状態にします。

 ここではMIDIエディタを独立ウィンドウで開いた場合の操作を例にしていますが、編集ウィンドウの枠内で開いた場合や、トラックビューセレクタによる表示内容の切り換えでトラック上に目的のMIDIイベントを表示させた場合の操作、トラック内のオートメーションレーンで行う場合の操作についても、内容に違いはありません。

 MIDIエディタの基本的な操作について詳しくは「ノートイベントをピアノロール形式でエディットしたい／入力したい」(P186) を参照してください。

次に、ピアノロールの下にあるコントローラーレーンの表示設定を行います。レーンビューセレクタをクリックしてメニューを開き、エディット／入力したいコントローラーを選択します❶。レーンビューセレクタのメニューに目的のコントローラーが表示されていない場合は、**コントローラーを追加／削除**❷を選択して、**オートメーションされたMIDIコントローラ**ダイアログから、任意のコントローラーをメニュー内に**追加／除外**❸することができます。**追加／除外**の結果をすべてのMIDI／インストゥルメントトラックに適用させたい場合は、**OK**をクリックする前にメニュー❹ですべてのトラックを選んでおきましょう。

また、複数のコントローラーレーンを同時に表示させたい場合は、**＋（この下にオートメーションレーンを追加）**❺をクリックしてコントローラーレーンを追加し、レーンビューセレクタのメニューから、表示内容を選択します。

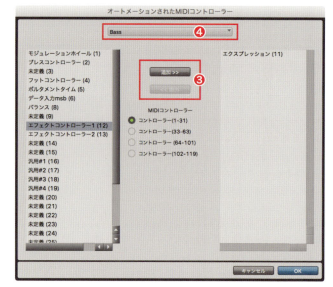

連続的に変化するMIDIイベントをグラフィカルにエディットしたい／入力したい

HOW TO コントローラー／ピッチベンドイベントの位置や値をエディット／入力するには

コントローラー／ピッチベンドイベントのエディット／入力操作は、あらかじめペンシルツールのモードを**フリーハンド❶**か**線**に設定した上で、**スマートツール❷**を用いるとスムーズに行うことができます。

コントローラーレーンの下から3/4の範囲でのスマートツールは、セレクタツールとして機能しますから、その状態でエディットしたい箇所を範囲選択し❸、続けてコピー、カット❹、ペーストなどを行うことが可能です。また、コントローラーレーンの上から1/4の範囲でのスマートツールはトリムツールとして機能しますから、スマートツールで範囲選択後、トリムツールで上下にドラッグすることで❺、選択範囲内の値の一括増減が可能です❻。範囲選択をせずにトリムツールで上下にドラッグした場合は、MIDIクリップ全体を対象にした、値の一括増減になります。

ドットで表示される個々のイベントにマウスカーソルを持っていくとスマートツールがグラバーツールとして機能します。その状態でドットを上下左右にドラッグすると❼、イベントの位置や値を変更することができます❽。ナッジ機能を利用して、選択範囲内のイベントを一括移動させることも可能です。

目的の位置を control/Start ＋クリックすると❾、コントローラー／ピッチベンドイベントを1つ入力できます❿。また、目的の位置を始点にして目的の終点までを control/Start ＋ドラッグすると、ペンシルツールのモード設定に従って、連続するイベントの入力が行えます⓫。

特定の1つのイベントだけを削除したい場合は目的のイベントを option/Alt ＋クリックします。

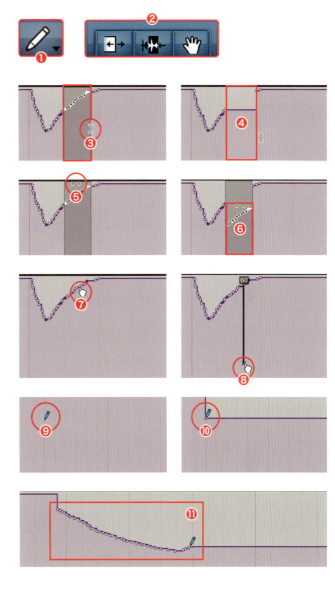

▶ コントローラーレーンの表示を**ベロシティ**にし、バーグラフ上をcontrol/Start＋ドラッグすると、ペンシルツールのモード設定に従って、個々のノートイベントのベロシティ値を連続的に変化させることができます。

▶ ペンシルツールのモードを**三角形、正方形、ランダム**に設定している場合、イベントの連続変化の周期はグリッドサイズ設定に従います。またここでの操作では**パラボラ**と**S-カーブ**モードは利用できません。

HINT&TIPS トラックやMIDIクリップの最初と最後に、そのつど適正値を入力しておくことを忘れずに！

コントローラー／ピッチベンドイベントの値は、次の値の指定があるまでずっと保持されます。このことを頭に入れておかないと、セッションの途中からピッチベンドがかかりっぱなしになったり、予期せぬボリュームやパンの状態で再生が行われることになります。また、プレイバックを途中で止めてから、もう1度行うといった際も、停止位置の直前に入力されていたコントローラー／ピッチベンドイベントの値で演奏が再開されてしまい、正しい状態での再生が行えなくなる場合があります。こういった状況を防止するため、常にトラックやMIDIクリップの最初と最後には、そのつどそこからのフレーズにとって適正な値を入力したコントローラー／ピッチベンドイベントを入力しておくようにしましょう。

ノートイベントを分割／統合／ミュートしたい

個々のノートイベントに対して、分割や統合、ミュートといった操作を行うことができます。同音の連打フレーズを作成する、同音をタイでつなげる、フレーズの有無によるアレンジを聴き比べる、といった操作を簡単に実行できます。なお、ここでの操作は通常モードのMIDIエディタ上だけでなく、記譜表示モードのMIDIエディタからも可能です（ミュートを除く）。

HOW TO ノートイベントを任意の位置や選択範囲で分割するには

スマートツールかペンシルツールで、目的のノートイベント上の任意の位置をshift+control/Start+クリックすると、直接その位置でノートイベントを分割することができます❶。

また、指定した位置や範囲にかかっている同一トラック上の全ノートイベントを分割の対象にしたい場合は、セレクタツールで分割したい位置をクリックするか（2分割の場合）❷、分割したい範囲を設定します（最大3分割の場合）❸。

次に、編集メニューのノートを分割から選択範囲❹を選択すると、ノートイベントが設定した位置で2分割❺、または選択した範囲に従って最大3分割されます❻。

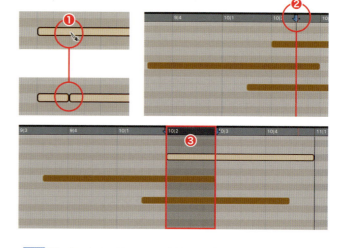

■ ノートイベントを現在のグリッドラインに従って分割したい場合は、目的のノートイベントを選択状態にし、編集メニューのノートを分割からグリッド上を選択します。まずプリセパレート値ダイアログが表示され、ここで設定した数値の分だけ、グリッドラインよりも左で分割されます。通常は0のままにしておきますが、分割後のノートイベントのロケーションをグリッドラインより前にしたいときは適宜mSec単位で数値を入力してください。OKをクリックすると選択状態にあったノートイベントが現在のグリッドライン上で分割されます。

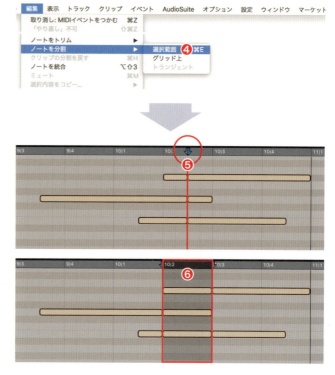

HOW TO 同じ音高のノートイベントを統合するには

　同じ音高のノートイベントの統合を行いたいときは、まず統合したいノートイベントをすべて選択状態にします❶。対象の中に音高の異なるノートイベントが混在していてもかまいません。ケースによって個別選択、矩形選択、範囲選択を使い分けるといいでしょう。

　この状態で、**編集**メニューから**ノートを統合**❷を選択すると、選択状態にあるノートイベントの中で、同じ音高を持つものだけが統合されて1つになります❸。

▶ 目的のノートイベントを選択後、MIDIエディタ上で右クリックしてコンテキストメニューから**統合**を選択しても同じ結果が得られます。

▶ 同じ音高のノートイベントが隣接している場合は、境界上をshift+control/Start+クリックするだけで、統合を行うことができます。

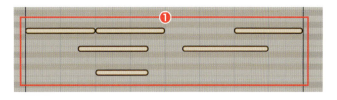

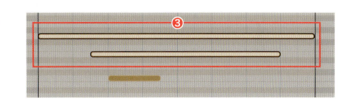

HOW TO 特定のノートイベントの発音をミュートするには

　MIDIクリップ内の特定のノートイベントをミュートしたい際には、目的のノートイベントを選択後❶、**編集**メニューから**ノートをミュート**❷を選択するかcommand/Ctrl+Mキーを押します。ノートイベントがグレーアウトし、プレイバックしても発音されなくなります❸。

　ミュート状態を解除したい場合は、グレーアウトしているノートイベントを再度選択し、**編集**メニューから**ノートのミュートを解除**（**ノートをミュート**から表示が変わります）を選択するか、もう1度command/Ctrl+Mキーを押します。

▶ 目的のクリップを選択後、command/Ctrl+Mキーを押すと、クリップ単位でのミュートが行えます。ミュート状態を解除する場合は、ミュート状態にあるクリップを選択後、もう1度command/Ctrl+Mキーを押します。

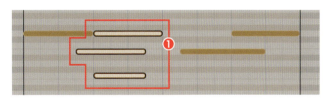

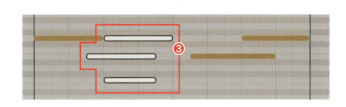

ノートイベントから
条件に合ったものだけを選択したい

MIDI演奏データのエディットでは、フレーズを構成する多数のノートイベントの中から、ピアノの右手パートやコードのトップノート（最高音）、あるいはミスタッチしたノートといった、特定のものだけに対して操作を行いたい場合があります。そのようなケースでは、ノート選択/分割機能によるノートイベントの条件指定抽出を行い、そこから目的のエディットに取り掛かりましょう。

STEP 1　抽出元となるノートイベントを選択する

まずは抽出元となるノートイベントがすべて含まれるように、範囲選択を行います❶。

MIDIエディタや楽譜エディタからだけでなく、編集ウィンドウ上からクリップ単位で選択したり、イベントリストから選択してもいいでしょう。

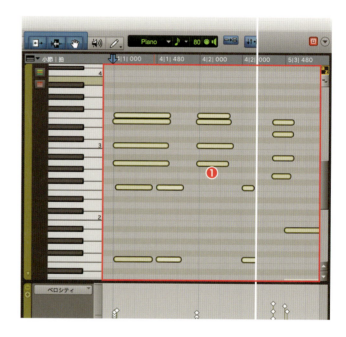

STEP 2　イベント操作ウィンドウを開く

イベントメニューのイベント操作からノート選択/分割❶を選択すると、ノート選択/分割が選ばれている状態のイベント操作ウィンドウが開きます。

なお、すでに他の操作が選ばれているイベント操作ウィンドウから、ノート選択/分割の設定操作に移行したい場合は、ウィンドウ最上段にあるメニューからノート選択/分割を選んでください。

HOW TO 特定のノートイベントを音高を条件にして抽出するには

ピッチ条件セクション❶を設定すると、ノートイベントの音高を条件にした抽出が行えます。ピアノの片手パートのように、特定の範囲を指定したい場合は**ノートの範囲指定**のラジオボタンをオンにして、最低音と最高音を入力します（MIDIキーボードからの音高入力にも対応しています）。

またトップノートやボトムノート（最低音）のように、コードの構成音のうち特定の位置にあるノートイベントを抽出したい場合は、**各コードの上から○ノート**、**各コードの下から○ノート**のいずれかで、数字を入力します。

▶ **各コードの上から（下から）○ノート**の条件で、コードと判断されるのはスタートのロケーションとデュレーションの値を等しくするノートイベントだけになり、それ以外は単音での演奏と見なされます。単音での演奏部分は常に抽出されます。また数値は"○番目"ではなく、"○番目まで"の意味ですので、セカンドノート（上から2番目の音）だけの抽出などには対応できません。

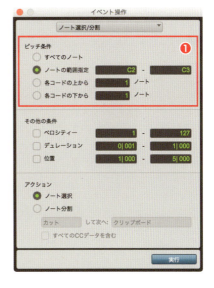

HOW TO 特定のノートイベントを音高以外の条件も加えて抽出するには

音高の条件に、さらに他の条件を追加して抽出の対象を絞りたい場合は、**その他の条件**セクション❶を使用します。なお、**ピッチ条件**で**すべてのノート**❷のラジオボタンをオンにした場合は、**その他の条件**セクションで設定した条件だけでの抽出となります。

その他の条件セクションでは、チェックをつけたすべての項目の設定値を組み合わせた条件となります。たとえばミスタッチしたノートイベントだけを選択したい場合は、**ベロシティー**と**デュレーション**の両方にチェックをつけ、それぞれ値を小さくするといった設定が考えられます。

また、**位置**では各小節内での拍やティックの位置を条件に設定することができます。たとえば各小節の1拍目の8分ウラちょうどに位置するノートイベントをピンポイントで抽出したい場合は1｜480－1｜481。シャッフルやスウィングしているフレーズでの1拍目の少し遅れた8分ウラに位置するノートイベントを抽出したい場合は8分ウラジャストから2拍目頭直前までを対象にする1｜480－2｜000といった設定が考えられます。

▶ **位置**で行える範囲の指定は1つに限られます。たとえば4/4拍子の1小節ならば4箇所の範囲設定が必要になる、"小節内の各拍の8分ウラを抽出条件に設定する"といった操作には対応できません。

MIDI EDITING

STEP 3 抽出されたノートイベントに対する処理を選ぶ

　条件抽出したノートイベントに対して、選択だけを行う場合は、**アクション**セクションで**ノート選択**❶のラジオボタンをオンにします。抽出したノートイベントに対してカットやコピー以外の処理を行いたい場合は、こちらを選択しましょう。

　抽出したノートイベントに対してカットかコピー操作を行いたいときは、**ノート分割**❷のラジオボタンをオンにして、メニューから**カット**か**コピー**を選択し、さらに、カットやコピー後のノートイベントの行き先を、**クリップボード**、**新規トラック**、**音程ごとに新規トラック**から選択します。

　このとき**音程ごとに新規トラック**を選択すると、抽出されたノートイベントの内容が音高別に分けられ、それぞれの音高のノートイベントだけが配置された新規トラックが複数作成されます。

　たとえば１つのトラックで作成したドラムパートの内容を、各打楽器（＝音高）ごとにトラックを分けて作業したい場合などは、下の画面例のように、**ピッチ条件**を**すべてのノート**に設定し❸、**その他の条件**は設定せず❹、**ノート分割**を**カット**と**音程ごとに新規トラック**に設定すると❺、打楽器ごとに分かれた新規トラックを作成することができます（元のドラムパートの内容は空白になります。**コピー**を選択すれば、元のドラムパートの内容もそのまま残ります）。

　アクションセクションでの処理の選択が終わったら、**実行**❻をクリックします。

▶ **すべてのCCデータを含む**にチェックをつけておくと、**ノート分割**でのカットやコピーの内容に、選択範囲内のコントローラー（CC）イベントも含まれるようになります。チェックをはずした場合は、ノートイベントだけがカットやコピーの内容に含まれます。

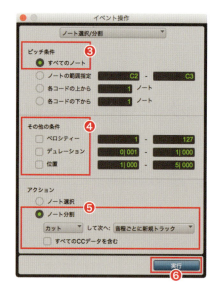

HINT&TIPS　トラック内から同じ音高のノートイベントだけを全選択する最も簡単な方法

　トラック内から同じ音高のノートイベントだけを全選択したいときは、通常モードのMIDIエディタの左に表示されるキーボードから目的の鍵盤をクリックするのが最も簡単です（shift＋クリックやcommand/Ctrl＋クリックによる複数選択も可能です）。この操作は、独立ウィンドウ表示、編集ウィンドウの枠内表示、トラック内表示にかかわらず行えます。

　また、ドラム音源の途中差し換えによって、トラック内の特定の音高のノートイベントのトランスポーズが必要になったケースなどのように、全選択状態にあるノートイベントをロケーションを変えずに目的の音高まで移動させたい場合は、グラバーツールでshift＋上下ドラッグします（shiftキーを押してから上下ドラッグするのがコツです）。

同一のMIDIクリップに対して共通のエディット結果を反映させたい

パターンの繰り返しなどを同一のMIDIクリップの複製流用でまかなうケースは多々あります。ただし、この手法では後からパターンやフレーズにエディットを加えたくなったとき、複製流用した全MIDIクリップ対して同様のエディットを行う必要が生じます。PTSではMIDI編集をミラーリング機能によって、同一のMIDIクリップに共通のエディット結果を反映させることが可能です。

HOW TO 複製流用している全MIDIクリップに対して共通のエディット結果を反映させるには

同一MIDIクリップに対して、共通のエディット結果を反映させたいときは、**オプションメニュー**の**MIDI編集をミラーリング❶**にチェックをつけるか、編集ウィンドウかMIDIエディタの**MIDI編集をミラーリング**ボタン❷をクリックして点灯（機能を有効）状態にします。この機能が有効になっている場合、同一MIDIクリップのどれかにエディットを加えると、その結果が同一のMIDIクリップすべてに反映されます❸。

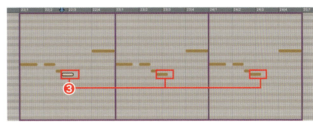

▶ MIDI編集をミラーリングが有効になっている状態では、行っているエディット操作が他のMIDIクリップへ影響を及ぼす場合、MIDI編集をミラーリングボタンが赤く点灯します。

▶ MIDI編集をミラーリングの対象となるのはMIDIクリップ内のMIDIイベントに対するエディットに限られます。MIDIクリップのリサイズなどが、同一の全MIDIクリップに反映されることはありません。

▶ MIDI編集をミラーリングが有効になっている状態でもリアルタイムプロパティは個別に設定できます。イベント操作によるエディットは**MIDI編集をミラーリング**の対象となります。リアルタイムプロパティについて詳しくは「トラック／クリップ単位でMIDIイベントの値を一括制御したい（リアルタイムプロパティ）」（P204）、イベント操作について詳しくは「ノートイベントに詳細なエディットを行いたい（イベント操作）」（P208）を参照してください。

HOW TO 複製流用しているMIDIクリップに対して個別のエディットを行うには

複製流用している同一MIDIクリップのうちの1つを個別にエディットしたい場合は、**オプションメニューのMIDI編集をミラーリング❶**のチェックをはずすか、**MIDI編集をミラーリング❷**ボタンを消灯状態にしておきましょう。

この状態でエディットを加えると、そのMIDIクリップだけが新たなMIDIクリップとして命名され、クリップリストに追加されます。複製流用されている他の同一のMIDIクリップに、エディット結果は反映されません❸。また、その後、再び**MIDI編集をミラーリング**を有効にしたとしてもミラーリングの対象にはなりません。

トラック/クリップ単位でMIDIイベントの値を一括制御したい(リアルタイムプロパティ)

PTSには、クオンタイズやデュレーション、ロケーションの前後移動やベロシティ、トランスポーズの各パラメーターを、MIDIレコーディング時や入力時に記録されたノートイベントの数値を書き換えることなく一括制御できるリアルタイムプロパティ機能が装備されています。リアルタイムプロパティ機能はトラック単位だけでなく特定のMIDIクリップを対象にすることも可能です。

STEP 1 リアルタイムプロパティの表示設定を行う

リアルタイムプロパティはノートイベントの既存値に影響を与えることなくプレイバック時の値を制御するもので、デフォルトではどのような制御が行われているかを表示するように設定されています。これを非表示にしたい場合は、設定メニューから**初期設定**を選択してPro Tools初期設定ダイアログを開き、MIDIタブの**リアルタイムプロパティによって修正されたイベントを表示❶**からチェックをはずします。

なお、ここではデフォルトのまま、表示を前提に解説を進めます。

STEP 2 リアルタイムプロパティウィンドウを開く

リアルタイムプロパティによる制御は、トラックを対象にすることも、MIDIクリップを対象にすることも可能です。

目的のトラックやMIDIクリップを選択後(複数選択可)、**イベント**メニューから**MIDIリアルタイムプロパティ❶**を選び、リアルタイムプロパティウィンドウを開きます。現在選択されているトラックやMIDIクリップが、**以下に適用❷**に表示されます。他のトラックやMIDIクリップを選択し直すと表示が切り換わります。

MIDIクリップとトラックを混在させて選択した場合は、適用先をトラックするかクリップに適用するかを**以下に適用**のメニュー❸で選択します。

▶ 常に選択肢として表示される**デフォルトトラックプロパティ**は、全MIDI/インストゥルメントトラックを対象とした設定を行う際に使用します。不用意に選択して設定を行った場合、影響範囲が大きいので注意しましょう。

STEP 3　制御項目を選択する

　デフォルト状態では制御対象の項目がすべてオフになっていますので、制御したい項目名のボタン❶を点灯させ、パラメーターを有効にします。
　項目名左の▶をクリックするとさらに詳細パラメーターが表示されます。それぞれの値はメニューから選択したり、数値の上下ドラッグや直接入力で設定します❷。STEP1で**リアルタイムプロパティによって修正されたイベントを表示**にチェックをつけた場合、リターンキーを押すと設定がMIDIエディタ上などの表示に反映されます。
　リアルタイムプロパティが適用されているMIDIクリップには右上にRの文字が表示され❸、リアルタイムプロパティが適用されているトラック上のMIDIクリップにはTの文字が表示されます❹。

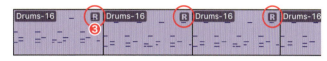

HOW TO　リアルタイムプロパティでノートイベントのロケーションを制御するには（クオンタイズ）

　クオンタイズでは、ノートイベントのロケーションをクオンタイズグリッドにそろえる制御を行います。クオンタイズグリッドの間隔は、**クオンタイズグリッド／グルーブメニュー**❶で、音符かグルーブテンプレート（グルーブテンプレートが存在する場合）から選択します。チェックをつけるとパラメーターが設定できるようになります。各パラメーターの役割は以下のとおりです。

■スウィング
クオンタイズグリッド／グルーブメニューで選択した音符を基準にして、裏拍に相当するクオンタイズグリッドを後ろにずらし、いわゆるハネのリズムを作ります。100%で裏拍のクオンタイズグリッドがジャストの位置よりも**クオンタイズグリッド／グルーブメニュー**で選択した音符の長さの2/3の位置まで後ろにずれます。

■連符
クオンタイズグリッドを連符で指定したい場合に、/の左に連符数、右に連符の基準となる長さ（クオンタイズグリッド／グルーブメニューで選択した音符で何個分か）を入力します。たとえば**クオンタイズグリッド／グルーブメニュー**で8分音符が選択されている場合、クオンタイズグリッドを1拍（4分）3連符としたいならば、設定値は3/2となります。

■オフセット
クオンタイズグリッドに対する前後のオフセット値をティック単位で設定します。マイナスにすればジャストのタイミングより前、プラスにすれば後ろにクオンタイズグリッド全体がずれます。

■強度
クオンタイズグリッドにどの程度そろえるかを設定します。数値が小さいほど、制御前のノートイベントが持つロケーションのばらつきが残ります。

■以下を含む
クオンタイズの対象となるノートイベントのずれの範囲を設定します。制御前のノートイベントが持つ前打音や後打音などのニュアンスをそのまま残したい場合は、左側（最小値）を適切な数値まで上げ、逆に大きなずれを残す必要がある場合は右側（最大値）の数値を下げます。

■ランダム
制御前のノートイベントが持つロケーションのばらつきを残すのではなく、クオンタイズ結果に対してランダムなずれを与えます。数値を大きく設定するほど、ロケーションのばらつきが増大します。

▶ リアルタイムプロパティの**クオンタイズ**では、ノートオフに関する設定は行えません。

MIDI EDITING

HOW TO リアルタイムプロパティでノートイベントのデュレーションを制御するには（デュレーション）

デュレーションでは、ノートイベントのデュレーション（長さ）に対する制御を行います。

制御前のノートイベントのデュレーション値に対してどのような処理を加えるかは、**デュレーションモードメニュー❶**から選択します。各パラメーターの役割は以下のとおりです。

■ ＋ 加算／− 減算
制御前のノートイベントのデュレーション値に対し、ここで設定した音符の長さやティックの数値の分だけ加算／減算します。

■ ＝ 設定（❷）
制御前のノートイベントのデュレーション値を、すべてここで設定した音符の長さやティックの数値にそろえます。

■ ％ スケール
制御前のノートイベントのデュレーション値に対して、ここで設定したパーセンテージを乗算します。1〜400％まで設定可能です。

■ レガート／ギャップ（❸）
0|000ティックに設定した場合、制御前のノートイベントのデュレーション値を、次に配置されているノートイベントのロケーションに達するまで延長します。隙間（ギャップ）が必要な場合は、隙間に相当する音符の長さやティックの数値を入力します。

上記の設定に従うと、4分音符2つ分＝2分音符の長さにデュレーションがそろえられる

■ レガート／オーバーラップ
0|000ティックに設定した場合、制御前のノートイベントのデュレーション値を、次に配置されているノートイベントのロケーションに達するまで延長します（**レガート／ギャップ**で0|000ティックに設定した場合と同じ結果になります）。次のノートイベントとの重なり（オーバーラップ）が必要な場合は重なりに相当する音符の長さやティックの数値を入力します。

■ 最小／最大
設定した場合、入力値の範囲内に処理の結果を収めます。

▶ トラック最後のノートイベントは**レガート／ギャップ**や**レガート／オーバーラップ**処理の対象になりません。MIDIクリップの最後のノートのイベントはMIDIクリップをまたいでレガート処理が行われます。

HOW TO リアルタイムプロパティでMIDIイベントのロケーションの前後移動を制御するには（ディレイ）

ディレイでは、ノートイベントを含む全MIDIイベントのロケーションの前後移動に対する制御を行います。制御前のMIDIイベントのロケーションに対してどのような処理を加えるかは、**ディレイ符号メニュー❶**から選択します。各パラメーターの役割は以下のとおりです。

■ ＋ ディレイ
制御前のノートイベントのロケーションを、ここで設定したティックや時間（ms）の数値に従って後ろに移動します。

■ − アドバンス（❷）
制御前の各ノートイベントのロケーションを、ティックや時間（ms）の数値に従って前に移動します。

リアルタイムプロパティでノートイベントのベロシティを制御するには（ベロシティ）

ベロシティでは、ノートイベントのベロシティ（強さ）に対する制御を行います。パラメーターの役割は以下のとおりです。

■Dyn
制御前のノートイベントのベロシティ値に対し、64を中央値として、設定したパーセンテージに従って数値を圧縮伸張させます。100%で制御前のベロシティ値のままとなり、99%以下では圧縮（上下幅を64に近づける）、101%以上では伸張（上下幅を64から遠ざける）となります。0%に設定すると、制御後のノートイベントのベロシティ値が64にそろいます。

■ベロシティオフセット（❶）
Dynの結果に対して、ここで設定した数値を加算／減算します。Dynを100%に設定した場合は、制御前のノートイベントのベロシティ値への加算／減算となり、Dynを0%に設定した場合は、64に対する加算／減算によって任意の一定値にそろえることができます。

■最小／最大
設定した場合、入力値の範囲内に処理の結果を収めます。

リアルタイムプロパティでノートイベントの音高を制御するには（トランスポーズ）

トランスポーズでは、ノートイベントの音高に対する制御を行います。制御前のノートイベントのデュレーション値に対してどのような処理を加えるかは、トランスポーズモードメニュー❶から選択します。パラメーターの役割は以下のとおりです。

■音程
制御前のノートイベントの音高を、Octで設定したオクターブとSemiで設定した半音単位の分だけ上下させます。

■調性（❷）
制御前のノートイベントの調性をKeyでの設定に従って半音単位で移旋させます。音程では、たとえばCメジャー（ハ長調）のフレーズに対して音程でSemiを−3に設定するとAメジャー（イ長調）へフレーズが移調されますが、調性でKeyを−3に設定した場合はAマイナー（イ短調）のフレーズに移旋され、短音階のフレーズに変化します。

■音高（❸）
制御前のノートイベントの音高を、ここで設定した音高にそろえます。

MIDI EDITING 09
ノートイベントに詳細なエディットを行いたい（イベント操作）

ノートイベントの詳細なエディットにはリアルタイムプロパティよりも緻密な設定が行えるイベント操作を用います。通常ほとんど意識することはありませんが、イベント操作によるエディットもリアルタイムプロパティ同様、MIDIレコーディング時や入力時に記録されたノートイベントの数値を書き換えることなく処理が行われるため、必要があれば最初の時点に戻ることができます。

 イベント操作ウィンドウを開き、エディット項目を選択する

イベントメニューのイベント操作からイベント操作ウィンドウを選択してウィンドウを開き、上部のメニュー❶でエディット項目を選びます。

項目に対応したパラメーターが表示されるので、それぞれの値をメニューから選択したり、数値の上下ドラッグや直接入力で設定します。

■ イベントメニューのイベント操作から、各操作項目を選ぶことで、それらが選択された状態のイベント操作ウィンドウを開くことができます。

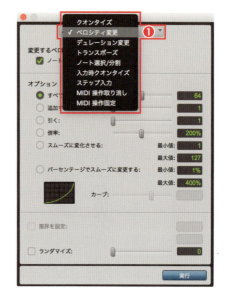

 エディット対象のノートイベントを選択する

エディットの対象にするノートイベントを選択します❶。編集ウィンドウ上でMIDIクリップを選択した場合は、そのMIDIクリップ内のノートイベントが全選択されます。

■ 選択操作は編集ウィンドウ、MIDIエディタ、楽譜エディタ、MIDIイベントリストのどれから行ってもかまいません。

■ STEP1とSTEP2の操作は、いずれを先に行ってもかまいません。

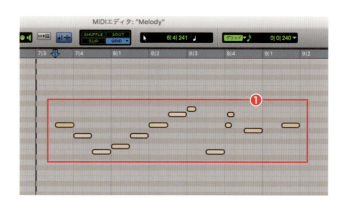

ノートイベントに詳細なエディットを行いたい（イベント操作）

 イベント操作でノートイベントのロケーションをエディットするには（クオンタイズ）

クオンタイズでは、本来のノートイベントのロケーションをクオンタイズグリッドにそろえる処理を行います。**適用**をクリックすると処理が行われます。各パラメーターの役割は以下のとおりです。

■クオンタイズの対象
チェックをつけた項目がクオンタイズの対象になります。**ノートオン**にチェックをつけた場合、**ノートオフとノートのデュレーションを維持**は一意選択になります。

■クオンタイズグリッド
クオンタイズグリッド／グループメニュー❶で、音符かグループテンプレート（グループテンプレートが存在する場合）から、処理の基準になるクオンタイズグリッドを選択します。

■連符指定
クオンタイズグリッドを連符で指定したい場合に、/の左に連符数、右に連符の基準となる長さ（クオンタイズグリッド／グループメニューで選択した音符で何個分か）を入力します。たとえば**クオンタイズグリッド／グループ**メニューで8分音符が選択されている場合、クオンタイズグリッドを1拍（4分）3連符としたいならば、設定値は3/2となります。

■グリッドのオフセット
クオンタイズグリッドに対する前後のオフセット値をティック単位で設定します。マイナスにすればジャストのタイミングより前、プラスにすれば後ろにクオンタイズグリッド全体がずれます。

■ランダマイズ
処理前のノートイベントが持つロケーションのばらつきを残すのではなく、クオンタイズ結果に対してランダムなずれを与えます。数値を大きく設定するほど、ロケーションのばらつきが増大します。

■スウィング
クオンタイズグリッド／グループメニューで選択した音符を基準にして、裏拍に相当するクオンタイズグリッドを後ろにずらし、いわゆるハネのリズムを作ります。100%で裏拍のクオンタイズグリッドがジャストの位置よりも**クオンタイズグリッド／グループ**メニューで選択した音符の長さの2/3の位置まで後ろにずれます。

■指定範囲内のみ適用
クオンタイズの対象となるノートイベントのずれの範囲を設定します。処理前のノートイベントが持つ大きなタイミングのずれを残す必要がある場合は数値を下げます。100%に設定すると、選択状態にあるすべてのノートイベントが処理の対象になります。

■指定範囲内を除外
クオンタイズの対象となるノートイベントのずれの範囲を設定します。処理前のノートイベントが持つ前打音や後打音などのニュアンスをそのまま残したい場合は、数値を上げます。0%に設定すると選択状態にあるすべてのノートイベントが処理の対象になります。

■強さ
クオンタイズグリッドにどの程度そろえるかを設定します。数値が小さいほど、処理前のノートイベントが持つロケーションのばらつきが残ります。

 イベント操作でノートイベントのベロシティをエディットするには（ベロシティ変更）

ベロシティ変更では、ノートイベントのベロシティ（強さ）に対する処理を行います。**実行**をクリックすると処理が行われます。各パラメーターの役割は以下のとおりです。

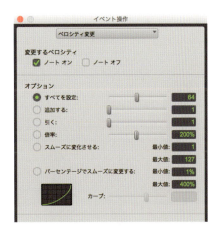

■変更するベロシティ
チェックをつけた項目がエディットの対象になります。外部／プラグインインストゥルメントを問わず、多くのMIDI音源はノートオフベロシティに対応していないため、通常は**ノートオン**にだけチェックをつけます。

■すべてを設定
処理後のノートイベントのベロシティ値を設定値にそろえます。

■追加する
処理前のノートイベントのベロシティ値に設定値を加算します。

■引く
処理前のノートイベントのベロシティ値から設定値を減算します。

MIDI EDITING

■倍率
処理前のノートイベントのベロシティ値に対し、64を中央値として、設定したパーセンテージに従って数値を圧縮伸張させます。100%で処理前のベロシティ値のままとなり、99%以下では圧縮（上下幅を64に近づける）、101%以上では伸張（上下幅を64から遠ざける）となります。0%に設定すると、処理後のノートイベントのベロシティ値が64にそろいます。

■スムーズに変化させる
選択状態にある左端のノートイベントから右端のノートイベントの間で、**最小値**から**最大値**まで徐々にベロシティ値を増加させます。**最小値**を**最大値**より小さく設定すると、徐々に値を減少させることができます。

■パーセンテージでスムーズに変更する
選択状態にある左端のノートイベントから右端のノートイベントの間で、**最小値**から**最大値**に設定したパーセンテージを処理前のベロシティ値に乗算し、徐々に値を増加させます。**最小値**を**最大値**より小さく設定すると、徐々に値を減少させることができます。またその際の変化カーブを設定することもできます。乗算処理のため、処理前のベロシティ値のばらつきが結果に反映されるのが利点です。

■限界を設定
チェックをつけると、入力値の範囲内に処理の結果を収めます。

■ランダマイズ
処理前のノートイベントが持つベロシティ値のばらつきを残すのではなく、ベロシティ変更処理の結果に対してランダムなばらつきを与えます。設定した数値がばらつきの最大値となります。

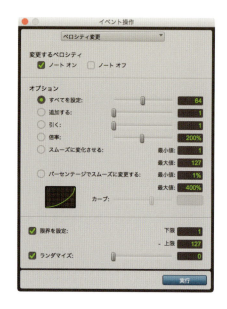

HOW TO イベント操作でノートイベントのデュレーションをエディットするには（デュレーション変更）

デュレーションでは、ノートイベントのデュレーション（長さ）に対する処理を行います。実行をクリックすると処理が行われます。各パラメーターの役割は以下のとおりです。

■すべてを設定
処理後のノートイベントのデュレーション値を設定値にそろえます。

■追加
処理前のノートイベントのベロシティ値に設定値を加算します。

■引く
処理前のノートイベントのベロシティ値から設定値を減算します。

■倍率
処理前のノートイベントのベロシティ値に設定値を乗算します。

■レガート／オーバーラップ
0|000ティックに設定した場合、処理前のノートイベントのデュレーション値を、次に配置されているノートイベントのロケーションに達するまで延長します。次のノートイベントとの重なり（オーバーラップ）が必要な場合は重なりに相当するティックの数値を入力します。

■レガート／ギャップ
0|000ティックに設定した場合、制御前のノートイベントのデュレーション値を、次に配置されているノートイベントのロケーションに達するまで延長します（**レガート／オーバーラップ**で0|000ティックに設定した場合と同じ結果になります）。隙間（ギャップ）が必要な場合は、隙間に相当するティックの数値を入力します。

▶ 選択状態にある左端のノートイベントに対しては、選択外となる次のノートイベントまでのレガート処理が行われます。

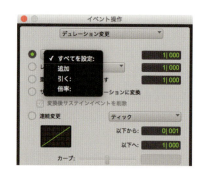

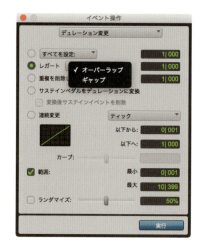

■重複を削除しギャップを残す
処理前のノートイベントの重複部分を削除し、ここで設定したティックの数値の分だけ隙間（ギャップ）を作成します。同音の連打フレーズをリアルタイムMIDIレコーディングした際に生じた不要なノートイベントの重なりの解消などに活用できます。

■サステインペダルをデュレーションに変更
処理前にサステインのコントローラーイベント（CC#64）を利用して発音を持続させていたノートイベントのデュレーション値を、サステインのコントローラーイベント（CC#64）なしでも同様の結果が得られる長さまで増加させます。この処理は、変換後サステインイベントを削除にチェックをつけて行うのが基本です。

■連続変更／ティック
選択状態にある左端のノートイベントから右端のノートイベントの間で、最小値から最大値まで徐々にデュレーション値を増加させます。最小値を最大値より小さく設定すると、徐々に値を減少させることができます。またその際の変化カーブを設定することもできます。

■連続変更／パーセンテージ
選択状態にある左端のノートイベントから右端のノートイベントの間で、最小値から最大値に設定したパーセンテージを処理前のデュレーション値に乗算し、徐々に値を増加させることができます。最小値を最大値より小さく設定すると、徐々に値を減少させることができます。またその際の変化カーブを設定することもできます。乗算処理のため、処理前のデュレーション値のばらつきが結果に反映されるのが利点です。

■範囲
チェックをつけると、入力値の範囲内に処理の結果を収めます。

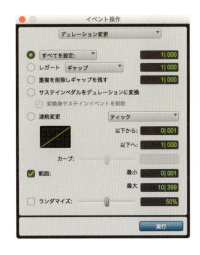

■ランダマイズ
処理前のノートイベントが持つデュレーション値のばらつきを残すのではなく、デュレーション変更処理の結果に対してランダムなばらつきを与えます。数値を大きく設定するほど、値のばらつきが増大します。

HOW TO イベント操作でノートイベントの音高を制御するには（トランスポーズ）

トランスポーズでは、ノートイベントの音高に対する処理を行います。音高の指定にはMIDIキーボードからの入力も利用できます。実行をクリックすると処理が行われます。各パラメーターの役割は以下のとおりです。

■トランスポーズを半音単位で指定
処理前のノートイベントの音高を、オクターブと半音に設定した数値に従って上下させます。

■トランスポーズ
処理前のノートイベントの音高を、変更前に設定した音高と変更後に設定した音高のインターバル（度数間隔）に従って上下させます。

■すべてのノートを以下にトランスポーズ
処理前のノートイベントの音高を、ここで設定した音高にそろえます。

■調でトランスポーズ
処理前のノートイベントの調性を半音単位で移旋させます。トランスポーズを半音単位で指定では、たとえばCメジャー（ハ長調）のフレーズに対してオクターブを0、半音を−3に設定するとAメジャー（イ長調）へフレーズが移調されますが、調でトランスポーズで半音を−3に設定した場合はAマイナー（イ短調）のフレーズに移旋され、短音階のフレーズに変化します。

HINT&TIPS　イベント操作とリアルタイムプロパティの使い分けは？

リアルタイムプロパティ設定ずみのトラックやMIDIクリップでは、イベント操作での処理結果よりもリアルタイムプロパティの設定が優先されます。そのため、イベント操作を行っても思うような結果が得られないことがあります。

そういったことを考慮すると基本的には、まずイベント操作でエディットを行い、全体的な演奏が俯瞰できた段階で、最終的な微調整用にリアルタイムプロパティ設定を利用するといった使い分けが合理的でしょう。

MIDI EDITING 10
リアルタイムプロパティやイベント操作の効果や結果を解消したい／定着させたい

リアルタイムプロパティ設定による一括制御もイベント操作ウィンドウからのエディットの場合も、MIDIレコーディング時や入力時に記録されたノートイベントの数値を書き換えることなく処理が行われるため、必要があれば設定や処理を解除して、最初の時点に戻ることができます。また逆に設定や処理の結果に従って、演奏データの内容を書き換える（＝定着させる）ことも可能です。

HOW TO　目的のトラックやクリップのリアルタイムプロパティ設定を表示させるには

リアルタイムプロパティが設定されているトラックやクリップを選択した上で❶、イベントメニューからMIDIリアルタイムプロパティ❷を選び、リアルタイムプロパティウィンドウを開きます。

▶ 表示メニューの編集ウィンドウビューでリアルタイムプロパティにチェックをつけるか、編集ウィンドウの編集ウィンドウビューセレクタのメニューでリアルタイムプロパティにチェックをつけると、各トラックの右側にトラックを対象にしたリアルタイムプロパティのパラメーターを簡易表示させることができます。

HOW TO　トラックやMIDIクリップのリアルタイムプロパティ設定の効果を無効にするには

リアルタイムプロパティ設定を無効にしたい場合は、すべての項目名のボタン❶を消灯させ、すべてのパラメーター設定を無効にします。MIDIクリップの右上からTやRの表示が消えます❷。

項目名のボタンの消灯後も消灯前のパラメーター設定値は保持されていますので、再度項目名のボタンを点灯させれば消灯前の状態に戻すことができます。その場合、MIDIクリップの右上に再びTやRの文字が表示されます。

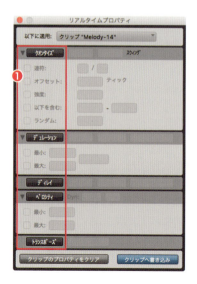

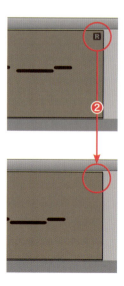

リアルタイムプロパティやイベント操作の効果や結果を解消したい／定着させたい

MIDIクリップへのリアルタイムプロパティ設定を解消するには

リアルタイムプロパティが設定されているトラック上のMIDIクリップに、さらにリアルタイムプロパティを設定した場合、トラックへの設定よりもMIDIクリップへの設定が優先され、Rの文字が表示されます❶。また、その状態でMIDIクリップの全項目のパラメーターを無効にするとRの文字は消えますが、自動的に"トラックへのリアルタイムプロパティ設定を無効化する"という設定が適用されるため、Tの文字も表示されず❷、結果としてMIDIクリップとトラックの両方のリアルタイムプロパティ設定が無効の状態になります（テクニックの1つとしてあえて特定のMIDIクリップだけそういう設定にする場合もあります）。

このようなケースでMIDIクリップへの設定を無効にしつつトラックへの設定を有効にしたい場合は、**クリップのプロパティをクリア**❸をクリックします。これでMIDIクリップへのリアルタイムプロパティ設定が解消され、トラックへの設定がそのままMIDIクリップでのパラメーター設定に反映されます❹。また、MIDIクリップの右上にTの文字が表示され❺、トラックへのリアルタイムプロパティ設定が有効であることを示します。

▶ **クリップのプロパティをクリア**を行うとパラメーター設定値は初期化され、再度項目を有効にしても元の状態に戻すことはできません。ただし**取り消し**（アンドゥ）を行うことで元の状態に戻すことはできます。

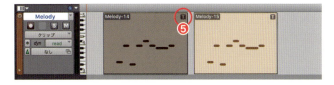

リアルタイムプロパティ設定の効果をノートイベントに定着させるには

MIDIレコーディング時や入力時に記録されたノートイベントの数値を、リアルタイムプロパティの設定を反映したものに書き換え新たなノートイベントのオリジナル状態として定着させたい場合は、**クリップへ書き込み**❶（トラックへのリアルタイムプロパティ設定の場合は**トラックにライト**）をクリックします。リアルタイムプロパティ設定はすべて無効化され❷、クリップからRやTの文字が消えます。

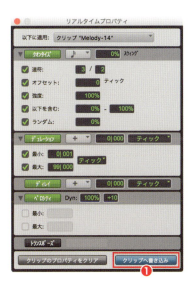

MIDI EDITING

HOW TO イベント操作の結果を解消するには／ノートイベントに定着させるには

イベント操作の結果を解消したり、ノートイベントに定着させたいときは、まず対象となるノートイベントを選択します❶。範囲選択の際に、イベント操作を行っていないノートイベントが含まれても特に影響はありません。

▶ 選択操作は編集ウィンドウ、MIDIエディタ、楽譜エディタ、MIDIイベントリストのどれから行ってもかまいません。

イベント操作の結果を解消して、MIDIレコーディング／入力時のノートイベントの状態に戻したい場合は、**イベントメニュー**の**イベント操作**から**操作の取り消し**❷を選択します。

MIDI操作取り消しが選択された状態で**イベント操作ウィンドウ**が開きますから、**復旧するイベントの属性を選択**でMIDIレコーディング／入力時の状態に戻したい項目にチェックをつけて❸、**実行**❹をクリックしてください。

逆に、MIDIレコーディング時や入力時に記録されたノートイベントの数値を、イベント操作の結果を反映したものに書き換え、新たなノートイベントのオリジナル状態として定着させたい場合は、**イベントメニュー**の**イベント操作**から**操作固定**❺を選択します。

この場合は**MIDI操作固定**が選択された状態で**イベント操作ウィンドウ**が開きますから、**フラットにするノートの属性を選択**で新たなノートイベントのオリジナル状態として定着させたい項目にチェックをつけて❻、**実行**❼をクリックします。

01	フェーダーとパンつまみの基本操作	216
02	特定のトラックを単独で再生したい／消音したい／常に再生対象にしたい	218
03	トラックを複製したい／ステレオトラックをLRのトラックに分割したい	220
04	トラックを削除したい／一時的に非表示にしたい／オフにしたい	222
05	複数のトラックをまとめて操作したい（トラックグループ）	224
06	オーディオクリップの音量を直接調整したい	228
07	トラックごとにエフェクトをかけたい（インサートエフェクトルーティング）	232
08	複数のトラックに共通のエフェクトをかけたい（センドエフェクトルーティング）	238
09	複数のトラックのオーディオ出力を1つにまとめたい（サブミックスルーティング）	240
10	複数のトラックのフェーダーをまとめて操作したい（VCAマスタートラック）	242
11	他のトラックのレベルでエフェクトのかかり方を制御したい（サイドチェインルーティング）	244
12	プレイヤー専用のミックスを作りたい（キューミックスルーティング）	247
13	外部エフェクト機器をトラックにインサートして使用したい	250
14	プラグインエフェクトの遅延によって発生するトラックごとのずれを補正したい	252
15	オートメーションをリアルタイムで書き込みたい／修正したい	254
16	オートメーションをグラフィカルにエディットしたい／入力したい	258
17	トラック上のオートメーションをまとめてコピー／カット＆ペーストしたい	260
18	トラックの内容をオーディオファイルに書き出したい（トラックバウンス）	262
19	トラックの内容をオーディオファイルに差し換えたい（コミット）	266
20	トラックの内容を一時的にオーディオファイル化したい（フリーズ）	272
21	できるだけ大きな音でステレオファイルにミックスダウンしたい	274

ROUTING & MIXING

ROUTING & MIXING 01

フェーダーとパンつまみの基本操作

トラック間の音量やエフェクトバランスを調整した上で、オーディオ信号を最終的に1つの出力にまとめる作業がミキシングです。また、最終的な出力までの経路の途中で任意のトラックのオーディオ信号を1つのグループにまとめたり、分岐させる操作をルーティングと言います。ここではミックス作業の中心となるフェーダーとパンつまみの基本操作を見ていきましょう。

HOW TO トラックのレベルを設定するには

各トラックの音量はフェーダー❶を使って設定します。PTSは内部演算を32ビット浮動小数点処理で行っているため（ここで言う32ビット浮動小数点処理は、セッションの**ビットデプス**設定での**32ビット浮動小数点数**に設定するのとは意味が違います。混同しないようにしましょう）、オーディオトラックやインストゥルメントトラックならば、たとえクリップインジケーター❷が点灯するほどフェーダーを上げたとしても、そのトラックから出力されるオーディオ信号が歪むわけではありません（とは言え、フェーダーを上げる方向にばかり持っていくミックスはできるだけ避けるようにしたいものです）。

ただし、PTSからオーディオインターフェースへ出力する最終的な音量となるマスターフェーダートラックのクリップインジケーターについては、絶対に点灯させないようにフェーダーの位置を調節する必要があります。ここでクリップさせてしまうと、オーディオ信号が歪んでしまいます。

▶ フェーダーをoption/Alt＋クリックすると、0dBの位置に戻すことができます。

▶ マスターフェーダートラックのクリップインジケーターを点灯させないためには、マスターフェーダートラックにリミッター／マキシマイザー系のプラグインエフェクトをインサートするのが効果的です。ただしその場合、必ずそれより下のインサートスロットにはメーター系やディザリング系以外のプラグインエフェクトはインサートしないようにしてください。

HOW TO トラックのパン（定位）を設定するには

トラックのオーディオ信号を、ステレオ音像の中のどの位置に定位させるかを設定するのがパンつまみです。上下ドラッグで操作します。

モノラルトラックではパンつまみは1つで❶、回した方向に左右の定位が移動します。

他の多くのDAWと違い、PTSのステレオトラックにはLチャンネル用とRチャンネル用のパンつまみが装備されています❷。左右とも100に設定したときに、本来のステレオイメージになります。99以下に設定することでステレオイメージを狭める方向へのコントロールが可能です。左右のパンつまみを同じ位置にするとモノラルトラックでの定位設定と同じことになります。

▶ パンつまみをoption/Alt＋クリックすると、センター位置（0）に戻すことができます。

また、ステレオトラックでは左右のパンつまみの操作の連動／反転連動させることが可能です。この設定を行う際は、まず**アウトプットウィンドウ**ボタン❸をクリックして、アウトプットウィンドウを表示させます。

リンクボタン❹をクリックして点灯（パンリンク有効）状態にすると、一方のパン操作に他方が連動するようになります。**リンク**ボタンと**パン反転**ボタン❺の両方をクリックして点灯状態にすると、一方のパンの操作に対して他方が反転連動するようになります。パンリンク設定後にアウトプットウィンドウを閉じても設定は持続します。

なお、**リンク**ボタンを点灯させ、パンリンクが有効な状態にあっても、control/Startキー＋ドラッグした場合は一時的に連動が解除され、個々のパンつまみを操作することができます。

HINT&TIPS マスターレベルの監視はメーターを切り換えて

マスターフェーダートラックでのレベル調整は、最終的な作品の音量や聞こえ方に直結するため、特にデリケートに行う必要があります。その際メーターが大きな役割を果たしますが、PTSではメーターを右クリックし、コンテキストメニューから各種のタイプの異なるメーターに切り換えることができます。たとえばマスターフェーダートラックのレベルメーターをRMSタイプに切り換えると、メーターの動きを聴感上の印象に近づけることができます。

特定のトラックを単独で再生したい／消音したい／常に再生対象にしたい

ミックス作業時に欠かせない操作の1つが、プレイバック時にトラックを特定して再生するソロリッスンと、特定のトラックを再生対象からはずすミュートです。ソロ／ミュートはボタンのクリックによる単純な機能のオン／オフだけでなく、修飾キーとの組み合わせでさまざまな状況に対応可能になっています。操作はミックスウィンドウ、編集ウィンドウ共通で行うことができます。

HOW TO 特定のトラックを単独で再生するには（ソロリッスン）

単独で聴きたいトラックをソロ状態にすると、そのトラックのみが再生され、他のトラックは無音となります。ソロ機能が有効になっているトラックはS（ソロ）ボタンがイエローで点灯し、他のトラックのM（ミュート）ボタンがオレンジで半点灯します❶。

マスターフェーダートラック❷にはソロ／ミュート機能はなく、他のトラックでのソロ／ミュート設定の影響も受けません。

ソロ機能は複数のトラックに適用可能です。複数のトラックをソロ状態にしているときに、任意のトラックのSボタン（消灯中のものも含む）をoption/Alt＋クリックすると、全トラックのソロ状態を解除することができます。

▶ 全トラックのSボタンが消灯状態にあるとき、任意のトラックのSボタンをoption/Alt＋クリックすると、全トラックをソロ（Sボタン点灯）状態にすることができます。

HINT&TIPS 覚えておきたいフェーダーやつまみの精密操作法

ミックスウィンドウのフェーダーやつまみは、仕上げ段階では非常に繊細な調整が必要になってきます。その際、マウスではなかなか思う数値に合わせられないといったこともあるでしょう。

フェーダーやつまみは、command/Crtlキーを押しながらドラッグすると、最小単位で精密に操作することができます。プラグインなどの操作でも同様です。なお、つまみ系の操作子は見た目は円形ですがドラッグは上下で行います。

また、つまみやフェーダーは、option/Alt＋クリックすることで瞬時にデフォルト値まで戻すことができます。

HOW TO 特定のトラックを消音するには（ミュート）

目的のトラックのM（ミュート）ボタンを押すと、オレンジに点灯してミュート状態になり、そのトラックが再生されなくなります❶。

ミュート機能は複数トラックに適用可能です。オレンジに点灯中の任意のMボタンをoption/Alt＋クリックすると、全トラックのミュート状態を解除することができます。

▶ ソロ機能とミュート機能の両方を有効にした場合は、ミュート機能が優先されます。

▶ 全トラックのMボタンが消灯状態にあるとき、任意のトラックのMボタンをoption/Alt＋クリックすると、全トラックをミュート（Mボタン点灯）状態にすることができます。

HOW TO 特定のトラックを常に再生対象にしておくには（ソロセーフ）

ソロセーフ状態のトラックは、他のトラックをソロ状態にしてもミュート状態にならず、常にプレイバックの対象となります。

トラックのSボタンをcommand/Ctrl＋クリックすると、表示がグレーアウトし❶、ソロセーフ状態となります。この状態のトラックでは他のトラックがソロ状態にあっても❷、M（ミュート）ボタンがオレンジで半点灯しません。もう１度同じ操作をすると、ソロセーフが解除されます。

ソロセーフ機能は複数のトラックに適用可能です。複数のトラックをソロセーフ状態にしているときに、そのうちのどれかのトラックのSボタンをoption/Alt＋command/Ctrl＋クリックすると、全トラックのソロセーフ状態を解除することができます。Aux入力トラックに各トラックからの出力をまとめている場合やセンドルーティングでリバーブをかけている際などは、それらのトラックをソロセーフ状態にしておくと、他のトラックでのソロ状態の影響を受けなくてすむようになります。

なお、クリックトラックは、作成の段階で自動的にソロセーフに設定されます。

▶ ソロセーフ状態にないトラックのSボタンをoption/Alt＋command/Ctrl＋クリックすると、全トラックをソロセーフ状態にすることができます。

ROUTING & MIXING

トラックを複製したい／ステレオトラックをLRのトラックに分割したい

既存のトラックと同じ設定のトラックを追加したい場合、トラック複製機能を使うのが効率的です。PTSでは、目的に応じて複製する項目を細かく設定することもできます。また、ステレオトラックをLとRの2つのモノラルトラックに分割するといった操作も行えるため、ミックスの段階でモノラルトラック扱いでのエフェクトやルーティング設定が必要になった際にも対応が可能です。

HOW TO トラックの複製を作るには

最も手っ取り早くトラックの複製が行えるのは、編集ウィンドウかミックスウィンドウ上で、複製元のトラックのトラック名を右クリックし、コンテキストメニューから**複製**❶を選択する方法です。

デフォルトではすべての項目にチェックがつけられた状態で**トラック複製**ダイアログが表示されるので❷、完全複製するのが目的ならば、そのままOK❸をクリックしてください。複製されたトラックが1つ作成されます❹。

また、**複製する数**を設定したり、**複製するデータ**の項目へのチェックの有無で、それらを反映したトラック複製が行えます。

あらかじめ複数のトラックを選択しておき、その中の1つのトラック名を右クリックして上記の操作を行えば、複数トラックの一括複製も可能です。その場合、**選択された最後のトラックの後に挿入**にチェックをつけていれば、元1・元2・複1・複2のように、選択中の最後のトラックの後ろにまとめて複製トラックが作成されます。チェックをはずしていれば元1・複1・元2・複2のような順序で複製トラックが作成されます。

▶ 複製元のトラックを選択後、**トラック**メニューから**複製**を選択しても同様の操作を行うことができます。

▶ トラックの**複製**操作は**取り消し**（アンドゥ）できません。操作前の状態に戻したい場合は、複製されたトラックのトラック名を右クリックして、コンテキストメニューから**削除**を選択してください。

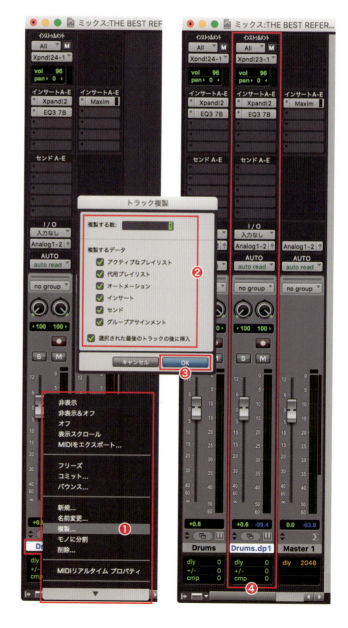

ステレオトラックをLRのトラックにモノラル分割するには

最も手っ取り早くステレオトラックのモノラル２分割が行えるのは、編集ウィンドウかミックスウィンドウ上で分割元のステレオトラックのトラック名を右クリックし、コンテキストメニューから**モノに分割**❶を選択する方法です。

モノに分割の選択と同時にLRに分割されたモノラルトラックが作成されます❷。分割されたLとRトラックでは、マルチモノプラグインのインサートエフェクト設定、センド設定、アウトプットパス設定が、分割元のトラックからそのまま踏襲されます❸。また、分割されたLとRトラック上には、オーディオクリップがLR分割の上、再配置されます。MIDIクリップの場合は、分割元と同じものが複製された上で、LとRトラック上にそれぞれ再配置されます。

あらかじめ複数のトラックを選択しておき、その中の１つのトラック名を右クリックして上記の操作を行えば、複数トラックを対象にした一括モノラル２分割も可能です。

▶ モノラル分割元のトラックを選択後、**トラック**メニューから**モノラル分割**を選択しても同様の操作を行うことができます。

▶ ステレオトラックの**モノに分割**操作は**取り消し**（アンドゥ）できません。操作前の状態に戻したい場合は、分割されたLとRトラックのいずれかのトラック名を右クリックして、コンテキストメニューから**削除**を選択してください。

HINT&TIPS 装飾キーを利用したトラックの複数選択／全選択／全選択解除操作

トラック名をクリックすると点灯します。これはトラックが選択されている状態を示しています。通常は選択できるトラックは１つですが、複数のトラックを選択したい場合は、トラック名を次々にcommand/Ctrl＋クリックしていきます。連続して並んでいる複数のトラックを選択したい場合は、左端と右端のトラックをshift＋クリックします。

全トラックの選択は任意のトラック名をoption/Alt＋クリックすることで可能です。ただし、全トラック選択後の解除は通常のクリックでは行えなくなるので注意してください。

全トラック選択状態の一括解除は、任意のトラック名をoption/Alt＋クリックして行います。全トラック選択状態から特定のトラックだけを解除したい場合は、目的のトラック名をcommand/Control＋クリックします。なお、解除後のトラックをクリックすれば、通常の単一トラック選択に戻ります。

トラックを削除したい／一時的に非表示にしたい／オフにしたい

制作の過程で不要になったトラックは、セッションから削除することができます。また、ミックス作業の際、ディスプレイ表示領域内でのトラックの見通しをよくするために操作の必要がないトラックを一時的に非表示にしたり、コンピュータの負荷を軽減するために任意のトラックの全機能を一時的オフにすることも可能です。

HOW TO トラックを削除するには

最も手っ取り早くトラックの削除が行えるのは、編集ウィンドウかミックスウィンドウ上で、削除したいトラックのトラック名を右クリックし、コンテキストメニューから**削除**❶を選択する方法です。

そのトラック上にクリップが存在する場合、アラートが表示されるので、問題なければ**消去**❷をクリックしてください。トラックが削除されます❸。

あらかじめ複数のトラックを選択しておき、その中の1つのトラック名を右クリックして上記の操作を行えば、複数トラックの一括削除も可能です。

▶ 削除したいトラックを選択後、**トラック**メニューから**削除**を選択しても同様の操作を行うことができます。

▶ トラックの**削除**操作は**取り消し**（アンドゥ）できません。実行後は操作前の状態に戻せないため、操作の際は十分な注意が必要です。

HOW TO トラックを一時的に非表示にする／トラックを一時的にオフにするには

トラックを一時的に非表示やオフの状態にしたいときは、対象にするトラックのトラック名を右クリックし、コンテキストメニューの**非表示**、**非表示&オフ**、**オフ** ❶から目的の操作を選択します。

非表示を選択した場合、そのトラックが編集画面やミックス画面上に表示されなくなりますが、プレイバックは表示していたときのまま行われます（プレイバックさせたくない場合は、**非表示**を選択する前にミュートしておきます）。

オフを選択した場合はトラック表示がグレーアウトし、トラック名がイタリックになります❷。オフの状態のトラックでは、トラック上のクリップやプラグインエフェクト／インストゥルメント、インサートエフェクトが機能停止となり（当然プレイバックしても発音しません）、そのトラックのCPU消費はゼロとなります。

非表示&オフを選択した場合は、同時に非表示とオフの状態にすることができます。

▶ オフにしたいトラックを選択後、**トラック**メニューから**非アクティブ**を選択することで、トラックをオフにすることができます。

▶ MIDIトラックとビデオトラックはオフにすることができません。

非表示状態のトラックを再度表示させたいときは、トラックリスト内で再表示させたいトラックの●❸をクリックして●の状態にします❹（●の状態=表示状態のトラックを●の状態にすることで、非表示にすることができます）。

オフの状態のトラックをオンの状態に戻したいときは、トラック名を右クリックし、コンテキストメニューから**オン**❺を選択します。

非表示&オフの状態のトラックについては、上記の手順でまずトラックを表示状態にしてから、オンの状態戻します。

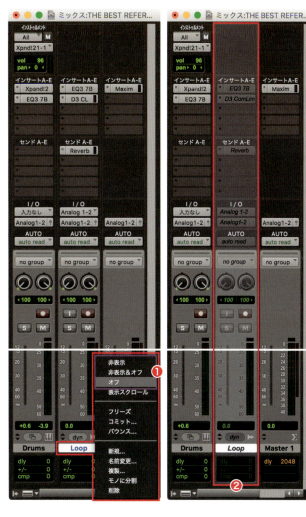

複数のトラックをまとめて操作したい（トラックグループ）

PTSにはトラックグループという機能があり、複数のトラックをグループ化して操作を連動させることができます。ここではメインとなるミックス系の操作を中心にしてトラックグループ機能を解説しますが、連動に対応するのはボリュームやパン、ミュートやソロといったミックス系の操作だけでなく、クリップへのエディット操作なども含まれています。

STEP 1　グループのメンバーにするトラックを選択する

　グループ化の対象にするトラックのことをメンバーと呼びます。グループを作成する際はまず、ミックスウィンドウか編集ウィンドウ上で目的のトラックを選択しておきます❶。

　その際、目的の左端と右端のトラックをshift+クリックするとその間のトラックの全選択が行えます。また任意のトラックを次々にcommand/Ctrl+クリックしていけば、隣り合わないトラックを含めた複数選択が可能です。

STEP 2　グループリストを表示させ新規グループを選択する

　ミックスウィンドウか編集ウィンドウの左下にある**トラックリスト表示／非表示ボタン**❶をクリックしてグループリストを表示させ、**グループリストポップアップ（▼）**ボタンのメニューから**新規グループ**❷を選択すると、グループを作成ダイアログが表示されます。

STEP 3 連動操作の対象項目を設定する

グループを作成ダイアログで、連動操作の対象にする項目を設定していきます❶。

まず**名前**に任意のグループ名称を入力しましょう。次に、**種類**で現在作成中のグループが機能する操作を選択します。IDのメニューではa〜zのアルファベットの選択となり、その文字がキー操作によるグループの切り換え（キーボードフォーカス）の際に使用するキーを表します。

> キーボードフォーカス機能について詳しくは「コンピュータキーボードからのショートカット操作を活用したい」（P280）を参照してください。

トラックタブでは、グループ内にSTEP1で選択中のトラックがすでに設定されています❷。**選択可能**に並んでいるトラックの中から現在作成中のグループのメンバーに追加したいものがあれば、そのトラックを選択の上で**追加>>**❸をクリックしてください。

連動操作の設定は、**属性**と**グローバル**タブで行います。設定項目は共通ですが、**属性**タブでの設定は現在作成中のグループだけに適用される設定で、**グローバル**タブでの設定は全グループ共通の設定となります。そのため、**グローバルに従う**❹にチェックがついていると、**属性**タブ内はグレーアウトし、設定を行うことができません。連動操作は、メインのボリューム、ミュート、パン操作だけでなく、スロットごとのインサートやセンドでの操作など多岐に渡っています。必要なものに適宜チェックをつけていきます❺。

なお、**保存**❻をクリックすると**グループ設定保存**ダイアログが表示され、**設定番号**❼を1〜6の中から選んで**保存**❽をクリックすることで、設定パターンをナンバー登録しておくことができます。登録した設定パターンは、**保存**の右に並んでいる1〜6の数字ボタン❾から呼び出すことができます。

ROUTING & MIXING

STEP 4 グループを作成する

グループを作成ダイアログですべての設定が終わったらOK❶をクリックします。

新規グループ（ここではグループIDがa、名称がVocal）が作成され、グループリストに加わると同時に有効になります❷。ミックスウィンドウではメンバーのグループIDインジケーターに、作成したグループのグループID（a）と名称（Vocal）が表示され、グループカラーが点灯します❸。

グループが有効になると、メンバー内のトラックでSTEP 3で設定したパラメーターを操作した場合、そのパラメーターのメンバー間での値の差を保持したまま操作が連動するようになります❹。

HOW TO グループの有効無効を切り換えるには／設定内容を変更するには

現在有効になっている（＝下地にグレーの帯が表示されている）グループ❶を無効状態に切り換えるには、グループリスト内で目的のグループをクリックし、下地にグレーの帯が表示されていない状態にします❷。

ミックスウィンドウではメンバーだったトラックのグループIDインジケーターに**no group**と表示され、グループカラーが消灯します❸。再度クリックして下地にグレーの帯が表示されている状態にすれば、また有効になります。

また、グループリスト上で目的のグループ名を右クリックするか、トラック上の目的のグループIDインジケーターをクリックして、メニューから**変更**❹を選択すると、**グループを変更**ダイアログが表示されます。その状態からSTEP3の操作を行うことで、現在のグループ設定の内容を変更することができます。

メンバー内の連動操作の対象になっている操作子（フェーダーやパンつまみ）を一時的に連動からはずし、そのトラック内だけで独自に操作を行いたいときは、control/Startキーを押しながら操作子を動かします。control/Startキーを押しながらの操作をやめると、新しい値の差を保った連動操作状態に復帰します。

オーディオクリップの音量を直接調整したい

トラック内のオーディオクリップの音量に無用なばらつきが生じてしまった場合などは、本格的なミックス作業に入る前にクリップゲインで直接オーディオクリップ自体の音量を調整し、ばらつきを解消しておきましょう。もちろんフェーダーのオートメーションを利用して同様の結果を得ることも可能ですが、クリップゲインを利用した方がミックス作業が各段にやりやすくなります。

STEP 1 オーディオクリップにクリップゲインラインとクリップゲイン情報を表示させる

まず、編集ウィンドウのトラックビューセレクタのメニューから**波形**❶を選択し、トラックを波形表示にします。

次に、**表示メニュー**の**クリップ**で**クリップゲインライン**と**クリップゲイン情報**❷を選択し、チェックがついた状態にします。

水平のクリップゲインラインがオーディオクリップの波形表示に重なって表示され❸、左下にはフェーダーのアイコンとクリップゲイン情報が表示されます❹。初期値では0dB（＝ゲイン変更なし）となっています。

▶ クリップゲインラインは任意のオーディオクリップを右クリックして、コンテキストメニューから**ラインを表示**を選択することで、表示させることも可能です。

HOW TO オーディオクリップ全体のクリップゲインを増減させるには

オーディオクリップ左下のフェーダーアイコン❶をクリックしてそのまま上下ドラッグすると、クリップゲイン全体の増減が行えます❷。フェーダーが表示されますが、このフェーダーを上下ドラッグする必要はありません。クリップゲインの増減に伴って波形表示も変化します。なお、この増減操作はどのツールでも可能です。

- トリムツールでクリップゲインラインを上下ドラッグすることでもクリップゲイン全体の増減が行えます。

- クリップゲインを変更すると、新たなオーディオクリップとして再配置されます。

HOW TO オーディオクリップのクリップゲインを部分的に増減させるには

オーディオクリップ内の目的の範囲だけをクリップゲイン増減操作の対象にしたい場合は、まずセレクタツールで対象範囲を選択します❶。

次に、トリムツールで選択範囲内のクリップゲインラインを上下にドラッグします。この場合、選択範囲内のクリップゲインラインだけが動き、クリップゲインの増減を行うことができます❷。

なお、上記の操作の後でオーディオクリップ全体のクリップゲインを増減操作を行うと、部分的なクリップゲイン変更を行った部分とそれ以外の部分の関係を維持したままでの全体的なクリップゲインの増減操作が行えます❸。

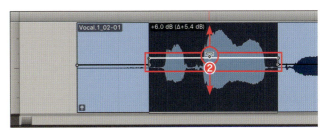
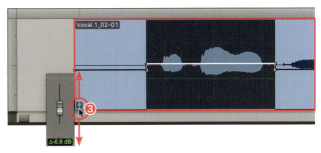

ROUTING & MIXING

HOW TO 連続的に変化するクリップゲインラインを書き込むには

クリップゲインラインを表示させている状態で、**フリーハンドモードのペンシルツール** ❶で波形上をドラッグすると、連続的に変化するクリップゲインラインを自由に書き込むことができます❷。

線、**三角形**、**正方形**、**ランダム**の各モードのペンシルツールで周期的な変化を書き込むこともできます。また、その際の周期の細かさはグリッドサイズの設定値に従います。

この操作は、コントローラーイベントのグラフィカル入力とほぼ同じです。操作について詳しくは「コントローラー／ピッチベンドイベントの位置や値をエディット／入力するには」(P197)を参照してください。

HOW TO クリップゲインラインをエディットするには

クリップゲインラインは、オートメーションと同様にブレイクポイント間を線でつなぐ形で表現されます。

ブレイクポイントはグラバーツールでクリップゲインライン上をクリックすることで入力でき、ブレイクポイントをoption/Alt＋クリックすることで削除できます。作成したブレイクポイントはグラバーツールで上下左右にドラッグして移動させることが可能です（左右ドラッグに関してはエディットモードの選択によって移動が制限されます）❶。

複数のブレイクポイントに対してまとめてエディットを行いたい場合は、セレクタツールで範囲を選択後❷、エディットの目的に合わせて**編集**メニューの**特殊カット**、**特殊コピー**、**特殊クリア**の中から**クリップゲイン**❸を選択します。

その後、ペーストを行う際は位置を指定し、**編集**メニューから**特殊ペースト**ではなく、**クリップゲインをペースト**❹を選択します。

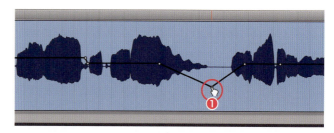

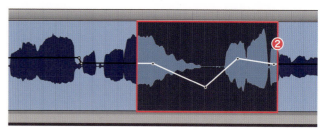

クリップゲインをペーストは、**特殊カット**、**特殊コピー**から**クリップゲイン**のカット／コピー操作を行った後にだけ表示され、選択することができます。

セレクタツールで範囲を選択後、選択範囲内を右クリックして、コンテキストメニューの**クリップゲイン**から**コピー**を選択すると、**編集**メニューの**特殊コピー**で**クリップゲイン**を選択した際と同じ結果が得られます。またコンテキストメニューの**クリップゲイン**から**クリア**を選択すると、**編集**メニューの**特殊クリア**で**クリップゲイン**を選択した際と同じ結果が得られます。

HOW TO クリップゲイン設定の有効／無効を切り換えるには

クリップゲインの設定は内容を保持したまま有効／無効を切り換えることができます。無効にする際は、対象のオーディオクリップを選択後❶、**クリップメニュー**の**クリップゲイン**から**バイパス**を選択します。ブレイクポイントやクリップゲインライン、左下のフェーダーアイコンがグレーアウトし、波形表示もクリップゲイン設定前の状態に戻ります❷。

無効状態になっているクリップゲイン設定を有効に戻す場合は、**クリップメニュー**の**クリップゲイン**から**バイパスを解除**を選択します。

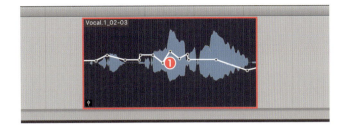

▪ 目的のオーディオクリップを右クリックして、コンテキストメニューの**クリップゲイン**から**バイパス**を選択することで、そのオーディオクリップのクリップゲイン設定を無効にすることができます。クリップゲイン設定が無効になっているオーディオクリップを有効の状態に戻したいときは、そのオーディオクリップを右クリックして、コンテキストメニューの**クリップゲイン**から**バイパスを解除**を選択します。

HOW TO オーディオクリップをクリップゲイン設定を反映させたものに置き換えるには

クリップゲインによる音量の調整は、クリップゲインの設定に従って本来のオーディオクリップの内容をリアルタイムで書き換えることで行われます。そのため、コンピュータにも負担がかかります。設定が決まったら、レンダリングを行って、現状のクリップゲイン設定を反映したオーディオクリップを作成し、置き換えるといいでしょう。

目的のオーディオクリップを選択後❶、**クリップメニュー**の**クリップゲイン**から**レンダー**❷を選択します。クリップゲインの設定時と同じ波形を持つ新しいオーディオクリップが、元のオーディオクリップと同じ位置に再配置されます。クリップゲインラインは0dBの水平状態となります❸。

▪ 目的のオーディオクリップを右クリックして、コンテキストメニューの**クリップゲイン**から**レンダー**を選択することでも同じ結果を得ることができます。

ROUTING & MIXING

07 トラックごとにエフェクトをかけたい（インサートエフェクトルーティング）

トラックに対してリアルタイムにエフェクトをかけたいときは、各トラックのインサートスロットにプラグインエフェクトをインサートします。プラグインエフェクトはPTSに標準で付属しているもの以外に、AAXフォーマットに対応したサードパーティ製品の使用が可能です。インサートの操作はミキサーウィンドウ上で行うのが一般的ですが、編集ウィンドウで行うこともできます。

HOW TO　トラックにプラグインエフェクトをインサートするには

インサートスロットにプラグインエフェクトを配置することをインサートすると言います。

トラックにはA-EとF-Jの2グループのインサートスロットがあり、どこにでもインサートできますが、オーディオ信号は上から下（A〜E→F〜J）へと流れることを意識しておく必要があります。空白のインサートスロット❶をクリックするとメニューが表示され、そのスロットにインサートするプラグインエフェクトを選択できます。モノラルトラックでは、モノラル入出力（mono）仕様が基本となり、プラグインエフェクトの種類がカテゴリーごとに分類されます。種類によってはモノラル入力／ステレオ出力（mono/stereo）仕様のものもあります❷。ステレオトラックでは、まずステレオ信号全体を処理する**マルチチャンネルプラグイン**と、LRそれぞれの信号をモノラル処理する**マルチモノプラグイン**の2種類に分類され、そこからそれぞれカテゴリーの分類が行われます❸。

インサートずみのプラグインエフェクトを削除するには、インサートセレクタ❹をクリックして、メニューから**インサートなし**を選択します。

■ インストゥルメントトラックへのプラグインエフェクトのインサートも可能です。この場合は、スロットAにプラグインインストゥルメントが配置されているため、プラグインエフェクトのインサートはスロットB以降に行います。

■ ミックスウィンドウ上にインサートスロットが表示されていない場合は、任意のトラックの**I/O**や**AUTO**などのセクション名を右クリックして、コンテキストメニューから**インサートA-E**や**インサートF-J**にチェックをつけてください。編集ウィンドウ上にインサートスロットを表示させたい場合は**表示メニュー**の**編集ウィンドウビュー**で**インサートA-E**や**インサートF-J**にチェックをつけます。

■ メニュー内のプラグインエフェクトのカテゴライズや表示形式は、設定メニューの初期設定で**Pro Tools初期設定ダイアログ**を開き、**表示タブ**にある**プラグインメニュー整列**のメニューから選択が可能です。

■ MIDIトラックにはインサートスロットはありません。

■ インサート後のプラグインエフェクトと同じインサートスロットに、別のプラグインエフェクトをインサートし直す場合は、インサートセレクタのクリックからインサート操作を行います。

また、マスターフェーダートラックにもプラグインエフェクトをインサートすることが可能です❺。最終的なダイナミクスコントロールのためのリミッター／マキシマイザー系や、ミックスダウンファイルの作成時にビットデプスのダウンコンバートが必要になったときのディザリング系、最終的な音量／ダイナミクス確認のためのメーター系プラグインのインサートなどで利用します。

マスターフェーダートラックでは他のトラックと違い、フェーダーの設定を通過した後のオーディオ信号にエフェクトが適用されます。そのため、リミッターやマキシマイザー系のプラグインエフェクトをインサートすれば、リミッターやマキシマイザー系のプラグインエフェクトよりも下のインサートスロットにレベル変動を伴う通常のプラグインエフェクトをインサートしない限り、フェーダーを上げてもレベルオーバーが発生することはありません。同様に、メーター系プラグインよりも下のインサートスロットにレベル変動を伴う通常のプラグインエフェクトをインサートしない限り、メーター表示と実際の音量が違うということも起きないようになっています。

▶ 通常、リミッターやマキシマイザー系プラグインエフェクトよりも下のインサートスロットには、メーター系、ディザリング系（ディザ処理が必要な場合のみオン）の順にインサートを行い、それ以外のプラグインエフェクトのインサートは行いません。

▶ PTSでは64ビットのAAXフォーマットに従ったプラグインエフェクト／プラグインインストゥルメント以外は使用できません。

HOW TO プラグインエフェクトを別のインサートスロットへ移動させたり設定をコピーするには

インサート後のプラグインエフェクトは、ドラッグ＆ドロップで簡単に上下順を変更したり❶、他のトラックに移動させることができます❷。

また、その際option/Alt＋ドラッグ＆ドロップすれば（先にoption/Altキーを押してからドラッグするのがコツです）、パラメーター設定値も含めてプラグインエフェクトをコピーすることが可能です❸。すでにプラグインエフェクトが配置されているプラグインスロット上にドロップした場合、既存のプラグインエフェクトはドロップしたプラグインエフェクトに差し換えられます。

option/Alt＋ドラッグ＆ドロップ

▶ モノラルトラックからステレオトラックへのプラグインエフェクト移動やコピーを行った場合は、設定を維持したまま、自動的にマルチモノタイプの同じプラグインエフェクトに置き換えられます。ステレオトラックからモノラルトラックへのプラグインエフェクトの移動やコピーは行えません。

ROUTING & MIXING

 全トラックのインサートスロットに同一のエフェクトを一括インサートするには

任意のトラックの空白のインサートスロットに、option/Altキーを押しながらインサート操作を行うと❶、マスターフェーダーを除く全トラックの同じ段に横並びで同じプラグインエフェクトがインサートされます❷。

インサート操作を行ったトラックがステレオトラックだった場合は、ステレオトラックのみが、モノラルトラックだった場合はモノラルトラックのみが同一インサートの対象となります。

ただし、モノラルトラックにモノラル（mono）タイプのプラグインエフェクトをインサートした場合は、ステレオトラックにも同じプラグインエフェクトのマルチモノタイプがインサートされます。また、ステレオトラックにマルチモノタイプのプラグインエフェクトをインサートした場合は、モノラルトラックに同じプラグインエフェクトのモノラル（mono）タイプがインサートされます。

▶ すでに同じ段のインサートスロットにプラグインエフェクトがインサートされている場合、既存のインサートを変更するかどうかのアラートが表示されます。

▶ option/Altキーを押しながらインサートセレクタをクリックして、メニューから**インサートなし**を選択した場合、各トラックのその段にインサートされているプラグインエフェクトが一括削除されます。

任意のトラックの空白のインサートスロットに、option/Altキーを押しながらインサート操作を行う

 インサートずみのエフェクトをバイパスしたりオフにするには

インサートずみのプラグインエフェクトの効果を一時的に無効にしたい場合、オーディオ信号をスルーさせるバイパスと、プラグインエフェクトの機能自体を停止してCPU負荷を解放するオフの2つの方法があります。バイパスは操作時に音切れが発生しないため、エフェクト効果を確認するのに向いています。オフは設定値をキープしたまま休止させておきたい場合に便利です。

バイパスやオフの設定は目的のプラグインエフェクトを右クリックして、コンテキストメニューからの選択で行います❶。

またバイパスについては、目的のトラックを選択後（複数選択も可）、**トラック**メニューの**インサートをバイパス**で、チェックの有無による一括設定も可能です❷。バイパス状態のプラグインエフェクトは反転表示❸、オフ状態のプラグインエフェクトはイタリックでグレーアウト表示されます❹。

トラックごとにエフェクトをかけたい(インサートエフェクトルーティング)

HOW TO プラグイン設定ウィンドウを開くには

プラグイン設定ウィンドウは、インサートスロットへのインサート時に同時に開きますが、閉じた後も目的のプラグインエフェクト名をクリックすると開くことができます❶。

ウィンドウ上部にはプラグイン共通の項目があります。**トラック**セクション❷には、現在のトラックとインサートスロット、インサートしているエフェクト名が表示され、それらをクリックしてメニューからエフェクトの種類や表示の対象を変更することが可能です。**バイパスボタン**❸からエフェクトのバイパスを設定することができます。

また、**ターゲットボタン**❹を点灯させている場合は、常時単一のプラグイン設定ウィンドウ表示となり、プラグインエフェクト名のクリックによって画面の表示内容が切り換わります。**ターゲットボタン**を消灯させれば、プラグインエフェクト名のクリックに従って、プラグイン設定ウィンドウの複数表示が可能になります。

HOW TO プラグインエフェクトのプリセットを読み込む／エディットするには

プラグイン設定ウィンドウの**プリセット**セクションにあるライブラリアンメニュー(デフォルト状態では**<デフォルト設定>**と表示)をクリックするとプリセットのリストが表示され、楽器ごとによく使われる設定などのプリセットを選択することができます❶。

また、プリセット名の下にある**ー／＋ボタン**❷で、プリセット選択を順送りに切り換えていくことも可能です。

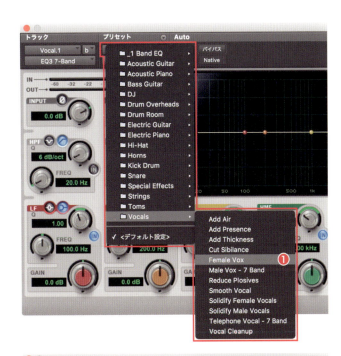

他のセッションで保存したパラメーター設定ファイルを読み込みたいときは**プリセット**セクションの設定メニュー（▼）から**設定をインポート**❸を選択します。OS標準のファイル指定ウィンドウが表示されるので、ここから目的の設定ファイルを指定してください。

プリセット選択後や設定ファイルの読み込み後、パラメーターにエディットを加えると**比較**ボタン❹が点灯します。クリックして消灯させるとエディットが一切加えられていない状態に戻り、もう1度クリックして点灯させると再度エディット後の状態になります。

また、ステレオトラックにマルチモノプラグインをインサートした場合、**リンク**ボタン❺を点灯状態にしておくと左右に同じ設定が適用されます。クリックして消灯させるとチャンネルセレクタ❻でL❼とR❽を切り換えながら、それぞれのチャンネルに個別の設定が行えるようになります❾。

▶ サードパーティ製のプラグインエフェクトの中には、独自の操作法を持つものも多数あり、ここで紹介した操作がそのまま適用できないものもあります。

▶ エフェクト処理を行う際は、エフェクトをかける前と後で音量が大きく変わらないようにするのがコツです。これは、音量が変わるとサウンドの変化がわかりにくくなるのと、フェーダー以外で音量を大きく変えると混乱が生じるといった理由からです。バイパスを使って比較しながら、音量差が生じ過ぎていないかをチェックしましょう。クリップについては、PTSでは内部演算に32ビット浮動小数点処理を行っているためそれほど神経質になる必要はないのですが（マスターフェーダートラックのクリップインジケーターが点灯しなければOK）、ほとんど最大の位置から動かないようではメーターの意味をなさないので、適切な音量を心がけるようにしましょう。

トラックごとにエフェクトをかけたい（インサートエフェクトルーティング）

プラグインエフェクトのパラメーター設定を保存するには

プラグインエフェクトのパラメーター設定はセッションの保存内容に含まれますから、通常は個別に保存操作を行う必要はありません。ただし、同じパラメーター設定を他のセッションでも使いたい場合やプリセットのリストに含めたい場合は保存操作を行う必要があります。

保存を行う際は、まず**プリセット**セクションの設定メニュー（▼）❶から**設定の初期設定**を選択し、**プラグイン設定の保存先**から**ルート設定フォルダ**か**セッションフォルダ**を選択します❷。

ルート設定フォルダはPTS全体で利用する保存先で、プリセットのライブラリーはここから読み込まれます。**セッションフォルダ**は現在のセッションフォルダに含まれるプラグイン設定フォルダを指します。

保存先を指定したら、再度**プリセット**セクションの設定メニュー（▼）をクリックして、**設定を保存**または**設定を別名で保存**❸を選択します。**設定を保存**を選択した場合は、即座に現在選択中のプリセットを、エディット後の状態で上書きしますので注意してください。**設定を別名で保存**を選択した場合は、OS標準の保存ウィンドウが表示されますから、名称と保存フォルダなどを適宜設定して保存を行ってください。

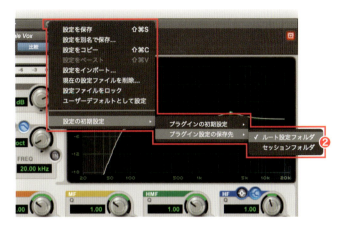

HINT&TIPS　マルチチャンネルとマルチモノタイプの選択はエフェクトの向き不向きを考えて行おう

ステレオトラックにプラグインエフェクトをインサートする場合、メニュー内では同一のエフェクトがマルチチャンネルタイプとマルチモノタイプに分けられて用意されています。

マルチチャンネルタイプはステレオの入力信号をそのままステレオ処理する方式で、ソースのステレオイメージを維持しながらエフェクトをかけることができます。

マルチモノタイプは、ステレオ入力信号を内部的にLチャンネルとRチャンネルに分割し、それぞれにモノラル処理を行う方式です。LチャンネルとRチャンネルの相互作用がないため、選択したプラグインエフェクトによってはステレオイメージが変わってしまう可能性を持っています。

これらの使い分け方ですが、たとえばリバーブの場合、右に定位している音が左の壁に当たって反射するような効果もありますので、マルチチャンネルタイプが向いていると言えるでしょう。同様に、コンプレッサーは左右で入力音量が違う場合、かかり方がちぐはぐになり、定位が定まらなくなりますので、通常はマルチチャンネルタイプを使用します。

一方で、イコライザーのように、LチャンネルとRチャンネルに同じモノラル処理を行っても結果に影響しないエフェクトもあります。こういったケースでは、チャンネル別の設定が必要になったときに**リンク**ボタンをオフにするだけで個別設定が可能になるマルチモノタイプが便利と言えます。

複数のトラックに共通のエフェクトをかけたい（センドエフェクトルーティング）

複数のパートに対して同じエフェクトを同じ設定で使用したい場合、各トラックに同じプラグインエフェクトをインサートすると、設定変更の手間がかかる上にCPU負荷も高くなります。このようなケースでは、Aux入力トラックに1つのプラグインエフェクトをインサートし、そこへ各トラックからオーディオ信号を分岐させて送り出すセンドエフェクトルーティングを用いるのが一般的です。

STEP 1 センドエフェクトルーティング用の新規Aux入力トラックとセンドバスを作成する

任意のトラック（モノラル／ステレオのいずれでもかまいません）の空白のセンドスロットをoption/Alt＋クリックし、**新規トラック❶**を選択すると、新規トラックダイアログが開きます。

ステレオ出力のエフェクトをかけたければ**作成**メニューで**Stereo**を、モノラル出力のエフェクトの場合は**Mono**を選択します。**タイプ**には通常**Aux入力**を、**タイムベース**は**サンプル**を選びます。**名前**でわかりやすい名称（ここではReverb）をつけておきましょう。トラックが選択されていない状態で**現在のトラックの次へ作成**からチェックをはずした場合、最右端にAux入力トラックが作成されます。それ以外の場合は、option/Alt＋クリックしたトラックの右隣にAux入力トラックが作成されます❷。

作成❸をクリックすると、設定に従ってAux入力トラックが新規作成され❹、同時にセンドウィンドウも表示されます。また、Aux入力トラックと同名のバス（Reverb）が自動的に作成され、センドスロットを持つすべてのトラックの同じ段と、新規作成されたAux入力トラックとのセンドエフェクトルーティングが一括で設定されます❺。

▶ 上記の操作をoption/Alt＋クリックではなく、通常のクリックで行った場合、クリックしたトラックのセンドスロットと、新規作成されたAux入力トラックの間でのセンドエフェクトルーティングが設定されます。

▶ **タイプ**のメニューで**オーディオトラック**を選択した場合は、オーディオトラックへのセンドエフェクトルーティングとなります。その後の操作法や得られる結果も基本的に**Aux入力**を選択した場合と変わりませんが、オーディオトラックへのセンドエフェクトルーティングでは、プラグインエフェクトのエフェクト成分だけをレコーディングすることが可能になります。

▶ プラグインインストゥルメントの中にはエフェクトとして使用可能なものもあります。これをセンドエフェクトルーティングで利用する際には、**タイプ**のメニューで**インストルメントトラック**を選択します。

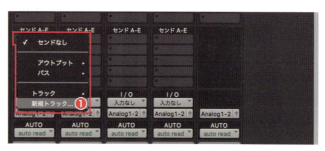

任意のトラックの空白のセンドスロットをoption/Alt＋クリックしメニューから**新規トラック**を選択

▶ option/Altキーを押しながらセンドセレクタをクリックして、メニューから**センドなし**を選択した場合、各トラックのその段に設定されているセンド設定が一括削除されます。

複数のトラックに共通のエフェクトをかけたい（センドエフェクトルーティング）

 Aux入力トラックにプラグインエフェクトをインサートする

次に、STEP1で作成したAux入力トラックのインサートスロットにプラグインエフェクトをインサートします❶。プラグイン設定ウィンドウが開きますから、そこにDRY（ソース）／WET（エフェクト音）のミックス比率を決めるパラメーターが用意されている場合は、必ずWETが100％になるように設定しておきます。

■ プラグインエフェクトのインサート操作やインサート後のパラメーター設定などについて詳しくは、「トラックごとにエフェクトをかけたい（インサートエフェクトルーティング）」（P232）を参照してください。

■ センドエフェクトルーティングで利用しているAux入力トラックはソロセーフモードを有効にしておくと便利です。詳しくは「特定のトラックを常に再生対象にしておくには（ソロセーフ）」（P219）を参照してください。

 センドウィンドウでAux入力トラックへのセンドレベルを設定する

センドフェーダー❶でAux入力トラックへ送り出すオーディオ信号のレベルを調整します。送り出すオーディオ信号のレベルでエフェクトのかかりの深さが変化します。

オーディオ信号を送り出す先のAux入力トラックがステレオの場合は、パンつまみ❷の位置によって送り出すオーディオ信号の定位をコントロールすることができます。**パナーをメインへリンクボタン**❸を点灯させると、トラックのパン設定とセンドウィンドウのパン設定がリンクします。

プリボタン❹を消灯させた状態ではポストフェーダーセンドとなり、点灯させるとプリフェーダーセンドになります。

必要に応じて、各トラックのセンドウィンドウから上記の設定を行います。

■ ポストフェーダーセンドとプリフェーダーセンドの違いについて詳しくは、「トラックのフェーダー設定に関係なくキューミックスを送るには（プリフェーダーセンド）」（P249）を参照してください。

■ 目的のセンドスロットをcontrol/Start＋クリックすると、センドスロットのその段から出力されるオーディオ信号のミュートをオン／オフすることができます。control/Start＋option/Alt＋クリックした場合は全トラックの同じ段のセンドスロットから出力されるオーディオ信号の一括ミュートオン／オフが可能です。またcontrol/Start＋command/Ctrl＋クリックするとその段のセンド機能自体をオン／オフすることができます。control/Start＋option/Alt＋command/Ctrl＋クリックした場合は、全トラックの同じ段のセンド機能自体の一括オン／オフが可能です。

センドスロットをcontrol/Start＋option/Alt＋クリックしてその段から出力されるオーディオ信号を一括ミュートオン／オフ

センドスロットをcontrol/Start＋option/Alt＋command/Ctrl＋クリックしてその段のセンド機能を一括オン／オフ

複数のトラックのオーディオ出力を1つにまとめたい（サブミックスルーティング）

楽器ごとや声部ごとにトラックを分けて作成しているドラムやコーラス、管楽器、弦楽器アンサンブルなどは、それぞれを個別トラックで扱うよりも、セクションごとにサブミックスを作成するといいでしょう。セクション全体に共通のエフェクトをかけたり、セクション内のパートのミックスバランスを保ったままセクションとしての音量を上下させたりといった操作が容易になります。

STEP 1　サブミックスルーティング用の新規Aux入力トラックとセンドバスを作成する

サブミックスにまとめたいトラック（モノラル／ステレオのいずれでもかまいません）のうちのどれか1つのI/Oセクションでアウトプットセレクタをクリックし、メニューから**新規トラック❶**を選択すると、**新規トラックダイアログ**が開きます。

現状のトラックでのパン設定をそのまま活かしたい場合は**作成**メニューで**Stereo**を、すべてモノラル扱いにしたい場合は**Mono**を選択します（トラックからパンつまみが消えます）。**タイプ**には通常**Aux入力**を、**タイムベース**は**サンプル**を選びます。名前でわかりやすい名称（ここではVocal）をつけておきましょう。**現在のトラックの次へ作成**にチェックをつけた場合、I/Oセクションでアウトプットセレクタをクリックしたトラックの右隣にAux入力トラックが作成されます❷。

作成❸をクリックすると、設定に従ってAux入力トラックが新規作成されます❹。また、Aux入力トラックと同名のバス（Vocal）が自動的に作成され、I/Oセクションでアウトプットセレクタをクリックしたトラックと新規作成されたAux入力トラックとのサブミックスルーティングが設定されます❺。

> タイプのメニューでオーディオトラックを選択した場合は、オーディオトラックへのサブミックスルーティングとなります。その後の操作法や得られる結果も基本的にAux入力を選択した場合と変わりませんが、オーディオトラックへのサブミックスルーティングでは、サブミックスの内容をレコーディングすることが可能になります。

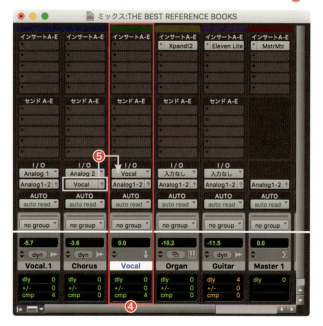

STEP 2 残りのトラックの出力設定を行う

サブミックスにまとめたい残りのトラックのアウトプットセレクタをクリックして、メニューの**バス**からSTEP1の操作で作成されたバス（Vocal）を次々に選択していきます❶。

これらのトラックからのオーディオ出力はすべてサブミックスルーティングが設定されたAux入力トラックに送られます❷。こうすることで、トラックのフェーダーやパンつまみで設定したセクションを構成する各パートの音量バランスや定位を変更することなく、サブミックスルーティングが設定されたAux入力トラックのフェーダー（やパンつまみ）でセクション全体の音量（や定位）を自由に調整することが可能になるわけです。

また、サブミックスルーティングが設定されたAux入力トラックのインサートスロットにプラグインエフェクトをインサートすることで❸、セクション全体にそのエフェクトをかけることができます。

なお、サブミックスルーティングの場合、プラグイン設定ウィンドウにDRY（ソース）／WET（エフェクト音）のミックス比率を決めるパラメータが用意されているときは、WET（エフェクト音）の比率を適宜設定してください。

▶ プラグインエフェクトのインサート操作やインサート後のパラメーター設定などについて詳しくは、「トラックごとにエフェクトをかけたい（インサートエフェクトルーティング）」（P.232）を参照してください。

▶ サブミックスルーティングを設定しているAux入力トラックはソロセーフモードを有効にしておくと便利です。詳しくは「特定のトラックを常に再生対象にしておくには（ソロセーフ）」（P.219）を参照してください。

HINT&TIPS サブミックスルーティング向きのエフェクトとセンドエフェクトルーティング向きのエフェクト

複数のトラックに対して共通のエフェクトをかけられるという点で、サブミックスルーティングとセンドエフェクトルーティングは似ていますが、用途は大きく異なります。

センドエフェクトルーティングはトラックごとにセンドレベルを変え、ソースに付加するエフェクト音の量を変えられるのが特徴で、リバーブやディレイといった空間系エフェクトを共有して使用したい場合に適していると言えます。

一方、サブミックスはまとめられたオーディオ信号全体に対してエフェクト処理を行うため、コンプレッサーやイコライザーなど、1つのセクションのトータルなサウンドを調整したい場合に適しています。

ただし、ミックス作業の際のテクニックの1つとしてソースとコンプレッサーがかかった音をミックスして使いたいようなケースでは、あえてコンプレッサーに対してソースに付加するエフェクト音の量を変えられるセンドエフェクトルーティングを用いることもあります。

複数のトラックのフェーダーを まとめて操作したい（VCAマスタートラック）

PTSには複数トラックの一括操作方法として、トラックグループ以外にVCAマスタートラックも用意されています。VCAマスタートラックには、VCAスレーブトラックのフェーダーが常時調整可能となり、かつVCAスレーブトラックのボリュームオートメーション設定を活かしたままVCAマスタートラックのフェーダーで音量の全体的なコントロールが行える利点があります。

 VCAマスタートラックを作成する

トラックメニューから新規❶を選択し、新規トラックダイアログを開きます。

新規に作成数を入力し、トラックの種類にVCAマスターを、形式にサンプルを選択して❷、作成❸をクリックすると、VCAマスタートラックが作成されます❹。

必要があれば、VCAマスタートラックのトラック名をダブルクリックして、名称をわかりやすいものに変更することもできます。

STEP 2　トラックグループとVCAマスタートラックをリンクさせる

　VCAマスタートラックを利用した一括フェーダー操作を行うには、対象にするトラック間でトラックグループが用意されている必要があります。

　まだトラックグループが用意されていない場合は、対象にするトラック間でグループを新規作成する際に、**グループを作成**ダイアログで、**VCA**❶のメニューからSTEP1で作成したVCAマスタートラックを選択します。この方法で新規トラックグループを作成した場合、VCAマスタートラックとのリンクが自動的に成立します。

▶ トラックグループを新規作成する方法について詳しくは「複数のトラックをまとめて操作したい（トラックグループ）」（P224）を参照してください。

　既存のトラックグループとVCAマスタートラックをリンクさせる場合はVCAトラックのグループアサインメントセレクタから目的のトラックグループを選択します❷。

　VCAマスタートラックとリンクされたグループ内の各トラックをVCAスレーブトラック呼びます。リンクが完了すると、グループリストのグループ名にVCAマスタートラック名が加えられ❸、VCAマスタートラックのフェーダーの操作でVCAスレーブトラックのフェーダーの一括操作が可能になります。他にVCAマスタートラックからは、VCAスレーブトラックのソロ／ミュートの一括操作が可能で、**トラックレコードボタン**については、あらかじめ**トラックレコードボタン**を点滅状態にしておいたVCAスレーブトラックに対してのみ一括オン／オフ操作が行えます。また、**インプットモニター**ボタンはあらかじめオンにしておいたVCAスレーブトラックに対する一括オフ操作のみ可能です。

▶ VCAマスタートラックとのリンク成立後は、VCAマスタートラックでの操作とトラックグループ機能による一括操作がだぶるものについては、トラックグループでの一括操作設定の方が無効となります。また、トラックグループを無効にした場合でも、VCAマスタートラックから操作できるものについては一括操作が可能です。

　ボリュームオートメーション設定後のVCAスレーブトラックに対してVCAマスタートラックのフェーダーで音量操作が行われると、オートメーションの設定全体に対する音量操作の結果が、編集ウィンドウのボリューム表示に青いラインで表示されます❹。

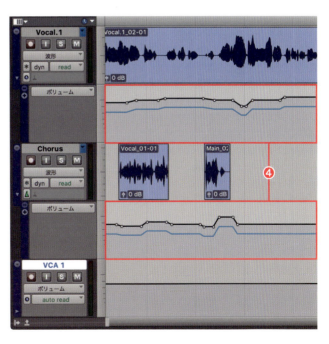

▶ VCAマスタートラック自体にオートメーションを設定することが可能です。またトラックグループはVCAマスタートラックを対象にして作成することができます。そのため、VCAマスタートラック同士をまとめたトラックグループを作成し、そのトラックグループにさらに別のVCAマスタートラックをリンクさせるといった使い方にも対応できるわけです。

他のトラックのレベルでエフェクトのかかり方を制御したい（サイドチェインルーティング）

プラグインエフェクトの中には、他のトラックのレベルを参照しそれを基準にかかり方を制御できるものがあります。代表的なものがコンプレッサーで、たとえばナレーションが入るとそれに反応してBGMのレベルを下げる、キックが鳴るタイミングでベースのレベルを下げるといったケースで利用されます。このような効果を生み出すためのルーティングをサイドチェインと呼びます。

STEP 1 キー入力信号の送受信に使用するバスを設定する

ここではDyn 3 Compressor/Limiterを使用し、キックの音量に応じてベースにコンプレッションを加えるというケースを例に解説を進めます。

この場合、キックのトラックからのオーディオ信号をベースのトラックにインサートしたDyn 3 Compressor/Limiterに入力することになりますが、ここでのキックからのオーディオ信号のような、エフェクトをコントロールするためのオーディオ信号のことをキー入力と呼びます。Dyn 3 Compressor/Limiter側では、キー入力信号をインプットまたはバスから受け取ることができますが、セッション内の他のトラックからキー入力信号を受ける場合は、バスを利用するのが通常です。

まず、**設定**メニューから**I/O**❶を選択して**I/O設定**ウィンドウを開きます。タブを**バス**に切り換えると現在のバス設定がすべて表示され、そのうち使用中のものは太字で表されます。この中から任意の未使用バスを選んで、キー入力用のバスとしましょう。混乱しないようにわかりやすい名前に変更しておきます（ここではモノラルのキー入力信号を想定しているので、目的のバスの▶をクリックしてサブバスの1つを選び、名称をKick SCに変更しています）❷。

利用可能な未使用バスがない場合は**新しいパス**❸をクリックして**新規パス**ダイアログを開きます。ここで、**新規**のメニューから**Mono**を選択し、**パス**でわかりやすい名称（Kick SC）をつけたら❹、**作成**❺をクリックしてパスを作成します。

なお、いずれの操作を行った場合も、アウトプットへのマッピングを設定する必要はありません。

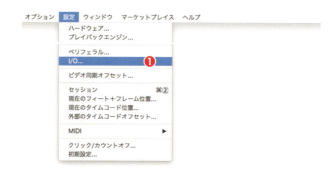

他のトラックのレベルでエフェクトのかかり方を制御したい（サイドチェインルーティング）

STEP 2　キー入力信号を送り出す側のトラックにセンドバス設定を行う

　キー入力信号を送る側のトラック（ここではKick）のセンドスロットをクリックし、メニューの**バス**からSTEP1でキー入力の送受信用に設定したバス（Kick SC）を選択します❶。

　センドフェーダーが∞の位置にある状態でセンドウィンドウが開くので、0dBまで上げ❷、通常はそのままポストフェーダーセンド（**プリ**ボタンを点灯させない状態❸）にしておきます。

▶ ポストフェーダーセンドではキー入力信号のレベルがトラックのフェーダー設定に比例して増減します。またトラックをミュートするとキー入力信号もミュートされます。そのため、当然キー信号を受け取る側のエフェクトの効きにも影響が及びます。一方、プリフェーダーセンドでは、トラックのフェーダーやミュートとは無関係にキー入力信号のレベルやミュートのオン／オフを設定できます。トラックのフェーダーを上下させたり、トラックをミュートしたとしても、送り出すキー入力信号のレベルに変化がないため、キー信号を受け取る側のエフェクトの効きに影響が及ぶことはありません。

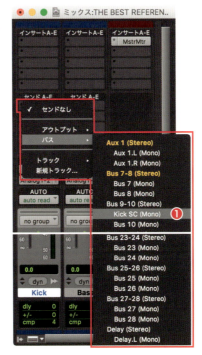

STEP 3　キー入力信号を受け取る側のトラックにプラグインエフェクトをインサートする

　キー入力信号を受け取ってエフェクトのかかり方を制御したい側のトラック（ここではBass）のインサートスロットに、プラグインエフェクト（Dyn3 Compressor/Limiter）をインサートします❶。

▶ プラグインエフェクトのインサート操作やインサート後のパラメーター設定などについて詳しくは、「トラックごとにエフェクトをかけたい（インサートエフェクトルーティング）」（P232）を参照してください。

ROUTING & MIXING

STEP 4 プラグインエフェクトにキー入力信号の入力設定を行う

まずSTEP3でインサートしたプラグインエフェクト（Dyn3 Compressor/Limiter）のプラグイン設定ウィンドウで**キーインプット**をクリックして、STEP1でキー入力信号の送受信用に設定したバス（Kick SC）を選択します❶。

次にプラグインエフェクトのサイドチェイン設定で、キー入力信号を有効にします。Dyn3 Compressor/Limiterの場合、**SIDE-CHAIN**セクションの鍵マーク❷をクリックして点灯させると有効になります（BF-76のように、**キーインプット**にバスを選択しただけでサイドチェイン設定が有効になるプラグインエフェクトもあります）。キー入力信号を有効にすると、プラグインエフェクトの入力レベルのパラメーター設定が無効になります。

なお、Dyn3 Compressor/Limiterの場合はキー入力信号に対してフィルターをかけ、特定の帯域だけをキー入力信号として使用することができます。これを利用する際は、HF/LF横の**IN**ボタン❸を点灯状態にして、フィルターの種類を選択し❹、フィルターつまみ❺で周波数を調整します。また、**リッスンボタン**❻を点灯させることで、フィルターを反映したキー入力信号をモニターすることも可能です（フィルター設定が終わったらリッスンボタンを消灯状態に戻してください）。

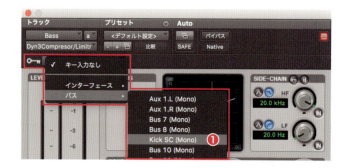

▶ 画面例では、HFでハイカットを選択して、キー入力信号から136Hz以上の周波数をカットし、それ以下の帯域の信号に反応してコンプレッサーがかかるように設定しています。

▶ キー入力信号にフィルターを設定しても、キー入力信号を送り出す側のトラック（ここではKick）のサウンドには一切影響ありません。

STEP 5 キー入力信号を送り出す側のセンドフェーダーでキー入力信号のレベルを設定する

キー入力信号のレベルは、キー入力信号を送り出す側のトラック（Kick）のセンドフェーダー❶で設定します。

ここでの例のようにコンプレッサー系のプラグインエフェクトにサイドチェインルーティングを適用する場合は、センドフェーダーで設定するセンドレベルとプラグインエフェクト側のスレッショルド（Dyn3 Compressor/LimiterではTHRESH）パラメーター❷設定の兼ね合いで最終的なエフェクトのかかり方が左右されるので、効果をよくモニターしながら適切な値に設定しましょう。

▶ キー入力信号を送り出す側のトラック（Kick）のセンドフェーダーでキー入力信号のレベルをどれだけ上げても、キー入力信号を受け取る側のトラック（ここではBass）からのオーディオ出力に混入することはありません。

プレイヤー専用のミックスを作りたい（キューミックスルーティング）

レコーディングの際、シンガーやプレイヤーがそれぞれ自分に合わせたバランスでモニターしたいというケースがよくあります。そのような場合、PTSではメインのミックスとは別に複数のモニター用のミックス（キューミックスと呼ばれます）を作成することができます（オーディオインターフェースの出力ポートが4つ＝ステレオ2系統以上装備されていることが条件となります）。

STEP 1 　キューミックス用のマスターフェーダートラックを作成する

まず、メインミックス用とは別にキューミックス用のマスターフェーダートラックを必要なキューミックスの数に合わせて作成します。

この新たに作成したマスターフェーダートラックのアウトプットセレクタをクリックして、**アウトプット**のメニューからメインミックスに使用しているアウトプットパスとは別のアウトプットパス（ここではAnalog 3-4）を選びます❶。

また、キューミックス用のマスターフェーダートラックのトラック名をダブルクリックして、わかりやい名称に変更しておきましょう❷。

> キューミックスをオーディオインターフェースのヘッドフォンアウト、メインミックスをオーディオインターフェースの出力ポートに接続されたモニタースピーカーで聴く場合は、オーディオインターフェース本体のルーティング設定が必要になります。詳しくはお手持ちのオーディオインターフェースのマニュアルを参照してください。

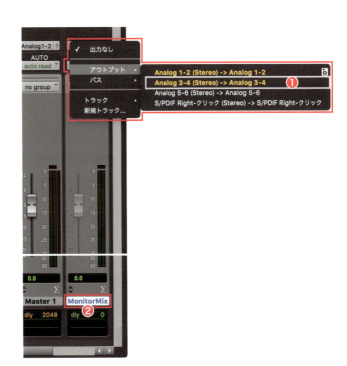

STEP 2 　センドフェーダーの初期値を設定する

事前準備として、センドフェーダーの初期値を設定しておきましょう。**設定**メニューから**初期設定**を選択してPro Tools初期設定ダイアログを開き、**ミキシング**タブのセンドの初期設定を**[-INF]から**はチェックをはずし、**センドパンはメインパンに従う**にはチェックをつけます❶。

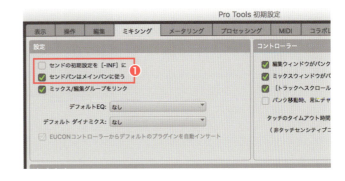

ROUTING & MIXING

STEP 3　キューミックス用のセンドバスを作成する

続いてキューミックス用のセンドバスを作成します。なお、その際は他の用途のセンドバスと区別しやすいように、全トラックを通じて未使用のセンドスロットに作成するといいでしょう。

任意のトラックの目的のセンドスロットをoption/Alt＋クリックし、**アウトプット**のメニューから、STEP1で設定したキューミックス用のアウトプットパスと同じもの（Analog 3-4）を選択します❶。すると、各トラックのそのスロットと同じ段にも、自動的に同じアウトプットパス設定のセンドバスが作成されます❷。

この時点ではまだメインミックスとキューミックスの両方に同じ内容のオーディオ信号が出力されます。

▶ STEP3の操作終了後はSTEP2で行った**Pro Tools 初期設定**での設定を元の状態に戻しておきましょう。

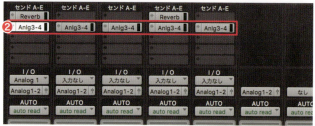

HOW TO　キューミックスのミックスバランスを調整するには

キューミックスのミックスバランスは各トラックのセンドウィンドウのフェーダーやパンつまみなどから調整します。センドウィンドウは、目的のトラックのキューミックス用のセンドが設定されたセンドスロット❶をクリックすると開きます。開いてすぐのセンドウィンドウ上ではSTEP2での設定に従って、フェーダーが0dB、パンつまみがトラックのパンつまみと同じ位置になっています❷。なお、パンつまみの位置を調整する際は、**パナーをメインへリンク**ボタン❸を消灯させます。

センドウィンドウの**ターゲット**ボタン❹を点灯させている場合は常時1つのウィンドウ表示となり、別トラックのセンドスロットのクリックに応じて内容が切り換わります。消灯時には、別トラックのセンドスロットのクリックに応じて各トラック個別のセンドウィンドウが複数表示されます。

また、任意のトラックの**センドセレクタ**ボタン❺をcommand/Ctrl＋クリックすると、全トラックでセンド拡張表示❻が有効になり、ここから直接フェーダー、パンつまみ、ミュートのオン／オフ、プリ／ポストフェーダーの切り換え操作が行えるようになります。

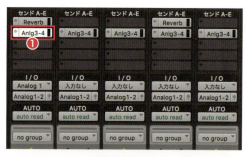

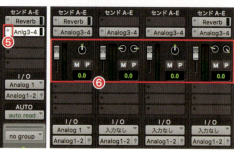

▶ センド拡張表示を元の状態に戻したいときは、目的の**センドセレクタ**ボタンをcommand/Ctrl＋クリックしてください。またセンド拡張表示／非表示の切り換え操作は、**表示**メニューの**センド拡張表示**から目的のセンドスロットへのチェックの有無によっても行うことができます。

248

HOW TO トラックのフェーダー設定に関係なくキューミックスを送るには（プリフェーダーセンド）

クリック音やガイドメロディなど、メインミックスでミュートされていたり、極端にレベルが下げられているトラックの音をキューミックスに送る際は、プリフェーダーセンドを使用します。

プリ／ポストフェーダーセンドの切り換えは、センドウィンドウの**プリ**ボタン❶か、センド拡張表示の**P**ボタン❷のクリックで行います（点灯状態がプリフェーダーセンドであることを表します）。

プリフェーダーセンドに設定したトラックでは、メインミックスのフェーダーの位置やミュートのオン／オフ設定がセンドウィンドウ／センド拡張表示のフェーダーやミュートのオン／オフ設定に影響を与えなくなるため、完全にメインミックスの設定から切り離された音量の設定が可能です。

▶ ポストフェーダーセンドに設定している場合は、キューミックスのフェーダーの0dB位置での音量が現在のメインミックスのフェーダー位置で得られる音量と同じになります。たとえばメインミックスのフェーダーが−20dBに設定されているならば、キューミックスのフェーダーが0dBの位置にあっても、実際にキューミックスで得られるのは−20dBの音量になるわけです。同様に、メインミックスのフェーダーが∞の位置にあったり、ミュート状態にある場合は、キューミックスのフェーダーを上げきったとしても、一切音は出なくなります。

HOW TO メインミックスのフェーダーやパン、オートメーション設定をキューミックスに適用させるには

キューミックスでプリフェーダーセンドを使用する際に、いったんキューミックスをメインミックスの設定と同じ状態にしたいケースもあるでしょう。そのような場合は、コマンドを使ってメインミックスのフェーダーやパンつまみ、ミュートのオン／オフなどの情報を、オートメーションまで含めてキューミックスにコピーすることができます。

目的のトラックを選択し（複数選択も可）、**編集**メニューから**センドにコピー**❶を選択すると、**センドにコピー**ダイアログが表示されます。このダイアログで、キューミックスに適用させたい項目にチェックをつけ❷、キューミックス用のセンドバスが設定されているセンドスロットを**送信先**のメニューから選択します❸。OK❹をクリックするとキューミックスの設定にメインミックスの設定が適用されます。

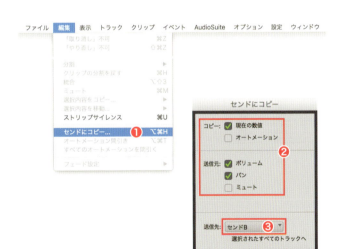

HINT&TIPS オーディオインターフェースから離れた場所でマイクレコーディングするときは

実際にプレイヤーにキューミックスをモニターしてもらいながら、ボーカルやアコースティックギターをレコーディングする場合は、キューミックスをオーディオインターフェースのヘッドフォンアウトから出力するよりも、2〜4チャンネル程度の小型の外部ミキサーを用意して、ミキサーからのヘッドフォンアウトに接続したヘッドフォンからモニターしてもらった方が、オーディオインターフェースからヘッドフォンまでのケーブルの長さの制約から解放されるため、取り回しが楽になることが多いでしょう。ここでの例でいくと、オーディオインターフェースのAnalog 3-4出力ポートと外部ミキサーの1-2チャンネル入力を必要な長さのケーブルで接続して、ミキサーのヘッドフォンアウトでモニターしてもらうわけです。

外部エフェクト機器をトラックにインサートして使用したい

ミックス作業の際に、使い慣れた外部（ハードウェア）エフェクターやソフトウェアエミュレート版ではない実物のビンテージアウトボードを併用したいケースもあるでしょう。そのような場合、オーディオインターフェースと外部エフェクターを接続し、i/oプラグインを使用することで、目的のトラックのインサートスロットから外部機器とのオーディオ信号のやり取りが可能になります。

STEP 1 外部エフェクターとの接続に使用するオーディオインターフェースのポートを設定する

i/oプラグインを利用したインサート操作の前に、まずPTS側で外部エフェクターとの接続に使用するオーディオインターフェースの入出力ポートを設定します。

設定メニューから**I/O**❶を選択し、**I/O設定**ウィンドウの**インサート**タブを開きます。現在設定されているパスと使用可能な入出力ポートが表示されるので、未使用の（レコーディング入力やモニター出力に使用していない）入出力ポートがあることを確認します。

▶ ここでの操作には、オーディオインターフェースの出力ポートが最低でも3つ（＝メインモニター出力に使用するステレオ1系統＋i/oプラグインで使用するモノラル1系統）以上装備されていることが前提となります。また入力ポートの装備については1つあれば実現可能です（ただしその場合、レコーディング入力は使用できません）。

未使用の入出力ポートにすでにパスが設定されている場合は、その中から任意のものを選んで、わかりやすい名前に変更しておきます。

未使用の入出力ポート❷にパスが設定されていない場合は、**新しいパス**❸をクリックして**新規パス**ダイアログを開き、パスを作成します（画面例ではポート5に対応するMonoのパスを1つ作って外部エフェクターの名前をつけています）❹。なお、**インサート**タブのポート表示は入出力がセットになります。

PTS側でポートの設定が完了したら❺、外部エフェクターの入出力端子とオーディオインターフェースの入出力ポート（ここではポート5）を接続します。また、外部エフェクターとの接続の際には、オーディオインターフェースの入力ポートをマイク入力やギター入力用ではなく、必ずライン入力用に設定してください。

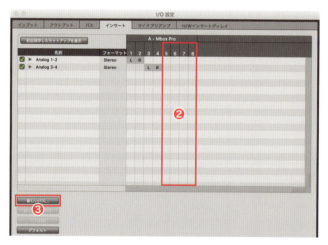

外部エフェクト機器をトラックにインサートして使用したい

STEP 2 目的のトラックにi/oプラグインをインサートする

外部エフェクターを利用したいトラックのインサートスロットをクリックし、i/oのメニューからSTEP1で設定したインサートパス（ここではTube Compressor）を選択します❶。

なお、複数のトラックに同じインサートパスを設定したi/oプラグインをインサートすることはできません。1つの外部エフェクターを同時に複数トラックで使いたい場合は、センドエフェクトやサブミックスルーティングを活用しましょう。

▶ すでに何かの用途で使用されているパスを選択すると、アラートが表示され、**OK**をクリックするとi/oプラグインがオフの状態でインサートされます。

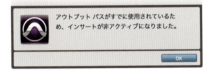

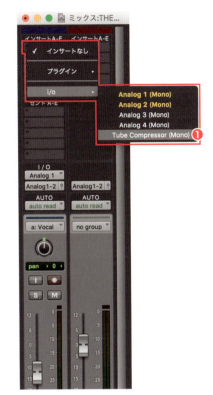

▶ 複数のトラックに共通のエフェクトを使う方法について詳しくは、「複数のトラックに共通のエフェクトをかけたい（センドエフェクトルーティング）」（P238）、「複数のトラックのオーディオ出力を1つにまとめたい（サブミックスルーティング）」（P240）を参照してください。

HOW TO 外部エフェクターの処理による遅延を補正するには

プラグインエフェクトのリアルタイム処理時間の差などによるトラックごとの再生タイミングのずれは、基本的にPTSが自動補正してくれるのですが、外部エフェクター処理による遅延はPTS側では検知できないため、マニュアルで補正する必要があります。

外部エフェクターの処理による遅延時間は、i/oプラグインを有効にした状態でバウンスを行った波形と、本来の波形のスタート位置を比較することで確認することができます。

補正をマニュアルで行う場合は、**設定**メニューから**I/O**❶を選択し、I/O設定ウィンドウ内の**H/Wインサートディレイ**タブを開きます。STEP1で設定したインサートパスに対応しているオーディオインターフェースのポート（ここではポート5）のに、ミリ秒単位で遅延時間を入力します。ここで入力した時間が遅延補正の値になります❷。

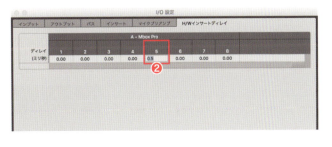

▶ i/oプラグインを通じて外部エフェクターを使用した場合は、**バウンス**ダイアログ左下にある**オフライン**のチェックは必ずはずしておきます。

プラグインエフェクトの遅延によって発生するトラックごとのずれを補正したい

DAW上でのミックスでは、トラックごとにインサートしているプラグインエフェクトが異なったり、ルーティングが異なる場合、リアルタイム処理にかかる時間の差による再生タイミングのずれが起きる可能性があります。PTSはそのようなずれを自動的に補正する機能を備えており、セッション全体の演奏タイミングが破綻しないように考慮されています。

STEP 1　遅延補正機能を有効にする

オプションメニューから**遅延補正❶**を選択してチェックをつけ、遅延補正を有効にします。遅延補正が有効な状態では、各トラック間のリアルタイム処理時間の差による再生タイミングのばらつきが自動的に補正され、通常の作業時に違和感を感じることはほぼなくなります。

HOW TO　遅延補正をマニュアルで調整するには

表示メニューのミックスウィンドウビューで**遅延補正❶**にチェックをつけると、ミックスウィンドウの各トラック最下段に遅延補正の状況が表示されます。

数値はサンプル単位で、dly（プラグインディレイ）はそのトラックのプラグインで発生している遅延を表し、cmp（トラック補正）は全体の整合性のためにそのトラックに加えられている遅延を表しています**❷**。オレンジで表示されているのが最も遅延しているトラックで、遅延補正エンジンはそれに合わせて他のトラックのcmp値を調整し、再生タイミングをそろえています。

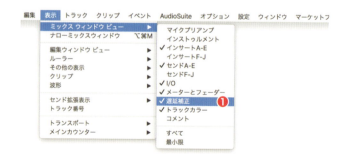

プラグインエフェクトの遅延によって発生するトラックごとのずれを補正したい

cmp値は、**+/-**（ユーザーオフセット）❸に任意のサンプル値を入力してマニュアル補正を行うこともできます。

また、あるトラックの遅延があまりに大きいときには、数値が赤く表示されることがあります❹。この場合はそのトラックのタイミングが補正不能であり、遅延補正が行われないことを意味します。

▶ PTSでは最大16,383サンプルまでの遅延補正が可能なので、通常の使用ではまず補正不可になるようなことはありません。

このようなケースでは、**dly**を右クリックしてコンテキストメニューから**プラグインディレイ無効**を選択し（グレーアウト表示になります）❺、表示されている遅延時間のサンプル値を元に、シフトによるクリップ移動でタイミングを補正しましょう。

▶ シフトによる数値設定に従ったクリップの移動操作について詳しくは「クリップを数値による位置指定で移動させるには」（P127）を参照してください。

HOW TO　遅延補正効果を常時有効にする／無効にするには

通常、レコーディング待機（トラックレコードボタンと録音ボタンが点滅）状態のオーディオトラックでは、レーテンシー回避のため**dly**設定が自動的にオフになります（レコーディング中やパンチインの最中も同様です）。

このような状況で、あえて強制的に**dly**設定をオンにしたい場合は、**cmp**をcontrol/Start+command/Ctrl+クリックして青い表示の状態にします❶。ただし、通常の作業でこの操作が必要になるケースはほとんどありません。

遅延補正機能自体を無効にしたい場合は、**オプション**メニューで**遅延補正**❷からチェックをはずします。

253

オートメーションを
リアルタイムで書き込みたい／修正したい

フェーダーやパンつまみを操作した動きを記録し、その後の再生で同じ動きを再現するのがオートメーションです。PTSではプラグイン設定ウィンドウを含め、ほとんどの操作子（フェーダーやつまみ、ボタンなど）がオートメーションに対応しています。ここでは、実際に行った操作の動きをそのままリアルタイムで記録し、それに対してエディットを加える方法を紹介します。

STEP 1 オートメーションの書き込みを認める操作子を指定する

ウィンドウメニューからオートメーション❶を選択してオートメーションウィンドウを開きます。

書き込み可能セクションで点灯状態に設定したものが、オートメーションの書き込みを認めた操作子になります。クリックで点灯／消灯が切り換わります。

各ボタンの略称表記は、PLUG IN（プラグイン）、VOL（トラックフェーダー）、PAN（トラックパンつまみ）、MUTE（トラックミュート）、S VOL（センドフェーダー）、S PAN（センドパンつまみ）、S MUTE（センドミュート）を意味します❷。あえて除外しておきたいものがなければ、すべて点灯させておきましょう。

▶ レコーディングの際に同時にオートメーションも書き込みたいときは、あらかじめPro Tools初期設定ダイアログの操作タブ内で、録音中のオートメーションをオンにチェックをつけておきます。

STEP 2 オートメーションモードを設定する

オートメーションの書き込みにはさまざまなモードが用意されていますが、ここでは操作と同時に書き込みが始まるlatchモードを使用することにしましょう。オートメーションを書き込みたいトラックのオートメーションモードセレクタをクリックして、メニューからlatch❶を選択すると、オートメーションモードセレクタの表示が、白地に赤いauto latchに変わります❷。

▶ オートメーションモードは編集ウィンドウ上からも同様の操作で行うことができます。

STEP 3 オートメーションを書き込む

セッションをプレイバックし、STEP 1でオートメーションの書き込みを認めた操作子を操作すると❶、その動きがオートメーションとして記録されます。プレイバック中はオートメーションモードセレクタの表示が赤地に白いauto latchに変わります❷。

プレイバックを停止すると書き込み終了となり、オートメーションモードセレクタの表示も元に戻ります❸。

プレイバック中はオートメーションモードセレクタの表示が赤地に白いauto latchに変わる

プレイバックを停止するとオートメーションモードセレクタの表示が白地に赤いauto latchに戻る

HOW TO 記録したオートメーションを利用して操作を再現するには

記録したオートメーションを利用して操作を再現する際は、オートメーションモードセレクタをクリックして、メニューからreadを選択します❶。オートメーションセレクタにauto read❷と表示されたreadモードの状態でセッションをプレイバックすると、STEP 3で行った操作子の動きがそのまま再現されます。

また、編集ウィンドウのトラックビューセレクタ❸のメニューから、オートメーションを記録した操作子（ここではフェーダー—**ボリューム**）を選択すると、トラック上にその内容がグラフィカルに表示されます。

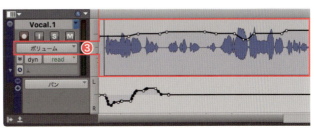

ROUTING & MIXING

HOW TO オートメーションによる操作の再現を一時的にオフにするには

オートメーションウィンドウのSUSPEND❶をクリックして点灯させると、全トラックのオートメーションを一時的にオフにすることができます。

また、任意のトラックのオートメーションをオフにしたいときは、オートメーションモードセレクタをクリックして、メニューからoff❷を選択します。オートメーションモードセレクタにはauto offと表示されます❸。

トラック中の特定の操作子だけのオートメーションをオフにするには、編集ウィンドウでそのパラメーターのトラックビューセレクタをcommand/Ctrl+クリックします。表示がグレーアウトし、そのオートメーションがオフになります❹。shift+command/Ctrl+クリックした場合はそのトラックに記録されているすべての操作子のオートメーションが一括でオフ（オートメーションモードセレクタでauto offにしたときと同じ状態）になります。

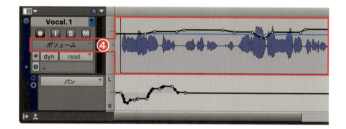

HOW TO オートメーションの内容をリアルタイム操作で書き直す／書き足すには

記録ずみのオートメーションの内容を修正したい場合は、touchモードを使用すると便利です。touchモードにするには、オートメーションモードセレクタでtouch❶を選択します。このモードでは修正したい操作子を動かした間だけオートメーションが書き込まれ、操作を終えると記録が終了し、以降は本来記録されていたオートメーションの内容が保持されます。

また、最初にフェーダー操作を記録し、次にパンポット操作を記録するといった具合に、異なる操作子に対するオートメーションを次々に書き足していきたいときはlatchかtouchモードで記録を行います。

オートメーションを全面的に書き直したい場合はwriteモードを使用します。このモードでセッションをプレイバックすると、操作の有無に関わらず、STEP1で書き込みを認めた操作子に対して、オートメーションを現在の設定値で上書きしていきます。プレイバックを停止すると、誤動作防止のため自動的にlatchモードに切り換わります。

■ latchモードとtouchモードでは、プレイバック中に操作子の操作を終えてからの動作に違いがあります。latchモードでは操作をやめた時点での操作子の位置をキープするかたちでオートメーションの記録を続けます。touchモードでは操作をやめた時点で元のオートメーションの書き換えを停止します。

オートメーションをリアルタイムで書き込みたい／修正したい

HOW TO プラグインエフェクト／インストゥルメントのパラメーター操作をオートメーションに記録するには

プラグイン設定ウィンドウの上部にある**プラグインオートメーションボタン**❶をクリックして**プラグインオートメーションダイアログ**を開きます。

左のリストからオートメーションの書き込みを認めるパラメーターを選択（複数選択や全選択も可）、**追加>>**をクリックすると、そのパラメーターが右のリストに移り、オートメーションの書き込みが許可されます。誤って追加してしまった、あるいは不要になったパラメーターは右のリストから選択後、**<<除外**をクリックして左のリストに戻してください❷。

オートメーションの書き込みを認めるパラメーターのリストが整ったらOKをクリックします。

同じトラックにインサートされているプラグインがインサートスロットでの配置順に**インサート**に表示されますので、ラジオボタンの選択でプラグインを切り換えながら、次々にオートメーションの書き込み可否を設定していくことが可能です。

オートメーションの書き込みを認めたパラメーターは、付属プラグインの場合、オートメーションモードを**read**や**auto off**モード以外に設定しているとプラグイン設定ウィンドウのパラメーターのインジケーターが赤く点灯します（付属プラグインの中にも点灯しないものはあります）❸。

オートメーションの書き込みを認めたパラメーターに対してはトラックの操作子と同様にオートメーションの記録やエディット、新規入力などが行えます。また、**オートメーションセーフボタン**❹を点灯させると、パラメーターのインジケーターがグリーンに変わります。この状態ではオートメーションモードの設定にかかわらず、プラグイン設定ウィンドウ上からのオートメーションの書き込みが行えなくなります。

編集ウィンドウのトラックビューセレクタのメニューに表示されたプラグイン名からパラメーター名❺を選択すると、トラック上にその内容が表示されます。

ROUTING & MIXING

16 オートメーションを
グラフィカルにエディットしたい／入力したい

オートメーションは、フェーダーやパンポットの操作の動きをリアルタイムで記録するだけでなく、マウスを使って既存のオートメーションにエディットを加えたり、まったくオートメーションが記録されていない状態から操作内容を書き込んでいくことも可能です。これらの操作は編集ウィンドウ上で行います。カット／コピー＆ペーストといった操作も含め、柔軟なエディットが可能です。

HOW TO　オートメーション（ブレイクポイント）の位置や値をエディットするには

オートメーションは、MIDIのコントローラーイベントなどと同じようにセレクタツールで範囲選択し、カット❶、コピー、ペーストなどのエディットを行うことができます。

また選択範囲内のオートメーション（ブレイクポイント）は、トリムツールで上下にドラッグして、そこだけ値を一括操作することができます❷。同じ値のブレイクポイント間（水平なライン）については、範囲選択しなくてもトリムツールで値を上下させることができます。さらに、範囲設定を行わずにトリムツールでクリップ内を上下にドラッグした場合は、クリップ全体の値を一括操作できます。クリップ外を上下にドラッグした場合は、トラック全体の値の一括操作になります。

個々のブレイクポイントはグラバーツール❸で上下左右にドラッグすることで、値やロケーションを調整することができます。

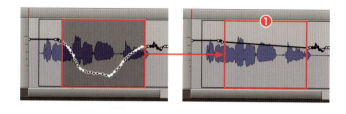

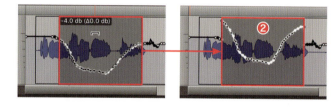

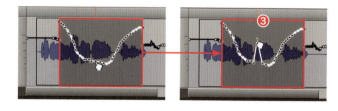

HOW TO　オートメーション（ブレイクポイント）を追加／削除するには

オートメーション表示上でペンシルツールを使えば、クリックした位置にブレイクポイントを追加することができます（ペンシルツールのモードは問いません）❶。

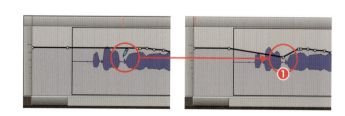

▶ オートメーションはブレイクポイント間の関係によってラインが描写されます。ある箇所だけ調整したい場合は、その箇所以外に前後2つのブレイクポイントを作成し、影響範囲を限定するようにしましょう。

オートメーションをグラフィカルにエディットしたい／入力したい

グラバーツールでライン上の任意の位置をクリックすると、ペンシルツールでライン上をクリックするよりも正確に、ライン上のその位置にブレイクポイントを追加できます❷。

また目的のブレイクポイントをグラバーツールでoption/Alt＋クリックして、削除することができます❸。

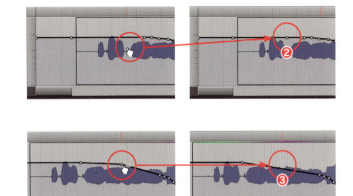

▶ 機能のオン／オフを行うスイッチ系の操作子の場合、入力できる上下の位置が限定されているものもあります。

HOW TO 連続するオートメーションを入力するには

オートメーションを書き換える、あるいは新規に入力する場合は、**フリーハンドモード**のペンシルツールを使用します。オートメーション表示上でドラッグすれば、その動きに従ってブレイクポイントが描かれ、自由な曲線でオートメーションを設定することができます❶。

線モードのペンシルツールでは、始点と終点をドラッグで決定することにより、その間に直線のオートメーションを設定できます❷。

三角形、**正方形**、**ランダム**モードのペンシルツールを使用すると、その形を周期的に繰り返すオートメーションを入力できます❸。この際の周期はグリッドサイズの設定に従い、上下の幅はドラッグの始点と終点の高さで決まります。

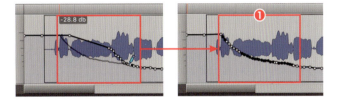

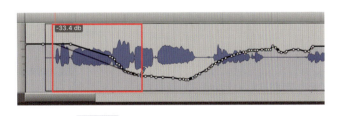

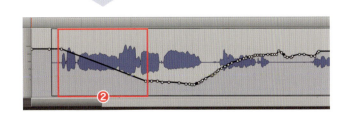

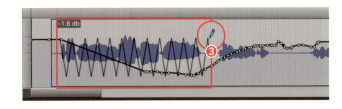

ROUTING & MIXING

17 トラック上のオートメーションをまとめて コピー／カット&ペーストしたい

トラック内に書き込まれた複数の操作子のオートメーションを流用したい場合、操作子ごとに1つ1つコピー&ペーストを行っていくのでは手間がかかります。そのような場合には特殊エディットによる全オートメーションの一括コピー&ペーストで対応しましょう。なお、特殊エディットの対象には選択範囲内にあるコントローラーイベントやピッチベンドイベントもすべて含まれます。

HOW TO 区間内の全オートメーションをカット／コピー／クリアするには

まず編集ウィンドウの目的のトラック上（複数トラックも可）で対象範囲を指定します❶。

次に**編集**メニューの**特殊カット**または**特殊コピー**から**すべてのオートメーション**❷を選択すると、指定範囲内のすべてのオートメーションがカット❸またはコピーされ、内容がクリップボードに保存されます。なお、**特殊クリア**から**すべてのオートメーション**を選択した場合は、対象範囲内の全オートメーションの削除だけが行われます。内容がクリップボードに保存されないため、特殊クリア実行後のペースト操作は行えません。

▶ **特殊○○**のサブメニューから**パンオートメーション**を選択した場合はパンつまみの操作に対するオートメーション（CC#10のMIDIパン情報を含む）、**プラグインオートメーション**を選択した場合は、プラグインエフェクト／インストゥルメントのパラメーターに対するオートメーションだけが、コマンドの対象になります。

▶ 特殊エディットはトラックへのオートメーション表示やレーンの表示の有無、レーンへのオートメーション表示の有無といった状況の違いに関係なく機能します。つまりここでの操作はクリップ表示状態でレーンを閉じているトラックでも利用可能というわけです。

▶ 特殊エディットの各操作（**特殊クリア**を除く）は、トラック上を右クリックしてコンテキストメニューから選択することが可能です。

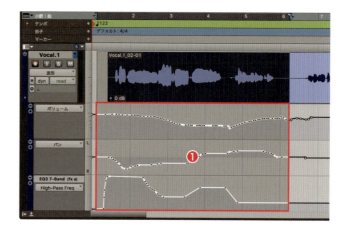

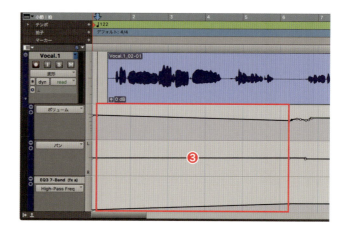

HOW TO 区間内の全オートメーションをペーストするには

特殊カットや特殊コピーしたオートメーションやコントローラーイベントは、トラック上（別トラック上も可）の任意の位置にペーストすることができます。目的のトラック上でペーストの位置を指定後❶、編集メニューからペーストを選択すると、すべてのオートメーションが指定した位置にペーストされます❷。

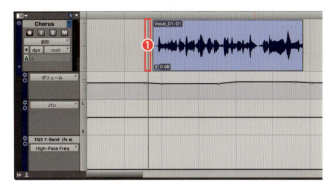

■ 特殊エディットはトラックへのオートメーション表示やレーンの表示の有無、レーンへのオートメーション表示の有無といった状況の違いに関係なく機能します。つまりここでの操作もクリップ表示状態でレーンを閉じているトラックでも利用可能というわけです。

■ 複数のトラックを選択して特殊カットや特殊コピーを行った場合は、ペーストの際も特殊カット／コピー時と同じトラックのすべてでペースト位置を指定して行うか、特殊カット／コピー時と同じ種類、同じ並び順、同じ数のトラックのすべてでペースト位置を指定して行います。

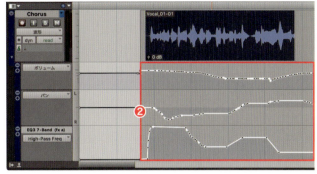

HOW TO オートメーションの内容を別の操作子用のオートメーションに変換して流用するには

オートメーション間、MIDIコントローラー／ピッチベンドイベント間では、ボリュームのオートメーションをパンのオートメーションに流用したり、ピッチベンドイベントの変化をCC#1のモジュレーションに流用する、CC#7のボリュームをCC#11のエクスプレッションに転用するといった、別の操作子や別のMIDIイベントへのカット／コピー&ペーストが可能です。

これを行う際は、まずビューセレクタを使ってトラックやレーンにカットやコピー元にするオートメーション／MIDIイベントを表示させ❶、対象範囲を指定後❷、編集メニュー からカットまたはコピーを選択して実行しておきます。

次に、トラックやレーン上に内容を流用したいオートメーション／MIDIイベントが表示されるように設定し❸、そのトラックやレーン上で目的の位置を指定後、編集メニューから特殊ペーストから現在のオートメーションの種類へ❹を選択してください。カットやコピー元と同じラインが、指定した位置にペーストされます❺。

■ この操作はオートメーションとMIDIイベント間では利用できません。

ROUTING & MIXING

18 トラックの内容をオーディオファイルに書き出したい（トラックバウンス）

トラックバウンスとは、セッションの全トラックを対象にした通常のミックスダウン形式のバウンスと異なり、指定したトラックの内容を個別のオーディオファイルとして書き出すための機能です。PTSではAux入力トラックのバウンスも可能なので、複数トラックからのオーディオ出力をAux入力トラックにまとめたサブミックス（ステム）ファイルの作成にも簡単に対応できます。

STEP 1 トラックバウンスの対象にするトラックと範囲を指定する

トラックバウンスを行うには、まず対象のトラック名をクリックして選択状態にする必要があります❶。目的のトラック名をshift＋クリックすると連続選択、command/Ctrl＋クリックすると任意選択（選択解除も）が可能です。

▶ MIDIトラックはトラックバウンスに対応していません。

次に、編集ウィンドウのメインルーラーで範囲を適宜設定します。この際にはプラグインエフェクトやプラグインインストゥルメントの音色の余韻を考慮して、右端に余裕を持たせておきましょう❷。

また、左端をセッションスタートの位置にしておくと❸、別のセッションで利用する際や、トラックバウンスで作成したオーディオファイルを他のDAW上で利用する場合などに、曲の先頭を基準にした簡単かつ正確なトラック上への再配置が行えるようになります。

なお、複数トラックを対象にしたトラックバウンスでは、各トラック個別に対象範囲を設定することはできません。トラックバウンスで作成されるすべてのオーディオファイルの長さが、メインルーラーで設定した範囲と同じ長さになります。

▶ 範囲指定を行わない場合は、セッション全体の長さがトラックバウンスの対象になりますが、書き出されるオーディオファイルが思わぬ長さとなる場合もあります。基本的にトラックバウンスは範囲を指定した上で行うものと理解しておいてください。

▶ サイドチェインルーティングでキー入力信号を受ける側のトラックに対してトラックバウンスを行う場合は、事前に必ずキー入力を送る側のトラックがミュートされていないことを確認してください。ミュート状態になっていると正しいトラックバウンス結果が得られません。

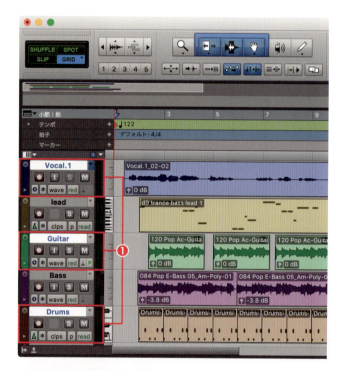

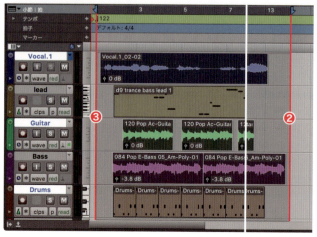

STEP 2 バウンス設定を行い、処理を実行する

トラック選択と範囲指定が終わったら、バウンス対象のトラック名（複数の場合その中のどれかのトラック名）を右クリックし、コンテキストメニューから**バウンス**❶を選択します。

トラックバウンスダイアログが表示されるので、各種設定を行います。**オートメーションをレンダー**でチェックをつけた項目のオートメーションがバウンス結果に反映されます❷。なお、**パン**にチェックをつけた場合は、**フォーマット**❸で**マルチモノ**や**インターリーブ**を選択すると、モノラルトラックの内容がステレオファイルとして書き出されます（**パン**にチェックをつけなければ、どのフォーマットを選んでも、モノラルトラックはモノラルファイルとして書き出されます）。

▶ **マルチモノ**はLRを別ファイルとするステレオ形式、**インターリーブ**はLRで1ファイルとするステレオ形式です。

▶ ステレオトラックは**フォーマット**のメニューに**モノ（合計済）**が加わり、これを選択することでモノラルファイルとして書き出すことができます。ただし、複数トラックを選択してトラックバウンスを行う際には**モノ（合計済）**が選択できなくなります。

▶ **ファイルタイプ**、**ビットデプス**、**サンプルレート**には、デフォルト選択としてセッションの設定に従ったものが表示されますので、通常は特に変更する必要はありません。

バウンス後にインポートする❹にチェックをつけると、書き出したオーディオファイルを現在のセッションに自動的に配置することができます。**ファイル名の接頭文字**で書き出し後のファイル名の先頭につける文字列を設定することも可能です（その後にトラック名が続くファイル名になります）。また、必要があれば**ディレクトリ**で**選ぶ**をクリックして、書き出したオーディオファイルの保存場所を再指定しておきましょう❺。**オフライン**❻にチェックをつけておくと、指定した範囲を実時間より短時間で書き出すことができます（外部MIDI音源や外部エフェクト機器を使用しているトラックが対象の場合はチェックをはずします）。

バウンス❼をクリックすると処理が行われ、**ディレクトリ**の場所に保存されます❽。

▶ トラックバウンスでは、書き出すオーディオファイルの内容に、対象トラックにインサートされているすべてのプラグインエフェクトの効果が反映されます。ただし、センドエフェクトルーティングで利用しているプラグインエフェクトの効果や、マスターフェーダートラックにインサートされているプラグインエフェクトの効果は反映されません。

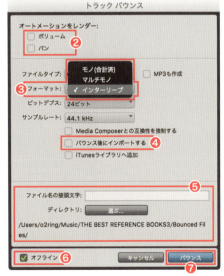

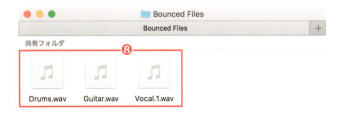

ROUTING & MIXING

バウンス後にインポートするにチェックをつけた場合は処理後に**オーディオインポートオプション**ダイアログが表示されます。**デスティネーション❾**で**新規トラック**のラジオボタンをオンすると、トラック上とクリップリスト内に、**クリップリスト**をオンにした場合はクリップリスト内にだけインポートされます。また**新規トラック**をオンにした際は、**場所**のメニューでトラック上の配置位置を選択してから**OK❿**をクリックします。

HOW TO トラックバウンスでサブミックス（ステム）ファイルを書き出すには

サブミックスルーティングによって複数のトラック❶からのオーディオ出力を1つのAux入力トラック❷にまとめている場合、そのAux入力トラックを対象にしてトラックバウンスを行うと、簡単にサブミックス（ステム）ファイルが作成できます。

編集ウィンドウのメインルーラーでトラックバウンス対象範囲を設定後❸、目的のAux入力トラック（ここではST_BUS）のトラック名を右クリックし、コンテキストメニューから**バウンス❹**を選択します。

通常のトラックバウンス時と同様、**トラックバウンスダイアログ**で各種設定を適宜行い、**バウンス**をクリックすると、サブミックスの内容を書き出したオーディオファイルが作成されます（画面例では**バウンス後にインポートする**にチェックをつけてトラックバウンスを行ったため、新規にST_BUS-Stトラックが作成され、そこにトラックバウンスによって作成されたオーディオファイルがオーディオクリップとして配置されます）❺。

> このままの状態でプレイバックを行うと、ST_BUS-Stトラック自体のオーディオ出力と、Vln1からVlcまでの各トラックからST_BUS-Stトラックへ送られてくるオーディオ信号がだぶって出力されますから、プレイバック前に必ずVln1からVlcまでの各トラックはミュートかオフの状態にしておきましょう。

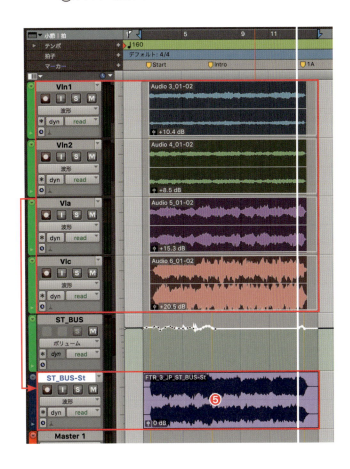

HOW TO パラアウトに設定したプラグインインストゥルメントの全パートを一括トラックバウンスするには

パラアウト仕様のプラグインインストゥルメントを利用している場合は、パラアウト先として使用しているAux入力トラックでの演奏までを対象にした一括トラックバウンスが可能です。

編集ウィンドウのメインルーラーでトラックバウンス対象範囲を設定後、目的のプラグインインストゥルメントがインサートされているトラックのトラック名を右クリックし、コンテキストメニューから**バウンス**を選択します。するとAux入力トラックをバウンス対象とするかどうかをたずねるアラートが表示されるので、**はい**❶をクリックします。

続いて**トラックバウンス**ダイアログが開くので、各種設定を適宜行い、**バウンス**をクリックすると、右クリックしたトラックと各パラアウト先のAux入力トラックの内容が個々のオーディオファイルとしてそれぞれ書き出されます❷。

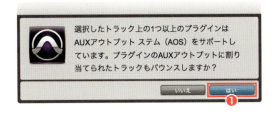

> パラアウト先のAux入力トラックを複数選択状態にしてトラックバウンスを行っても同様の結果を得ることができます。

ROUTING & MIXING

19 トラックの内容をオーディオファイルに差し換えたい（コミット）

プラグインエフェクトの効果を含めたオーディオトラックやプラグインインストゥルメントの演奏をオーディオファイル化して、元のトラックの内容と差し換えたい場合はコミットを利用しましょう。コミットでは、差し換え後のトラックにセンドやグループ設定を引き継いだり、特定のインサートスロットまでのエフェクト効果だけを内容に反映させるといった柔軟な処理が可能です。

 コミットの対象にするトラックと、必要に応じて範囲を指定する

コミットを行うには、まず対象のトラック名をクリックして選択状態にする必要があります（この操作は編集ウィンドウ、ミックスウィンドウのいずれから行ってもかまいません）❶。目的のトラック名をshift＋クリックすると連続選択、command/Ctrl＋クリックすると任意選択（選択解除も）が可能です。

▶ 外部MIDI音源を演奏するMIDIトラックはコミットに対応していません。

コミットはトラック上の各クリップに対してプラグインエフェクトの効果やプラグインインストゥルメントの音色の余韻を含めて無駄なく行われるため、トラックバウンスなどとは異なり、通常は範囲を設定する必要はありません。

あえてトラックの一部だけを対象にしたい場合は、セレクタツールを使って目的のトラック上で範囲選択してください。なお、範囲を選択してコミットを行う場合は余韻を考慮した処理は行われませんから、あらかじめプラグインエフェクトやプラグインインストゥルメントの音色の余韻を考慮して、範囲の右端を適宜右に広げておきましょう。

トラック選択と範囲指定が終わったら、バウンス対象のトラック名（複数の場合そのうちのどれかのトラック名）を右クリックし、コンテキストメニューから**コミット**❷を選択します。

▶ サイドチェインルーティングでキー入力信号を受ける側のトラックに対してコミットを行う場合は、事前に必ずキー入力を送る側のトラックがミュートされていないことを確認してください。ミュート状態になっていると正しいコミット結果が得られません。

トラックの内容をオーディオファイルに差し換えたい（コミット）

STEP 2 コミット設定を行い、処理を実行する

トラックをコミットダイアログが表示されるので、各種設定を行います。

コミットのメニューで**選択されたトラック**を選択すると**トラック**上の全クリップを対象にしたコミットになり、**編集範囲**（STEP1で範囲指定した場合だけ選択可能）を選択するとその範囲がコミットの対象になります。**クリップを統合**にチェックをつけるとクリップ配置の空白区間が埋められ、1つのクリップとなります❶。

オートメーションをレンダー❷でチェックをつけた項目のオートメーションがコミット結果に反映されます。チェックをつけなかった項目のオートメーションは、コミット結果には反映されませんが、差し換え後のトラックにオートメーションの設定がそのまま引き継がれます。なお、**パン**にチェックをつけると、モノラルトラックを対象にしても、コミット後はステレオトラックに差し換わります。

コピー❸では、センド設定やグループアサインメント（グループへの所属設定）をコミット後のトラックに引き継ぐかどうかを選択します。通常はいずれもチェックをつけておきます。

STEP1で複数トラックを対象に矩形選択で範囲を設定し、**編集範囲**を選択した場合、トラックの選択状態に関係なく、選択範囲内のすべてのトラックがコミットの対象となる

選択された最後のトラックの後に挿入❹にチェックを入れると、現在選択しているトラックの中で最も下（ミックスウィンドウでは一番右）のトラックの次にコミットされたトラックがまとめて作成されます。チェックを入れない場合は、選択中のトラックそれぞれの次に、対応するコミット後のトラックが作成されます。

ソーストラック❺のメニューでは処理後のコミット対象のトラックの扱いを選択します。完全に不要ならば**削除**、音は出さないがキープはしておきたいというときは**オフ**（または**非表示&オフ**）を選択するといいでしょう。

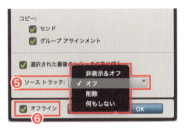

オフライン❻にチェックをつけておくと、指定した範囲の処理を実時間より短時間で進めることができます（外部MIDI音源や外部エフェクト機器を使用しているトラックが対象の場合はチェックをはずします）。すべての設定が完了したら、**OK**をクリックしてコミットを実行します。

コミットが完了すると、**トラックをコミット**ダイアログでの設定を反映したオーディオクリップが、新規作成されたオーディオトラック上に配置されます❼。画面例では**ソーストラック**を**オフ**にしてコミットを行ったため、STEP1で選択した2つのトラックがオフの状態になっています❽。

▶ コミットに対しては、**取り消し**、**やり直し**操作を行うことができます（ちなみにトラックバウンスは**取り消し**、**やり直し**操作には対応していません）。

ROUTING & MIXING

HOW TO コミットでサブミックス（ステム）トラックを作成するには

サブミックスルーティングによって複数のトラック❶からのオーディオ出力を1つのAux入力トラック❷にまとめている場合、そのAux入力トラックを対象にしてコミットを行うと、簡単にサブミックス（ステム）トラックを作成できます。

目的のAux入力トラック（ここではST_BUS）のトラック名を右クリックし、コンテキストメニューから**コミット**❸を選択します。

通常のコミット時と同様、**トラックをコミット**ダイアログで各種設定を適宜行い、**OK**をクリックすると、サブミックスの内容が反映された新規トラックが作成されます（画面例では**ソーストラック**で**オフ**にチェックをつけてコミットを行ったため、新規にST_BUS.cmトラックが作成されると同時に、元のST_BUSトラックが自動的にオフの状態になっています）❹。

▶ このままの状態でプレイバックを行うと、ST_BUS.cmトラック自体のオーディオ出力と、Vln1からVlcまでの各トラックからST_BUS.cmトラックへ送られてくるオーディオ信号がだぶって出力されますから、プレイバック前に必ずVln1からVlcまでの各トラックはミュートかオフの状態にしておきましょう。

パラアウトに設定したプラグインインストゥルメントの全パートを一括コミットするには

パラアウト仕様のプラグインインストゥルメントを利用している場合は、パラアウト先として使用しているAux入力トラック❶での演奏を対象にした一括コミットが可能です。

まず、パラアウトを行っているプラグインインストゥルメントがインサートされているトラック❷を対象にしてSTEP2までの操作を行います。

トラックをコミットダイアログで**OK**をクリックするとAux入力トラックをコミット対象とするかどうかをたずねるアラートが表示されますので、**はい**❸をクリックすると、パラアウト先のAux入力トラックの内容も自動的にコミットの対象となり、個別に処理が行われます（画面例では**ソーストラック**で**オフ**にチェックをつけてコミットを行ったため、元のトラックの名称に.cmが加えられた新規トラック❹が個々に作成されると同時に、元の各トラックがすべて自動的にオフの状態になっています）❺。

▶ パラアウト先のAux入力トラックを複数選択状態にしてコミットを行っても同様の結果を得ることができます。

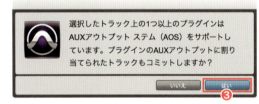

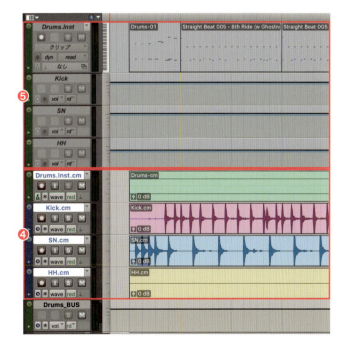

ROUTING & MIXING

特定のインサートスロットまでのプラグインの演奏や効果をコミット結果に反映させるには

コミットでは特定のインサートスロットまでの効果を結果に反映させ、残りのインサートスロットの状態をそのままコミット後のトラックに引き継ぐこともできます。たとえばプラグインインストゥルメントの演奏内容はオーディオ化したいが、同じトラックにインサートしているプラグインエフェクトは操作可能の状態で残しておきたいといったときに活用できます。

まず、インサートスロットの中から"この段までの演奏（効果）をコミット結果に反映させたい"というプラグインのプラグイン名（ここではプラグインインストゥルメントのXpand!2）を右クリックし❶、コンテキストメニューから**このインサートまでコミット**❷を選択してください。

▶ プラグインエフェクトは、インサートスロットの上段から下段に向かって、順に効果がかかります。選択したプラグインエフェクトの段までの間に、コミット結果に含めたくないものがある場合は、そのプラグインエフェクトをバイパスかオフの状態にします。

すると、**トラックをインサートまでコミット**ダイアログが表示されますから、引き続きこのダイアログで各種の設定を行います。設定内容は**トラックをコミット**ダイアログを利用した通常のコミットと同じです❸。

コミット処理によって作成されるトラックのインサートスロットでは、選択したプラグイン（Xpand!2）までが削除され、それ以降の段にインサートされていたプラグインは引き継がれます❹。

▶ 同時に複数のトラックを対象にしてこの操作を行うことはできません。

270

トラックの内容をオーディオファイルに差し換えたい（コミット）

 インストゥルメントトラックのMIDIクリップを簡単にコミットするには

PTSには、ドラッグ&ドロップで簡易的なコミットを行う方法も用意されています。ただしこれが可能なのは、インストゥルメントトラックからオーディオトラックへのドラッグ&ドロップのみで、かつ両者のチャンネル数（モノ／ステレオ）が同じ場合に限られます。

編集ウィンドウのインストゥルメントトラック上から目的のMIDIクリップ❶をオーディオトラック上の任意の位置にドラッグ&ドロップすると❷、即座にバウンスが開始され、ドロップした位置にオーディオクリップが配置されます❸。

なお、配置されたオーディオクリップの内容にはインストゥルメントトラックにインサートされていたエフェクトの効果は反映されますが、フェーダーやパンつまみの設定は反映されません。

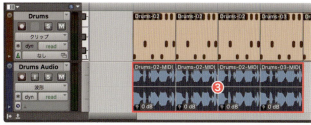

HINT & TIPS　パラアウトに設定したプラグインインストゥルメントで全パート一括コミットを行う際の注意点

パラアウトに設定しているプラグインインストゥルメントの全パートに対して、**このインサートまでコミット**を実行する場合は、プラグインインストゥルメントのインサート配置段と各Aux入力トラックにインサート中のプラグインエフェクトの配置段の関係によってコミット結果が変化します。

各Aux入力トラックのコミット結果には、パラアウト元のトラックで右クリックしたインサートスロットと同じ段までにインサートされたプラグインエフェクトの効果が含まれます。

具体的には、画面例のようなインサート配置で、パラアウト元のトラック❶でBFD3に**このインサートまでコミット**を実行すると、パラアウト先の各Aux入力トラック❷では、プラグインエフェクトがコミット対象から除外されコミット後のトラックにそのまま引き継がれます❸。一方、各トラックの3段目のインサートスロットにインサートされているDyn 3 Compressor/Limiterのみコミット対象から除外したい場合は、パラアウト元のトラックでEQ 3 7-Bandに対して**このインサートまでコミット**を実行します❹。

このインサートまでコミットを活用する場合は、こういった特性を考慮し、インサートする段を移動させたり、同種のプラグインエフェクトの段をそろえるなどして、結果をコントロールしましょう。

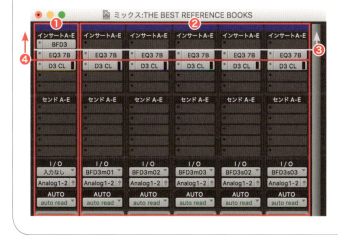

ROUTING & MIXING
20 トラックの内容を一時的に オーディオファイル化したい（フリーズ）

フリーズとは、オーディオトラックやインストゥルメントトラックの現状をそのままオーディオファイル化する機能です。完全フリーズ状態にしたトラックでは、プラグインエフェクトの効果を含む演奏の内容やクリップの移動やリサイズなど、一切のエディットができなくなりますが、CPU負荷やメモリ使用量が大幅に軽減されます。もちろんいつでも元の状態に復帰させることが可能です。

HOW TO 目的のトラックを完全フリーズ状態にするには

すべてのプラグインエフェクトの効果を含めてフリーズ状態にする最も簡単な方法は、編集ウィンドウで目的のトラックの**フリーズボタン**❶をクリックすることです。クリックと同時にトラックのレンダー（オーディオ化）が開始され、完了後はそれまでのトラックの状態が波形に反映された、1本のオーディオクリップに差し換えられます（通常のオーディオクリップとは斜線表示で区別されます）❷。またフリーズ状態にあるトラックでは**フリーズボタン**が点灯します❸。完全にフリーズ状態にあるトラック上のオーディオクリップには、移動も含めどんなエディット行えません。また、プラグインインストゥルメント／エフェクトがグレーアウトし、全パラメーターが操作できなくなります。

再度**フリーズボタン**をクリックして消灯させると、即座にトラックをフリーズ状態から元の状態に戻すことができます。

また複数のトラックを一括でフリーズ状態にしたい場合は、目的のトラック名をshift＋クリックやcommand/Ctrl＋クリックで選択後❹、そのうちのどれかのトラック名を右クリックしてコンテキストメニューから**フリーズ**❺を選択します（ミックスウィンドウからも同様の操作が行えます）。

フリーズ状態にある複数のトラックを選択後、同じ操作で**フリーズ解除**を選択すれば、即座に各トラックを一括でフリーズ状態から元の状態に戻すことが可能です。

▶ 完全フリーズ状態であっても、トラック上やセンドウィンドウ上のフェーダー、パンつまみ、ミュートやソロのオン／オフボタンなど、ミックス作業に必要な基本操作については自由に行うことができます。

▶ サイドチェインルーティングでキー入力信号を受ける側のトラックに対してフリーズを行う場合は、事前に必ずキー入力を送る側のトラックがミュートされていないことを確認してください。ミュート状態になっていると正しいフリーズ結果が得られません。

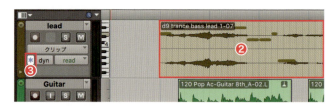

目的のトラックのプラグインエフェクトの一部を操作可能なままフリーズ状態にするには

目的のトラックにインサートされたプラグインに対して、指定したインサートスロットまでをフリーズ処理の対象にすることができます。

この場合は、目的のトラックのインリートスロットの中から"この段までの演奏（効果）はフリーズさせてかまわない"というプラグイン名（ここではプラグインインストゥルメントのXpand!2）を右クリックし❶、コンテキストメニューから**このインサートまでフリーズ**❷を選択します。

即座にレンダーが開始され、完了すると通常のフリーズと同様にオーディオクリップの表示が変化します。インサートスロットでは、操作を行ったプラグインエフェクトまでがグレーアウトし、フリーズアイコンが表示されます。また、以降のスロットにインサートされたプラグインエフェクトは操作可能な状態のままになります❸。

HINT&TIPS　トラックバウンス、コミット、フリーズはどのように使い分ける？

トラックバウンス、コミット、フリーズは似たような機能にも思えますが、それぞれ利用シーンが想定されており、ワークフローに組み込みやすいよう機能が分けられています。

トラックバウンスの主たる用途は、特定のフォルダに特定のトラックの内容をオーディオファイルとして出力し、保存するところにあります。サブミックス（ステム）オーディオファイルでの受け渡しや、全トラックのマルチトラックマスター保存などの際に利用するのが基本と言えるでしょう。

コミットはバウンスとインポートを同時に行うものとも言えますが、オートメーションやプラグイン／センドの設定、グループ設定などを引き継いでトラックを差し換えることができる点が特徴です。トラックの整理による制作作業の合理化をはかりたいときや、プラグインインストゥルメントの演奏をオーディオクリップ化することでオーディオならではのエディットを行いたいといった目的で使用する機能です。

フリーズは、オーディオトラックやインストゥルメントトラックの現状を手早くオーディオファイル化できる点が最大の特徴と言えます。エディットできないというネックはありますが、すぐにCPUやメモリのオーバーロードを解決したいときや、作業が完了したトラックが多くあるといった際に、ワンクリックで実行できる点がトラックバウンスやコミットにはない利点です。トラック構成はそのまま維持され、解除もワンクリックで行えるので、作業がほとんど止まらないのもうれしいポイントです。

ROUTING & MIXING

21 できるだけ大きな音で ステレオファイルにミックスダウンしたい

すべてのミックス作業が終わったら、セッションの内容をステレオオーディオファイルに書き出し、作品として完成させましょう。このプロセスをミックスダウン（またはトラックダウン）バウンスと呼びます。ミックスダウンすることではじめてPTS以外の環境での再生が可能になり、各種オーディオプレーヤーでの利用や、マスタリングソフトを使ったオーディオCD化が行えるようになります。

STEP 1 セッションのプレイバックルーティングを確認する

通常、ミックスダウンバウンスはメインモニター用に使用しているアウトプットパスから出力されるオーディオ信号を対象にして行います。

そのため、セッション上の必要なトラックが再生可能状態にあることや、Aux入力トラックも含め最終的にメインモニター用に使用しているアウトプットパスに接続されているかどうかを確認します❶。マスターフェーダートラック❷はアウトプットパスの後に位置する最終レベル調整用のフェーダーを装備したトラックですが、これもメインモニター用に使用しているアウトプットパスに設定されている必要があります。

▶ ミックスダウンバウンスに含める必要のないトラックはミュートするかオフの状態にしておきます。同時に、必要なトラックがミュートされていたりオフになっていないかを確認しておきましょう。

▶ ミックスダウンバウンスに外部MIDI音源を演奏しているMIDIトラックの内容は含まれません。ミックスダウンバウンスを行う前に、あらかじめ外部MIDI音源を演奏しているMIDIトラックの内容をオーディオトラックにレコーディングしてください。

STEP 2 マスターフェーダートラックのインサートスロットにMaximをインサートする

PTSは内部演算を常時32ビット浮動小数点処理で行っているため、各トラックでの多少のレベルオーバーは問題になりませんが、マスターフェーダートラックのレベルだけは絶対にオーバーしないように設定しなければなりません。

そこで、ここではマスターフェーダートラックにMaximをインサートして最終的なレベル管理を行うことにしましょう。

マスターフェーダートラックのインサートスロットをクリックします❶。

Maximは、最大出力レベルを設定値を越えないようにするリミッター機能と、かつ設定値までの範囲内でできる限り聴感上の音量（音圧）を大きく上げる機能を併せ持った、マキシマイザーと呼ばれる種類のプラグインエフェクトです。

マルチチャンネルプラグインのDynamicsからMaxim❷を選択すると、インサートと同時にMaximのプラグイン設定ウィンドウが開きます。

■ 実際にMaximをマスターフェーダートラックにインサートする操作はどのタイミングで行ってもかまいませんが、ミックス作業を行う段階ではオフの状態にしておくのが基本です。

STEP 3　Maximのパラメーターを設定する

CEILING❶は出力レベルの最大値を設定するパラメーターです。ここはレベルオーバーぎりぎりの0dBではなく、－0.1～－0.3dB程度に設定しておきましょう。

次にINPUTメーター❷とヒストグラム❸を参考にしながらTHRESHOLD❹のフェーダーを下げていきます。まずはセッションをプレイバックしてみて、最初からINPUTメーターに0dBいっぱいまで振れているようならば、先に各トラックのフェーダーやマスターフェーダートラックのフェーダーを下げ、ピークがおよそ－6dB付近で動いている状態にしておきます。その状態からTHRESHOLDのフェーダーを下げていくと、徐々にヒストグラムの表示が赤く変わっていきます（赤い面積が大きくなりすぎると、音が歪みます）。

RELEASE❺は通常1ms程度に設定しますが、聴感上で歪みを感じるようだったら遅くします（遅くしすぎると、うねるような不自然な音量変化が生じます）。

■ ミックスダウンバウンスによって一般的なオーディオCDに使用するオーディオファイルを作成する場合は、CEILINGを－0.1dBに設定するのが基本となりますが、MP3などの圧縮フォーマットのオーディオファイルを作成する場合は、データ圧縮の過程で歪む可能性があるため、多少CEILINGの数値を大きめに設定しなければならない場合もあります。ただしどのくらいのマージンを設定すれば歪まなくなるかはセッションの内容によって違うため、実際にミックスダウンバウンスを行いながら最適値を見つけ出すしかありません。

ROUTING & MIXING

また、MaximにはDITHER（ディザ）❻機能も付属しています。

ディザはビットデプスをダウンコンバート（数字の大きいビットデプスから小さいビットデプスに変換）する際に、音質をできる限り維持するための機能です。ビットデプスを24ビット以上に設定しているセッションの内容を、オーディオCDフォーマット（16ビット／44.1kHz）やMP3フォーマットでバウンスする際は、ONをクリックして点灯させ、16を選択しておきます❼。

▶ 16ビットに設定しているセッションの内容をオーディオCDフォーマットやMP3フォーマットでバウンスする際のように、ビットデプスのダウンコンバートが不要な場合は、必ずDITHERをオフにしておきます。

現在のパラメーター設定によって最終的にどのくらい音圧を引き上げることになるのかは、セッションをプレイバックするとATTENUATION❽に表示されます。

▶ NOISE SHAPINGを点灯（有効）状態にしておくと、ディザ処理によって加えられるノイズ（ディザノイズ）の量を、入力されるオーディオ信号の状況に合わせて常に最適な分量にすることができます。通常は点灯状態にしておきます。

▶ Maximがインサートされているスロットよりも下のインサートスロットには、MaximのDITHERをオフにして、他のディザリング系プラグインを使用する場合を除き、メーター系以外のプラグインエフェクトはインサートしないようにします。

STEP 4　ミックスダウンバウンスの範囲を設定する

ここからが実際のミックスダウンバウンス操作となります。

まずは、どこからどこまでをミックスダウンバウンスの対象とするのかを、編集ウィンドウのメインルーラーで適宜設定します。曲の最初から最後までというのが基本ですが、プラグインエフェクトやプラグインインストゥルメントの音色の余韻を考慮して、右端に余裕を持たせておきましょう❶。

できるだけ大きな音でステレオファイルにミックスダウンしたい

STEP 5 ミックスダウンバウンス設定を行う

　ファイルメニューの**バウンス**から**ディスク**❶を選択し、**バウンスダイアログ**を開きます。

　バウンスソースには特に設定しなくても通常はSTEP1で確認したアウトプットパスが選択されているはずですが、もしそうなっていなかった場合は、メニューからメインモニター用に使用しているアウトプットパスを選択します❷。

　ファイルタイプから**サンプルレート**の各項目は、ミックスダウンバウンス後のオーディオファイルの用途に応じて設定します。

　たとえばオーディオCDを作成する場合はオーディオCDフォーマットに則って、画面例のように**ファイルタイプ**をWAV、**フォーマット**をインターリーブ、**ビットデプス**を16ビット、**サンプルレート**を44.1kHzに設定しましょう。**ファイルタイプ**でWAVを選択した場合は**MP3も作成**にチェックをつけることで、MP3フォーマットのオーディオファイルも同時に作成することができます❸。

　また、WAVやAIFFのような非圧縮系のオーディオファイルが不要な場合は**ファイルタイプ**で直接MP3を選択しますが、その場合は**ビットデプス**の項目がグレーアウトし、16ビット以外選択できなくなります❹。

　バウンスしたファイルを現在のセッションで使用したい場合は、**ビットデプス**と**サンプルレート**に現在のセッションと同じものを選択し❺、**バウンス後にインポートする**❻にチェックをつけます。

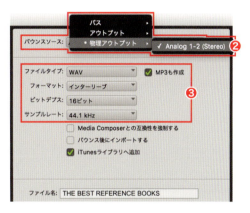

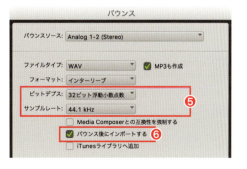

ROUTING & MIXING

ミックスダウンバウンス後のオーディオファイルからオーディオCDを作成したい場合は、**iTunesライブラリへ追加❼**にチェックをつけておくと、ミックスダウンバウンス後すぐにiTunesの**プレイリストからディスクを作成**機能を利用してオーディオCD化することができます。

STEP 6 ミックスダウンバウンスを実行する

ファイル名とミックスダウンバウンス先の**ディレクトリ**は、必要があれば変更します。デフォルトでは**ファイル名**はセッション名に、**ディレクトリ**はセッションフォルダ内のBounced Filesフォルダになっています❶。

オフライン❷にチェックをつけておくと、実際の再生時間より短い時間でミックスダウンバウンスを行うことができます。チェックをつけなかった場合、STEP 4で設定した範囲をプレイバックしながら実時間をかけてミックスダウンバウンスが行われます。

各設定が完了したら、**バウンス❸**をクリックして実行します。

なお、**ファイルタイプ**をMP3に設定しているかWAVに設定して**MP3も作成**にチェックをつけている場合は、処理の開始前にMP3ダイアログが表示されます。**エンコーディングの速度**で圧縮処理の速度、**固定ビットレート（CBR）**で圧縮の度合いを設定します❹。より音質を高めたい場合は**エンコーディングの速度**はより低く、**固定ビットレート（CBR）**の数値はより高いものを選択しますが、その分ミックスダウンバウンスに時間がかかり、作成後のファイルサイズも大きくなります。

ID 3 タグ情報❺はファイルプレーヤーに表示される情報です。必要があれば入力しておきます。また**Mac ファイル❻**はファイルの属性に表示される情報です。通常はデフォルトのままでかまいません。**OK**をクリックすると処理がスタートします。

処理が終わると、書き出されたオーディオファイルが所定のフォルダに作成されます。**iTunesライブラリへ追加**にチェックをつけていた場合は、自動的にiTunesが起動します。

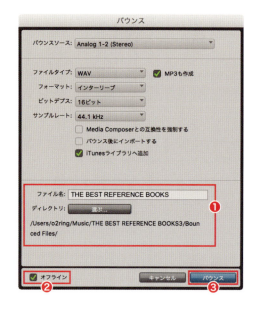

▶ PTS自体にオーディオCDの作成機能は装備されていません。CD-Rへのライティングを行いたい場合は、iTunesやWindows Media Playerなどの簡易的なCDライティング機能を利用するか、専用のCDマスタリング／ライティングソフトを用意する必要があります。

01	コンピュータキーボードからのショートカット操作を活用したい	280
02	連続的に変化するテンポを設定したい（ドローイング入力）	282
03	連続的に変化するテンポを設定したい（テンポ操作ウィンドウ）	285
04	完成したセッションの完全なバックアップコピーを作成したい	288
05	リンク切れで見つからなくなってしまったファイルを再リンクしたい	290
06	他のセッションからトラックを読み込みたい	292
07	他のDAWやビデオ編集ソフトとファイルをやり取りしたい（OMF/AAF）	295
08	オーディオ素材ファイルをセッション上に読み込みたい	298
09	SMFをセッション上に読み込みたい	302
10	セッションの内容をSMFで書き出したい	304
11	PTS上からReWire音源ソフトを利用したい	306
12	パラアウト仕様のプラグインインストゥルメントを利用したい	308
13	オーディオクリップをStructure Freeで鳴らしたい	310
14	ミックスウィンドウでの操作をフィジカルコントローラーで行いたい	312
15	同一プロジェクト上で共同制作を行いたい（Avidクラウド・コラボレーション）	314
16	ムービーに合わせてセッションを作成したい	320

OTHER TECHNIQUES 01

コンピュータキーボードからのショートカット操作を活用したい

PTSでの多くの操作は、コンピュータのキーボードから行うショートカットに対応しています。ショートカットを使いこなせるようになると、より素早い作業が可能になります。PTSにはキーの組み合わせ（キーコンビネーション）による一般的なショートカットだけでなく、1つのキー操作でショートカットを実現するキーボードフォーカスモードも用意されています。

STEP 1　OSの文字入力モードを確認する

キーボードショートカットを利用する際は、文字入力モードを**U.S.**❶（MacOSの場合）や**直接入力**（Windowsの場合）に設定した状態で利用するのが一応の基本となっています。

他の入力モードでもショートカットが機能するケースもありますが、指定するショートカットコマンドの種類によっては、その後、U.S.や直接入力のモードに自動的に変更されるものがあります。

HOW TO　キーコンビネーション操作でショートカットを行うには

PTSの各メニューには、その操作に該当するキーコンビネーション操作によるショートカットが記載されており、コンピュータのキーボードを押すことで同一の操作を行うことができるようになっています。

また、PTSにはメニューに記載されている操作以外のキーコンビネーション操作によるキーボードショートカットも多数用意されており、それらは**ヘルプ**メニューの**Pro Toolsショートカット**❶をクリックして開く**Pro Toolsオンラインウィンドウ**上の**Pro Tools Shortcuts Guide**❷から確認することができます。

▶ **Pro Tools Shortcuts Guide**は英語版になっています。**Pro Tools**オンラインウィンドウ右下にマウスカーソルを持っていくと、フローティングメニューが表示されます。このフローティングメニュー右端のアイコンを選択すれば、**Pro Tools Shortcuts Guide**のプリントアウトやPDF保存が可能です。

HOW TO 1つのキー操作でショートカットを行うには

編集ウィンドウ（トラック／MIDIエディタ表示）、MIDIエディタ、グループリスト、クリップリスト上には、**キーボードフォーカスボタン❶**が用意され、1つのキー操作でショートカットを行うことができます。上記のどれかで**キーボードフォーカス**ボタンをクリックして点灯させると、そこでのキーボードフォーカスが有効になります（キーボードフォーカスは一意選択となり、同時に複数を有効にすることはできません）。

たとえばグループリストのキーボードフォーカスを有効にした場合、グループIDのアルファベットと同じキーを用いてグループのオン／オフが可能です。また、編集ウィンドウ（トラック／MIDIエディタ表示）やMIDIエディタのキーボードフォーカスを有効にした場合、カット、コピー、ペーストは、それぞれx、c、vキーを押すだけ、横方向のズームインはt、ズームアウトはrキーを押すだけで実行できます。クリップリストのキーボードフォーカス機能をオンにした場合には、クリップ名の先頭の文字や先頭からの数文字を入力することで、入力した文字に適合するクリップの選択が可能です。

▶ キーボードフォーカスの適用先はキーコンビネーション操作によるショートカットで指定できます。command/Ctrl＋option/Alt＋1キーで編集ウィンドウ（トラック／MIDIエディタ表示のアクティブ状態になっている方）、command/Ctrl＋option/Alt＋2キーでクリップリスト、command/Ctrl＋option/Alt＋3キーでグループリストになります。

HOW TO トランスポートをテンキーで操作するには

トランスポートの操作をテンキーから行うことができます。**設定**メニューから**初期設定❶**を選択し、Pro Tools初期設定ダイアログを開きます。**操作**タブをクリックして表示を切り換え、**テンキー**の**トランスポート❷**のラジオボタンをオンにしてください。数字と操作は以下のように対応します。

0｜再生／停止
1｜巻き戻し
2｜早送り
3｜レコーディング開始
4｜ループプレイバックモードの有効／無効
5｜ループレコーディングモードの有効／無効
6｜クイックパンチモードの有効／無効
7｜クリックのオン／オフ
8｜カウントオフの有効／無効
9｜MIDIマージモードの有効／無効

▶ **クラシック**は、Ver.5以前のPTSと操作の互換性を保ちたいときに選択します。

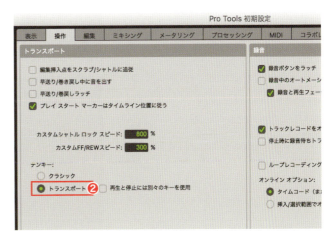

連続的に変化するテンポを設定したい（ドローイング入力）

曲想によっては、リタルダンド（だんだん遅く）やアッチェレランド（だんだん速く）といった、連続的なテンポ変化をセッションに盛り込みたいときがあります。PTSではこのような場合、テンポイベントを連続的に入力することで対応します。連続的なテンポイベントの入力方法は2つ用意されていますが、ここではペンシルツールによるドローイング入力について解説します。

STEP 1 テンポエディタを表示させる

編集ウィンドウのテンポルーラー左端の▶❶をクリックして、テンポエディタ❷を表示させます。

Resのメニュー❸でテンポの基準となるビート（♩＝○○というテンポ表示の♩に該当する音符）を設定します。そのつどここで指定することも可能ですが、通常はメトロノームクリックに追従にチェックをつけておけばいいでしょう。Densのメニュー❹ではテンポイベントの入力間隔を適宜設定します。

また、ドローイング入力がしやすいように、あらかじめテンポエディタ下の境界❺を下方向にドラッグして、上下幅を広げておきます。

 テンポイベントの設定をセッションのテンポに反映させるため、トランスポートの**コンダクター**ボタンを点灯状態にしておきます。

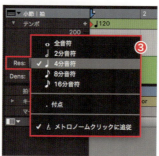

HOW TO 連続するテンポイベントをマウスの動きに合わせて入力するには（ドローイング入力）

連続するテンポイベントをマウスの動きに合わせて入力したいときは、ペンシルツール❶をクリックステイすると表示されるメニューから**フリーハンド**❷を選択します。

フリーハンドモードのペンシルツールでテンポエディタ上をドラッグすると、その動きどおりにテンポイベントを入力することができます❸。

> 最初のテンポイベントの入力位置を小節や拍ちょうどにしたい場合は、グリッドサイズを適宜設定した上でエディットモードを**絶対グリッドモード**にしておくといいでしょう。絶対グリッドモードについて詳しくは「範囲選択、配置、移動、リサイズをグリッドに従って行うには（絶対グリッドモード）」（P114）を参照してください。

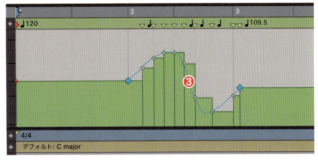

HOW TO 連続するテンポイベントを直線的に入力するには（ドローイング入力）

連続するテンポイベントを直線的に入力したいときは、ペンシルツールをクリックステイすると表示されるメニューから**線**を選択します。

線モードのペンシルツール❶でテンポエディタ上をドラッグすると、ドラッグの始点と終点の間で直線状に変化するテンポイベントを入力することができます❷。

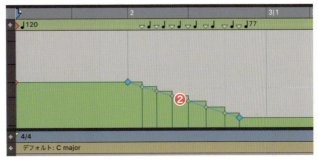

OTHER TECHNIQUES

HOW TO 連続するテンポイベントを曲線的に入力するには（ドローイング入力）

連続するテンポイベントを曲線的に入力したいときは、ペンシルツールをクリックステイすると表示されるメニューから**パラボラ**または**S-カーブ**を選択します。

パラボラモードのペンシルツール❶でテンポエディタ上をドラッグすると、ドラッグの始点と終点の間でパラボラ曲線状に変化するテンポイベントを入力することができます❷。同様の操作をS-カーブモードのペンシルツール❸で行った場合はSカーブ曲線状の変化になります。

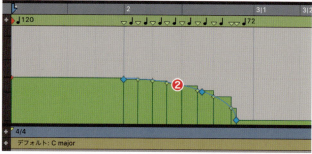

HOW TO 入力ずみのテンポイベントをエディットするには（ドローイング入力）

ドローイング入力直後のテンポイベントの軌跡上には青い◆でハンドル❶が表示されています。これをドラッグすることで、直線やカーブの傾きなどを調節することが可能です❷。

また、セレクタ、トリマー、グラバーツールを適宜用いることで、目的のテンポイベントを上下にドラッグしてテンポの数値を変える❸、左右にドラッグして位置を移動させる、指定した範囲内のテンポの数値や位置を移動させる、傾斜を変更するなどといったエディットを行うことができます。

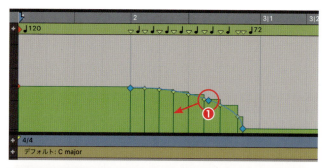

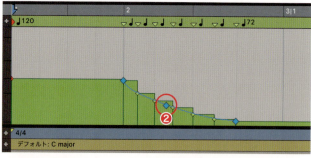

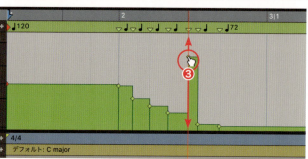

連続的に変化するテンポを設定したい（テンポ操作ウィンドウ）

リタルダンド（だんだん遅く）やアッチェレランド（だんだん速く）の指示を表現するためにはテンポイベントを連続的に入力することが必要になります。PTSにはこういった連続するテンポイベントの入力方法として、マウスドラッグによるドローイング以外に、テンポ操作ウィンドウを利用したコマンド入力も用意されています。この方法では数値に基づいた厳密な設定が可能です。

STEP 1　テンポ操作ウィンドウを開く

イベントメニューのテンポ操作からテンポ操作ウィンドウ❶を選んで、テンポ操作ウィンドウ❷を開きます。

続いて、ツールはどれでもかまいませんから、テンポ変化を入力したい範囲をテンポルーラー上をドラッグして選択します❸。

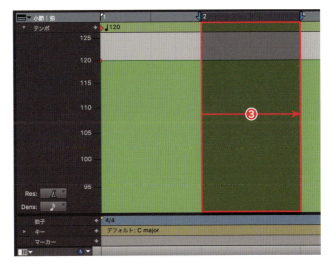

OTHER TECHNIQUES

STEP 2 テンポ操作ウィンドウに用意されている各パラメーターに数値を入力する

まず、**テンポ操作ウィンドウのメニュー**で、**直線**、**放物線**、**S曲線**の中から目的の線種を選択します。画面例ではS曲線を選択しています❶。

テンポ操作ウィンドウでは各パラメーターの数値を入力後、リターンキーを押すと入力が確定し、関連する他のパラメーターの数値と連動して変更されます。

選択❷にはSTEP1で選択した範囲とリンクした値が自動的に入力されていますが、必要があれば、**スタート**と**エンド**位置の再設定も可能です。

テンポ❸には**スタート**時と**エンド**時のBPMを入力します。線種に**放物線**や**S曲線**を選択した場合は、カーブに関するパラメーターとそのイメージが表示され❹、曲線を任意に変形することができます。

なお、**高度な設定**❺にチェックを入れると**計算**と**分解能**、**密度**のパラメーターが加わります。

計算のモード選択によって、入力可能なパラメーターが入れ換わりますが、特別な状況でもない限り、**エンドタイムコード**❻を選択してかまいません。

また、**分解能**はテンポエディタで言うところの**Res**に相当するパラメーターです。テンポの基準となるビート（♩＝○○というテンポ表示の♩に該当する音符）の設定を行います。通常は**メトロノームクリックに追従**にチェックをつけておけばいいでしょう。**密度**はテンポエディタで言うところの**Dens**に相当するパラメーターで、テンポイベントの入力間隔を設定します。

分解能と**密度**の2つのパラメーターの設定はテンポエディタの**Res**と**Dens**の設定にリンクしており、**高度な設定**にチェックをつけずに**適用**をクリックした場合、テンポイベントの分解能と密度はその時点でのテンポエディタの**Res**と**Dens**の設定に従います。

必要なパラメーターを設定したら**適用**❼をクリックすると、選択範囲内に連続的に変化するテンポイベントが入力されます。

選択後にテンポを維持❽にチェックをつけていた場合は、選択範囲の右端を越えた位置に、自動的に選択範囲の左隣に位置するテンポイベントと同じものが入力されます（＝テンポ変更を行う前のテンポに戻ります）❾。チェックをはずしていた場合は、選択範囲の右端以降も**エンド**に設定していたテンポが持続します❿。

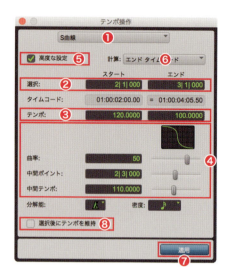

選択後にテンポを維持にチェックをつけていた場合の入力結果

選択後にテンポを維持にチェックをつけていない場合の入力結果

HOW TO テンポイベントの値や間隔を圧縮／伸張するには

線種を選択する際と同じメニューから**縮尺❶**を選択すると、選択状態にあるテンポイベントの値を圧縮したり、伸張することができます。対象にするテンポイベントを範囲選択後❷、**スケール❸**で現在の値に対するパーセンテージを入力してください。**平均テンポ**を先に入力し、**スケール**のパーセンテージを逆算することも可能です。**適用**をクリックすると、テンポイベントの値が圧縮／伸張されます❹。

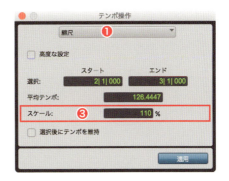

またメニューから**伸長❺**選択すると、選択状態にあるテンポイベントの配置間隔を圧縮したり、伸張することができます。対象にするテンポイベントを範囲選択後❷、**ストレッチ❻**で現在の値に対するパーセンテージを入力します。**適用**をクリックすると、テンポイベントの配置間隔が圧縮／伸張されます❼。

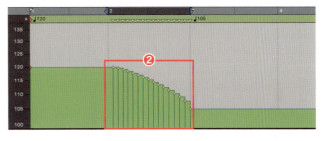

▶ **高度な設定**にチェックをつけると、**縮尺**では選択範囲内の先頭や後尾にあるテンポイベントを基準にした圧縮／伸張が行えます。また**伸長**では、選択範囲の後尾から左方向に向かってテンポイベントの配置間隔を圧縮／伸張することが可能になります。

▶ セッションの途中でテンポ変更を行うと、編集ウィンドウではテンポイベントの数値によってメインルーラーの目盛りや、ノートイベントの長さが伸び縮みします。これは編集ウィンドウの表示がセッション開始からの絶対時間を基準にして小節を管理しているために起きる現象です。4/4拍子の1小節が、BPM＝60では4秒、BPM＝120では2秒になりますから、BPM＝60のときの見かけ上の1小節の長さはBPM＝120のときの2倍になるわけです。

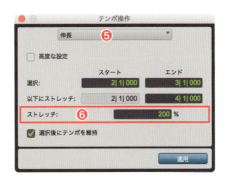

完成したセッションの完全なバックアップコピーを作成したい

完成したセッションのマスターとして保存するセッションフォルダや、外部のPTS環境で使用する持ち出し用セッションフォルダは、なるべくコンパクトかつ確実に再現できる状態にしておく必要があります。このような場合はコピーを保存コマンドを利用します。通常のコピーによるセッションフォルダの複製とは違い、再現性が確保されたフルバックアップコピーの作成が可能です。

STEP 1 セッションから不要なクリップやオーディオファイルを取り除く

セッションのフルバックアップコピーを作成する前に、不要なデータを整理しておきましょう。クリップリストで、未使用のクリップやファイル全体クリップ（＝オーディオファイル）などを選択し、**クリア（消去）**操作を行います❶。

■ クリップリストからのクリア操作には**削除**と**消去**の2つのモードが用意されています。ここでの作業は基本的に**消去**モードで行うことにします（バックアップコピーに無駄なものを含めないようにし、データ量を減らすため）。

■ セッションから未使用のクリップやファイル全体クリップをクリアする操作について詳しくは「未使用のクリップやクリップ中の未使用部分を削除したい」（P.152）を参照してください。

整理が終わったら、**ファイル**メニューから**コピーを保存**❷を選択します。

■ 必要な素材がセッションフォルダになく、ハードディスクのあちこちに分散しているような場合は、セッションフォルダのコピーを行っただけでは不完全なバックアップになります。バックアップコピーを作成する際は、必要なすべての素材ファイルをセッションフォルダ内に収集することができる**コピーを保存**を利用するようにしましょう。

STEP 2 セッションフォーマットとコピー対象を指定する

コピーを保存ダイアログが開くので、ここでフルバックアップコピーに対する設定を行います。

まず**フォーマット**のメニューからコピーを保存する際のフォーマットを選択します❶。通常は**セッション（最新）**を選択しますが、外部スタジオなど、異なるPTS環境での使用の場合は、先方のPTS環境に合わせて旧バージョンのフォーマットを選ぶことも可能です。

■ 旧バージョンのフォーマットを選んだ場合、現バージョンにあって旧バージョンにない機能については、無効化や固定化（数値を変更できない状態で反映）などの対応処理が行われます。

セッションパラメータセクション❷は、現在のセッション設定と同じ内容が選択されていますので、持ち出しなどで変更の必要がある場合以外はそのままにしておきます（設定できるパラメーターは**フォーマット**の選択によって変わります）。

続いて、**コピーするアイテム**セクション❸でバックアップの対象を指定します。

通常、フルバックアップコピーや持ち出しセッションフォルダを作成する場合は、**オーディオファイル**と**セッションのプラグイン設定フォルダ**にチェックをつけます。**プラグイン設定のルートフォルダ**にチェックをつけるとデフォルトのプリセットを含めすべてがコピーされますので、ここではチェックをつけません。

また最終的にセッションに採用したテイクだけを残したい場合は、**メインプレイリストのみ**にチェックをつけてください。その場合はデータ量が減少します。逆に、アウトテイクも残しておきたいときはチェックをつけないでおきましょう。

フォルダ階層を維持にチェックをつけると、現状のセッションフォルダ内のフォルダ階層を維持する形でバックアップされますが、1つのフォルダにまとめた方が管理しやすいので通常はチェックをつけなくてもかまいません。

なお、**選択したトラックのみ**にチェックをつけると事前に選択状態にしていたトラックのみがバックアップコピーの対象になります。**ムービー／ビデオファイル**はセッション内で使用している場合にだけチェックをつければいいでしょう。**セッションのフェード設定フォルダ**と**フェード設定のルートフォルダ**はフェードプリセットを引き継ぐものです。セッションを持ち出して同じプリセットで作業を継続したい場合にチェックをつけます。

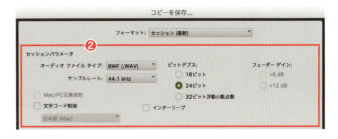

▶ **Mac/PC互換強制**にチェックをつけると、両環境で互換性のない文字を自動的に _（アンダーバー）に置き換えます。

▶ **文字コード制限**にチェックをつけると、言語セットをメニュー内から選べるようになり、セッション内で使用する言語のコードを各国語のMac専用またはWindow専用から選択できます。専用内のPTS環境での文字化けは発生しなくなりますが、専用外のPTS環境でセッションを開いた場合、文字化けが起きる可能性があります。

▶ 完成したセッションのフルバックアップコピーの作成や持ち出し用セッションフォルダの作成を目的にする場合は、特に理由のない限り**レンダーしたエラスティックオーディオファイルをコピーしない**にはチェックをつけずにおさます。

STEP 3 ファイル名と保存場所を指定し、コピーを保存を実行する

コピーを保存ダイアログでの設定終了後、**OK**をクリックするとOS標準の保存ウィンドウが開くので、保存場所とファイル名を適宜指定します❶。

保存❷をクリックすると処理が実行され、ファイル名と同名のフルバックアップコピーフォルダや持ち出し用セッションフォルダが作成されます。

リンク切れで見つからなくなってしまったファイルを再リンクしたい

保存場所（デスティネーション）の変更やファイル／フォルダ名の変更などが原因で、そのセッションで使用しているオーディオファイルなどとのリンクが切れてしまい、オーディオクリップを正しく再生できなくなってしまうことがあります。そのようなケースには、オーディオファイルを検索し再リンクを行うことで対処します。

 リンク切れの状況を確認し、対処法を選択する

セッションの読み込み時にオーディオファイルとのリンク切れが発見された場合、**見つからないファイル**ダイアログが表示され、いくつかの対処法が提示されます❶。

通常は、**自動的に検索＆再リンク**を試みます。ファイルがどこにあるかわかっている場合は**手動で検索＆再リンク**を選択します。

すべてスキップを選択した場合は、正常にリンクされているファイルだけがセッションに読み込まれます。リンク切れのファイルは再度レコーディングまたはインポートを行う必要があります。

▶ 見つからないファイルのうちの**レンダリングされたエラスティックオーディオファイル**については、**見つからないレンダーファイルは検索せずに再生成**にチェックをつけ、再レンダリングすることによって対処することもできます。

見つからないファイルを自動的に再リンクさせるには（自動的に検索＆再リンク）

見つからないファイルダイアログで**自動的に検索＆再リンク**を選択し、OKをクリックすると、セッションが開くとともにファイル検索と再リンク処理が開始されます。

リンク切れを起こしているオーディオクリップは空白として表示されますが❶、再リンクに成功すると内部に波形が表示されます❷。

リンク切れが解消され、すべてのリンクが正常の状態に戻ると、タイムラインデータオンラインステータス❸の表示がグリーンに変わります❹。

▶ セッションのエディットやレコーディングといった操作は、必ず**自動的に検索＆再リンク**の処理が終了してから行うようにしましょう。

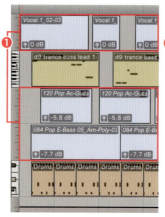 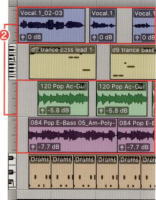

リンク切れで見つからなくなってしまったファイルを再リンクしたい

HOW TO 見つからないファイルへの再リンクを手動で行うには（手動で検索&再リンク）

見つからないファイルダイアログで**手動で検索&再リンク**を選択すると、**再リンク**ウィンドウが開きます。

中段の**適合するファイル**セクションにリンク切れになっているファイルが表示されているので、そのうち1つを選択します❶。

次に、上段の**検索するエリアを選択**セクションで、リンク先のファイルを選択し❷、下段の**候補セクション**にドラッグ＆ドロップします❸。最後に左の**リンクボタン**❹をクリックして点灯させます。

同様の手順ですべてのリンク切れファイルのリンク先の指定が終わったら、**コミット**❺をクリックします。確認のアラートが表示されるので、**はい**❻をクリックして再リンクを実行します。

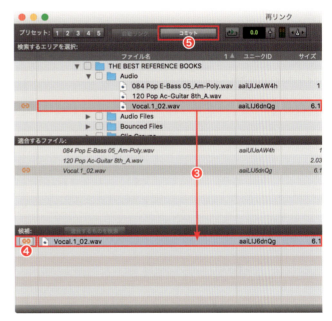

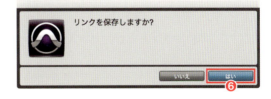

HINT&TIPS 別のPTS環境で作ったセッションを開くたびに表示されるアラート

制作時と異なるPTS環境でセッションを開こうとすると、**セッションノート**というアラートが表示されます。

たとえば、"ハードディスク構成が違うためオーディオファイルなどの置かれた位置が異なる"といった内容のメッセージが表示された場合などは、PTSが自動的にファイルを検索してセッションを再現しますのでそのまま開いてかまいません。また、"前回の保存時とオーディオインターフェースが異なるためI/O設定が変更されている"といった内容のメッセージが表示された場合も、PTSは現在の入出力構成になるべく合うように再設定（どうしても設定できないものは無効化）しますので、そのままセッションを開いてから、適宜再設定を行えば問題ありません。

他のセッションからトラックを読み込みたい

お気に入りのプラグインインストゥルメントの音色と複数のプラグインエフェクトを組み合わせた自分にとっての定番トラックや、パラアウト設定を行ったトラックなどを、他のセッションで流用したい場合もあるでしょう。PTSでは別のセッションファイルから必要なトラックだけを、入出力やプラグイン設定などを含めて、現在開いているセッションにインポートすることができます。

 トラックのインポートを行うセッションを開く

まずは、インポートを行いたい（他のセッションのトラックを配置したい）セッションを開きます。このセッションにはトラックがあってもなくてもかまいません。

ここではシンプルにオーディオトラック、インストゥルメントトラック、マスターフェーダートラックが1つずつあるセッションを開いています❶。

 インポート元（ソース）となるセッションを指定する

STEP1で開いたセッション上で、ファイルメニューのインポートからセッションデータ❶を選択します。

OS標準のファイル選択ウィンドウが開くので、インポートしたいトラックを含むセッションファイルを選択しましょう❷。

続いて、**開く**❸をクリックすると、**セッションデータをインポート**ダイアログが開きます。

STEP 3 インポートするトラックの選択とインポートする内容の設定を行う

トラックセクションの**ソース**の中から**インポート**したいトラックをクリックして選択し❶、それぞれに対応する**インポート先**のメニュー❷で、そのトラックを現在のセッションのどのトラックにインポートするかを指定します。

現在開いているセッション上の既存のトラックの内容を、インポートするトラックの内容で置き換えたいときは、インポート先のメニューからそのトラック名を選択します（メニュー内には**ソース**で選択したトラックと置き換え可能な種類のトラック名が表示されます）。

現在開いているセッション上にインポートするトラックを追加したい場合は、メニューから**新規トラック**を選びます。

■ **一致するトラック**をクリックすると、現在開いているセッション上の既存のトラックの種類と名称から最も適切な置き換え可能なトラックを判断し、自動的に選択を行います（適切な置き換え可能トラックがない場合は自動的に**新規トラック**が選択されます）。

セッションデータセクション❸では、インポートする項目を選択します。**インポート**はセッション全体に関する項目なので、必要に応じてチェックをつけましょう。**メインプレイリストオプション**ではソーストラックのプレイリストをどのようにインポートするか（またはインポートしないか）をラジオボタンのオン／オフで選択します。

インポートするトラックデータのリストでは、目的の項目にチェックをつけることでインポートする内容を細かく指定できます❹。**全て**や**なし**で一気に選択／非選択にすることもできます。

■ トラックで**ソース**を選択せず、**セッションデータ**の**メインプレイリストオプション**で**インポートしない**、**インポートするトラックデータ**で**なし**を選択すると、**セッションデータ**のインポートでチェックをつけたセッション全体に関わる設定だけを、現在のセッションにインポートすることができます。

OTHER TECHNIQUES

STEP 4 その他の項目を設定後、トラックのインポートを実行する

　セッションデータをインポートダイアログのその他の項目については必要に応じて設定を行います。**メディアオプションセクション❶**のメニューでは、オーディオファイルやビデオファイルを現在開いているセッションのセッションフォルダにコピーするか、元の場所にリンクさせるかを選択できます。

　サンプルレート変換オプションセクション❷では、インポート元（ソース）のセッションと現在開いているセッション間のサンプルレート設定に違いがある場合、**サンプルレート変換を適用**にチェックをつけ、メニューからそれぞれのサンプルレートと変換時のクオリティを選択します。

■ タイムコードマッピングオプションセクションとトラックオフセットオプションセクションについては、通常、設定を変更する必要はありません。

　セッションデータをインポートダイアログでの設定が終わったら**OK❸**をクリックし、トラックのインポートを実行します。
　STEP3で**インポート先**に既存のトラックを選択した場合、既存のトラックの内容がインポートしたトラックに置き換えられ❹、**新規トラック**を選択した場合はトラック列の最後尾にインポートされたトラックが追加されます❺。

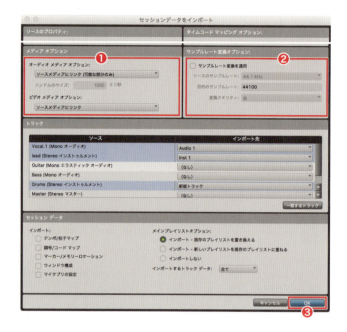

他のDAWやビデオ編集ソフトとファイルをやり取りしたい（OMF/AAF）

OMFやAAFは、異なるDAWやビデオ編集ソフトなどの間でセッションなどの楽曲ファイルをやり取りできるよう定められたフォーマットです。PTSは、オーディオデータを含んだOMF/AAF形式でのエクスポートやインポートに対応しており、他のDAWやビデオ編集ソフトと一定レベルの互換性を確保しています。

STEP 1 OMF/AAFでのエクスポート対象トラックをすべてオーディオトラック化する

オーディオトラック以外はOMF/AAFでのエクスポート対象になりません。インストゥルメントトラックやMIDIトラックも含めてエクスポートしたい場合は、コミットや、**バウンス後にインポートする**を有効にしたトラックバウンスを行うなどしてオーディオトラック化しておきます。さらに、外部MIDI音源を演奏させているMIDIトラックについては、その演奏をオーディオトラックにレコーディングしておくことで対処します。

> コミットの操作について詳しくは「トラックの内容をオーディオファイルに差し換えたい（コミット）」（P.266）を、トラックバウンスの操作について詳しくは「トラックの内容をオーディオファイルに書き出したい（トラックバウンス）」（P.262）を参照してください。

またオーディオトラックについても、オーディオクリップをループ設定したり、グループ化しているトラックは、解除やフラット化を行い、通常のオーディオクリップとしておきます。

以上の準備が終わったら、エクスポート対象にするトラックを選択後❶、ファイルメニューの**エクスポート**から**選択したトラックをOMF/AAFとして**❷を選び、OMF/AAFへエクスポートするダイアログを開きます。

> オーディオトラック以外は選択してもエクスポートされません。

> PTSが対応可能なOMF/AAFの要素は、モノラルオーディオトラック上のクリップ位置とオーディオファイルへのリンクに限られます。フェーダーやパンつまみ、センドバス設定などは含まれません。なお、ステレオトラックは2つのモノラルトラックへ自動的に分割されます。

OTHER TECHNIQUES

 必要項目の設定を行う

以下でエクスポート❶のメニューから書き出すファイルのフォーマットを選択します。PTSのセッションをAvidのMedia Composerで読み込む場合以外Media Composerとの互換性を強制するにチェックをつける必要はありません。

サンプルレートを変換したい場合は、**サンプルレート変換オプション**セクションの**サンプルレート変換を適用**にチェックをつけ、メニューからそれぞれのサンプルレートと変換時のクオリティを選択します。フォーマットやビットデプスも変換したい場合は、**オーディオメディアオプション**セクションでそれぞれ設定しておきましょう。

コピーオプション❷では、ソースメディア（＝オーディオファイル）の扱いをメニューから選択します。エクスポートするOMF/AAFファイルを同じコンピュータ内の別ソフトで読み込む場合は**ソースメディアにリンク**、それ以外は**ソースメディアからコピー**か**ソースメディアから統合**を選ぶのが基本です。**ハンドルサイズ**で設定したミリ秒の範囲で、フレーム単位でしかクリップを配置できないビデオ編集ソフトで発生するクリップ位置の誤差を吸収します。

▶ コピーオプションで**ソースメディアから統合**を選択すると、オーディオファイルからセッションで使っている部分だけが処理の対象になります。**ソースメディアからコピー**を選択すると、セッションで使われていない部分までが処理の対象に含まれます。

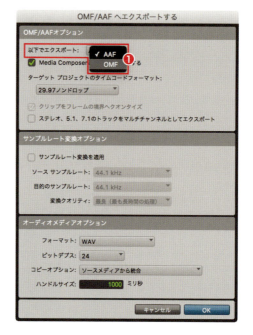

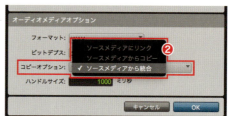

 ファイル名と保存場所を指定し、エクスポートを実行する

STEP2での設定終了後、**OK**をクリックすると**パブリッシングオプション**ダイアログが開くので、ここで**コメント**と**シーケンス名**を入力します（コメントは空欄でもかまいません）❶。

OK❷をクリックすると、続いてOS標準の保存ウィンドウが開くので、保存場所とファイル名を適宜指定します❸。

なお、STEP2の**コピーオプション**で**ソースメディアからコピー**か**ソースメディアから統合**を選択している場合は、オーディオファイルの収納場所も指定しておきます。

最後に**保存**❹をクリックすると、処理が開始され、OMF/AAFファイルが作成されます。

HOW TO OMF/AAFをPTSで読み込むには

PTS上へのOMF/AAFの読み込み操作は、他のPTSのセッションからトラックを読み込む際の操作と変わりません。

ファイルメニューの**インポート**から**セッションデータ**をクリックし❶、表示されたOS標準のファイル選択ウィンドウから目的のOMF/AAFを選択します❷。

セッションデータをインポートダイアログが表示されるので、必要な設定を行います❸。OKをクリックするとインポート処理が行われ、セッション上にOMF/AAFが読み込まれます。

▶ セッションを開いていない状態で、直接OMF/AAFからのアプリケーション指定でPTSで開こうとすると、新規セッション作成からの操作になります。

▶ セッションデータをインポートダイアログの設定方法について詳しくは、「他のセッションからトラックを読み込みたい」(P292) を参照してください。

▶ OMF/AAFのインポートに対応していないDAWでPTSのセッション内容を開きたい場合、トラックバウンスとSMFでのエクスポートを併用することで対処することが可能です。まずセッションの先頭 (タイムラインの0位置) から曲の最後までの範囲を対象にして、必要なトラックを選択し、トラックバウンスを行います。これによって、セッションの先頭から始まるオーディオファイルが必要なトラックの数だけ作成されます。次にテンポマップを書き出すために、セッション上の全MIDIトラックとインストゥルメントトラックをミュート状態にして、SMFでのエクスポートを行います。このSMFを他のDAWでインポートすることでPTSのセッションのテンポマップがそのまま再現され、ロケーションを小節で管理できるようになります (必要ならばMIDI演奏データをSMFに含めてもかまいません)。後は、インポート先のDAWで必要な数のオーディオトラックを新規作成し、曲の先頭からPTSのトラックバウンスで作成したオーディオファイルをドラッグ＆ドロップなどで配置してください。

▶ トラックバウンスの操作について詳しくは「トラックの内容をオーディオファイルに書き出したい (トラックバウンス)」(P262) を参照してください。またSMFでのエクスポートについて詳しくは「セッションの内容をSMFで書き出したい」(P304) を参照してください。

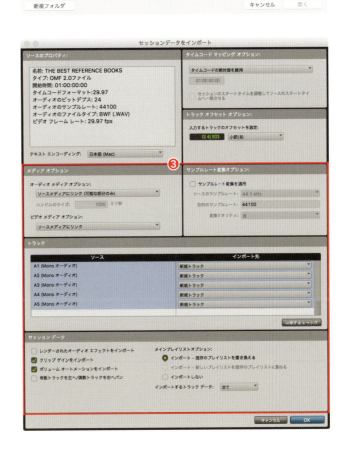

OTHER TECHNIQUES

08 オーディオ素材ファイルをセッション上に読み込みたい

ワークスペースブラウザとSoundbaseからは、現状のコンピュータ環境でPTSからアクセス可能なロケーションに存在するオーディオ素材ファイルをはじめとする各種ファイルの検索が行えるようになっており、そこから目的に合ったものをセッションのトラック上に配置することが可能です。よく使用するファイルを対象にしたカタログ登録や、お気に入り登録にも対応しています。

HOW TO ワークスペースブラウザを表示させるには

ワークスペースブラウザは、**ウィンドウメニュー**の**新規ワークスペース**から**デフォルト❶**を選択すると開くことができます。

ワークスペースブラウザには、コンピュータに内蔵／接続されたディスクメディア（光学ドライブ上のオーディオCDを含む）や各種のフォルダなどのロケーションが表示され、目的のロケーションの▶をクリックして下向きにすると、さらに下の階層の内容が表示されるようになっています。

HOW TO ワークスペースブラウザで目的のオーディオ素材ファイルを検索するには

ロケーションエリアで、検索したいボリュームやフォルダを選び**❶**、検索フィールドに検索ワードを入力すると**❷**、そのワードに該当する全ファイルがリストに表示されます。現在の検索結果を破棄したいときは、検索ワードを入力したことによって×の表示に変わっている**検索ボタン❸**をクリックします。本来のルーペ表示の状態に戻り、別の新たな検索ワードが入力できます。

検索の条件を追加したい場合は、**高度な検索ボタン❹**をクリックしてます。右端の+ボタンで検索条件の追加、-ボタンで検索条件の取り消しが行えます**❺**。また検索項目の条件メニューを使っていろいろな条件を選択していくことで、単純なファイル名検索よりも高度な検索結果の絞り込みが行えるようになっています。

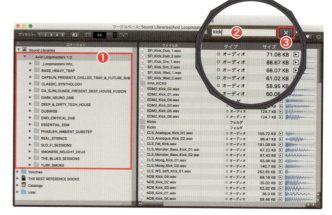

HOW TO ワークスペースブラウザでオーディオ素材ファイルの内容を試聴するには

ワークスペースブラウザ上では、リスト上からオーディオファイルやオーディオCDのトラックを選択状態にし❶、**プレビューボタン**❷をクリックすると、内容の試聴が行えます。

また**プレビューボタン**を右クリックして、コンテキストメニューから試聴時の再生モードを選択することができます❸。**ループプレビュー**にチェックをつけるとループ再生が行われ、**自動プレビュー**にチェックをつけると、選択と同時にそのオーディオファイルの内容が再生されます。**スペースバーをファイルプレビューに使用**にチェックをつければ、プレビューボタンのクリックではなく、スペースキーで再生と停止の操作が可能になります。**オーディオファイルをセッションのテンポに合わせる**にチェックをつけると、ファイル本来のテンポを現在のセッションのテンポに変更した状態で試聴することができます。セッションをプレイバックやループプレイバックの状態にすれば、セッションの演奏と同期させての試聴も可能です。

▶ 試聴再生に対応するのはオーディオCDのトラックを含む、PTSでの再生に適したオーディオファイルのみです。MIDI演奏データファイル（SMF）などは対象外となります。

▶ **オーディオファイルをセッションのテンポに合わせる**にチェックをつけた場合は、メトロノームボタンを右クリックし、コンテキストメニューの**Polyphonic**、**Rhythmic**、**Monophonic**、**Varispeed**の中から試聴するオーディオファイルの内容に合ったものを選択しましょう。

視聴時のボリュームは、フェーダーアイコンか左の数値❹をクリックすると表示されるフェーダーを使って、適宜設定することができます❺。

▶ 試聴時の再生音を、セッションのモニター出力（セッションのモニター音が出るスピーカー）とは別の出力先から出したいときは、**設定**メニューの**I/O**を選択して**I/O設定**ウィンドウを開き、**アウトプット**タブの右下にある**試聴バス**のメニューから選択できます（オーディオ出力が2ポート以下の環境ではモニターパスと同じものしか選べません）。

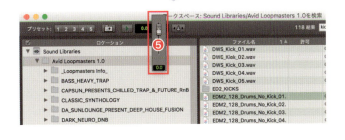

OTHER TECHNIQUES

 ワークスペースブラウザから目的のオーディオ素材ファイルをセッションに読み込むには

ワークスペースブラウザのリストに表示中のファイルは、現在開いているセッション上にドラッグ&ドロップするだけで読み込むことができます。

直接的に行う既存のオーディオトラック上の目的の位置へのドロップ配置はもちろん❶、トラックのない部分❷にドロップすれば、ファイルの種類に適合する新規トラックの作成と配置を同時に行うこともできます。また、いったんクリップリストにドロップしておき、そこからあらためてトラック上へ配置することも可能です。

■ **オーディオファイルをセッションのテンポに合わせる**
にチェックをつけた状態でトラック上やトラックのない位置にドロップされたオーディオファイルの演奏テンポは、セッションのテンポに合わせて変更されます。

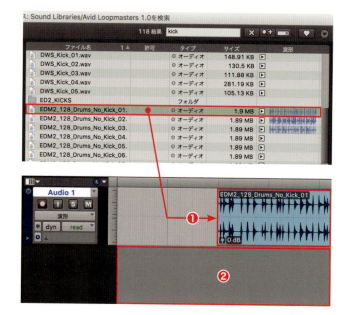

HINT&TIPS　ワークスペースブラウザとSoundbaseは基本的に同じもの

ウィンドウメニューの**新規ワークスペース**から**Soundbase**を選ぶと、Soundbaseを開くことができます。Soudbaseはデフォルトのワークスペースブラウザと仕組みは同じと言っていいものですが、**ロケーション**で**SoundLibraries**を選択すると自動的にタグ検索エリアが開いたり、**高度な検索**にあらかじめ検索のカギになる要素が用意されていたりといったカスタマイズが施されている点で、開いた直後から効率のいい検索が可能になっています。

HINT&TIPS　PTSではインターリーブとスプリットオーディオファイルのシームレスな共存が可能

オーディオファイルは、チャンネルの扱い方によってインターリーブとスプリットという2つのタイプに分かれます。

たとえばステレオの場合、通常のWAVやAIFF、オーディオCDのトラックのようにLチャンネルとRチャンネルの内容が1つのファイルとしてまとめられているタイプがインターリーブで、一般的にオーディオファイルと言ったときには、このタイプを指すことが多いと思います。

もう一方のスプリット形式のオーディオファイルは、1つのチャンネルを1つのモノラルファイルとして扱い、それらを同時に組み合わせた形でマルチチャンネル状態を実現する方式です。スプリット式のステレオファイルであれば、LチャンネルのモノラルファイルとRチャンネルのモノラルファイルの2つを組み合わせてステレオを実現することになります。

以前のPTSはこのスプリット式を採用していましたが、現在ではインターリーブとスプリットのいずれのタイプにも対応しています。操作上の扱いも変わらず、同一セッション上での混在も可能であるため、PTSの外部からオーディオファイルをセッションに読み込む際なども、ほとんど意識することはないでしょう。

なお、PTSへの読み込みではなく、PTSでレコーディングを行う場合のタイプは、**設定メニュー**の**セッション**を選択すると開く**セッション設定**ウィンドウで、**フォーマット**の中の**インターリーブ**へのチェックの有無で指定できます。また、作業の途中からタイプを変更しても、問題ありません。

目的のオーディオ素材ファイルをワークスペースブラウザのカタログやお気に入りに登録するには

リストに表示されたたくさんのオーディオ素材ファイルの中から、最適な1つを選ぶのはなかなか大変です。そんなときは、選択の途中で採用候補になりそうなものをカタログに登録しておけば、最終的な選択がしやすくなります。

カタログの作成操作は簡単で、まず目的のオーディオ素材ファイルやフォルダ（複数選択可）を右クリックして、コンテキストメニューから**選択項目のカタログを作成**❶を選びます。**カタログ名**ダイアログが表示されるので、わかりやすい名称をつけて**OK**❷をクリックすると、選択中のファイルやフォルダを収録したカタログが作成されます。

空白のカタログを作成したい場合は、ロケーションで**Catalogs**を右クリックし、コンテキストメニューで**新規カタログ**❸を選んでください。この場合も**カタログ名**ダイアログが表示されるので、名称を適宜入力して**OK**をクリックすれば操作完了です。ロケーションの**Catalogs**の▶をクリックして下向きにすると、作成したカタログが表示され、それを選択するとリストにそのカタログに登録されているオーディオ素材ファイルやフォルダが表示されます❹。

作成ずみのカタログにオーディオ素材ファイルを追加したいときは目的のファイルやフォルダを、追加したいカタログにドラッグ＆ドロップします❺。また、カタログ内からファイルやフォルダを取り除く場合は、まずリスト上の削除したいファイルやフォルダを右クリックし、表示されるコンテキストメニューから**削除**❻を選択するか、delete/Backspaceキーを押し、表示されるアラートで**削除**❼を選択してください。なお、**Catalogs**からカタログ自体を取り除きたいときは、目的のカタログを右クリックして、同様の操作を行います。

▶ リストの右側にある**お気に入り項目**の♡をクリックして♥の状態にしておくと、右上の**お気に入り**ボタンをクリックするだけでピックアップ表示することができます。

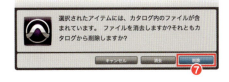

SMFをセッション上に読み込みたい

OTHER TECHNIQUES 09

SMF（スタンダードMIDIファイル）は、異なるDAWソフトやシーケンサー間で、MIDIソングデータをやり取りするために定められた共通規格です。扱えるデータの内容はMIDIの範囲に限られますが、テンポマップ（リタルダンドやアッチェレランドを含めた、曲全体のテンポ情報）、拍子や調、MIDIチャンネルによるパート分けやトラック構成などの情報まで共用することが可能です。

STEP 1　ワークスペースブラウザで目的のSMFを見つける

ウィンドウメニューの新規ワークスペースからデフォルトやSoundbaseを選択して❶、ワークスペースブラウザ／Soundbaseを開きます。

ワークスペースブラウザ／Soundbaseには、コンピュータに内蔵／接続されたディスクメディア（光学ドライブ上のオーディオCDを含む）や各種のフォルダなどのロケーションから目的のファイルを探し出すための、強力な検索機能が搭載されています。検索フィールドに.midと入力すれば❷、ロケーションエリアで現在選択中のボリュームやフォルダ内にあるSMFを一括表示させることができます。

▶ より対象を絞った高度な検索を行う方法について詳しくは「ワークスペースブラウザで目的のオーディオ素材ファイルを検索するには」（P.298）を参照してください。

HOW TO　SMFを既存のMIDI／インストゥルメントトラック上に読み込むには

セッション上の既存のMIDI／インストゥルメントトラックにSMFを読み込む場合には、ワークスペースブラウザ／SoundbaseからMIDI／インストゥルメントトラックの目的の位置にSMFをドラッグ＆ドロップすると、そこにMIDIクリップが作成されます❶。

この方法は、単独パートが収録されたSMFの読み込みに適しています。またSMFのテンポは現在のセッションでのテンポ設定に従います。

▶ この方法はセッション上にMIDI／インストゥルメントトラックがない場合は利用できません。また、セッション上のMIDI／インストゥルメントトラックの数がSMFに含まれるパート数やMIDIチャンネル数より少ない場合、足りなかった分は無視されます（クリップリストには読み込まれますので、MIDI／インストゥルメントトラックを追加後、クリップリストからトラック上への再配置が可能です）。

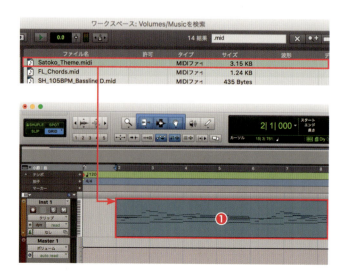

SMFをMIDI／インストゥルメントトラックの新規作成と同時に読み込むには

ワークスペースブラウザ／Soundbaseから編集ウィンドウの空白部分に目的のSMFをドラッグ＆ドロップすると❶、SMFの再生に必要な数の新規のMIDI／インストゥルメントトラックが作成され、そのトラックにMIDIクリップを配置することまで自動で行うことができます。

この場合、空白部分であればドロップする位置はどこでもかまいません。また、画面例のようにセッション上にMIDI／インストゥルメントトラックがない場合でも、SMFの読み込みが可能です。ドロップすると同時に**MIDIインポートオプション**ダイアログが開きます。

▶ ワークスペースブラウザ／Soundbaseからのドラッグ＆ドロップの代わりに、**ファイル**メニューの**インポート**から**MIDI**を選択して、目的のSMFを選択しても同様の結果が得られます。

まず**デスティネーション**で**新規トラック**❷のラジオボタンをオンにして、自動作成されるトラックの種類を指定します。

次に**ロケーション**のメニューからMIDIクリップの配置位置を指定し、最後にその下に用意されている読み込み時のオプションに適宜チェックをつけ❸、OKをクリックすると、設定に従ってSMFが読み込まれます❹。なお、**デスティネーション**で**クリップリスト**を選択した場合、MIDI／インストゥルメントトラックは作成されず、クリップリストにだけSMFが読み込まれます。

この方法は、複数パートが収録されたSMFの読み込みやテンポマップを含めたSMFの読み込みに適しています。

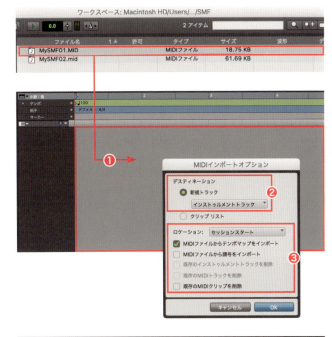

HINT&TIPS　SMFの3つのフォーマットの違いについて

厳密に言うと、SMFはフォーマット0～2の3種類に分かれています。この中のフォーマット2は現実的にほとんど用いられることのないもので、PTSでは読み込み／書き出しのいずれにも対応していません。他のDAWでも同様なので、MIDI演奏データの共用という意味では無視してかまわないでしょう。

残りのうちのフォーマット0は、1つのトラック内に演奏に使用している全MIDIチャンネルの情報を混在させたタイプ、フォーマット1は、パートやMIDIチャンネルごとに分割された、データ制作時のトラックの状態をそのまま記録するタイプになっています。PTSでは、フォーマット0と1のいずれのタイプの読み込み／書き出しにも対応しています。

OTHER TECHNIQUES

セッションの内容をSMFで書き出したい

SMF（スタンダードMIDIファイル）は、異なるDAWソフトやシーケンサー間で、MIDIソングデータをやり取りするために定められた共通規格です。PTSではセッション上で使用されているMIDI演奏部分の内容ついてはもちろん、テンポマップ、拍子や調、MIDIチャンネルによるパート分けやトラック構成までを含めてSMFとして書き出すことができます。

STEP 1　エクスポート（書き出し）対象トラックを選別する

　SMFでのエクスポートは、セッション上の全MIDIトラックとインストゥルメントトラックのMIDIイベントを対象に行われます❶。

　ただし、ミュート状態にあるトラック❷は対象から除外できるため、不要なトラックをミュート状態に設定することで、書き出し対象トラックの選別が可能になっています。

▶ オーディオトラックやAux入力トラックはミュートしなくても書き出しの対象外となります。

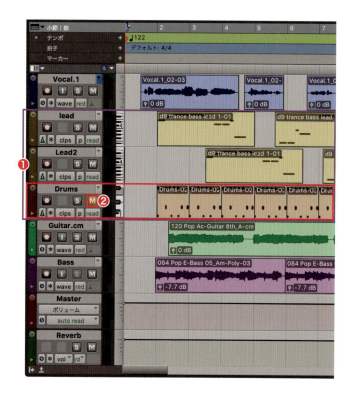

STEP 2　エクスポート設定を行う

　ファイルメニューのエクスポートからMIDI❶を選択して、MIDI設定をエクスポートダイアログを開きます。

MIDIファイル形式❷ではフォーマットを指定します。SMFにはMIDIチャンネルとトラックの扱いによって、フォーマット0～2の3種類のタイプがあり、PTSではそのうちのフォーマット0か1を選ぶことができます。通常は1を選択しておくといいでしょう。

▶ SMFのフォーマット0～2の違いについて詳しくは「SMFの3つのフォーマットの違いについて」（P303）を参照してください。

位置参照❸では書き出しの対象範囲を、**セッションスタート**から最後のMIDIイベントまで、**ソングスタート**から最後のMIDIイベントまで、メインルーラーでの**選択範囲**、指定した**スポット**（ロケーション）から最後のMIDIイベントまで、の4つから選択できます。

▶ リアルタイムプロパティ適用にチェックをつけると、トラックまたはMIDIクリップに設定してあるリアルタイムプロパティが反映された後の内容がSMF化されます。**イベント操作**の各コマンドで行った通常のエディット操作については、**MIDI操作固定**を実行しなくてもSMFの内容に反映されます。

STEP 3 ファイル名と保存場所を指定し、エクスポートを実行する

MIDI設定をエクスポートダイアログでの設定終了後、**OK❶**をクリックするとOS標準の保存ウィンドウが開くので、保存場所とファイル名を適宜指定します**❷**。

保存❸をクリックすると、エクスポート処理が実行され、SMF**❹**が作成されます。

PTS上からReWire音源ソフトを利用したい

ReWireは複数の音楽ソフトを連携して使用するための規格です。PTSはReWire接続の際のホスト（主）となることができ、他のReWireソフトをクライアント（従）として動作させることができます。PTSとの間でReWire接続を設定したReWire音源ソフトは、通常のプラグインインストゥルメントと同様に扱えるようになり、プラグインエフェクトの利用も可能になります。

STEP 1　ReWire接続に必要となるトラックを用意する

ここではPropellerheadのReasonとの組み合わせを例に解説しますが、他のReWire音源ソフトでも設定操作は変わりません。まずPTSのセッション上に、ReWire接続を行うためのトラック（Reasonからのオーディオ出力を受けるためのAux入力トラック）を作成します。

▶ インストゥルメントトラックやオーディオトラックでも同様の操作でReWire音源ソフトを利用することができます。

STEP 2　ReWire接続を行いReWire音源ソフトを立ち上げる

PTSと同じコンピュータに、クライアントでのReWire接続が可能なソフトウェア音源がインストールされている場合は、特に何もしなくてもメニュー内にその名称が表示されます。

任意のインサートスロットをクリックして、**Instrument**から目的のReWire音源ソフト（ここではReason）を選択します❶。ReWire音源ソフトがクライアントモードで自動的に立ち上がり、PTS上ではReWire設定ウィンドウが開きます。インサートスロットにはそのReWire音源ソフトの名称が表示されます。

▶ PTSと同じコンピュータにクライアント接続可能なReWire音源ソフトがインストールされているにもかかわらず、プラグインリストに表示されない場合は、いったんPTSを終了後、MacintoshHD/ユーザ/＜ユーザ名＞/ライブラリ/Preferences/Avid/ProToolsフォルダ（Mac OSの場合）、コンピュータ\C:\ユーザー\＜ユーザー名＞\AppData\Roaming\Avid\ProToolsフォルダ（Windowsの場合）内のファイルをすべて削除してから、再度PTSを起動してください。

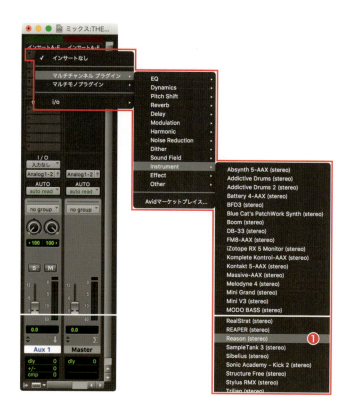

STEP 3 ReWireによるオーディオとMIDIの接続設定を行う

続いてReWire設定ウィンドウの**チャンネルメニュー**❶で、ReWire音源ソフトが使用しているオーディオのアウトプットチャンネルを選択します。Reasonのように、複数のオーディオ出力を持っている（＝パラアウトに対応している）ReWire音源ソフトの場合は、必要なパラアウト数に合わせてSTEP2の操作を行い、Aux入力トラックごとにReWire設定ウィンドウから個別のオーディオ出力チャンネルを選択してください。

次にMIDIの接続を行います。ReWire音源ソフトはMIDIトラックからのMIDIイベントを受けて演奏を行いますので、MIDIトラックを作成します。またReasonのようにマルチティンバー音源の場合は、パートに合わせて必要な数のMIDIトラックを作成しましょう。

MIDIトラックのI/Oセクションでアウトプットセレクタをクリックすると、メニュー内にReWire音源ソフトが現在選択している音色が表示されますので❷、ここから適宜選択を行います。

ReWire接続が確立した状態では、ReWire音源ソフトにシーケンサー機能が搭載されている場合、PTSとReWire音源ソフト内のシーケンサーの再生が同期します。またその際のテンポはPTS側の設定にReWire音源ソフト内のシーケンサーが従います。

HOW TO ReWire音源ソフトの演奏をオーディオファイル化するには

ReWire音源ソフトを演奏させているAux入力トラック❶に対しても、トラックバウンスやコミット❷、フリーズといった、演奏内容のオーディオファイル化（レンダリング）を伴う各種操作を行うことができます。

▶ トラックバウンス、コミット、フリーズについて詳しくは、「トラックの内容をオーディオファイルに書き出したい（トラックバウンス）」（P.262）、「トラックの内容をオーディオファイルに差し換えたい（コミット）」（P.266）、「トラックの内容を一時的にオーディオファイル化したい（フリーズ）」（P.272）をそれぞれ参照してください。

▶ ReWire音源ソフトによっては、オフラインでのレンダリングにうまく対応できない場合もあります。その際はオフラインのチェックを外してバウンスやコミットを行います。また、オフラインでのレンダリングにうまく対応できないReWire音源ソフトに対してフリーズは使用できません。

OTHER TECHNIQUES 12 パラアウト仕様の プラグインインストゥルメントを利用したい

プラグインインストゥルメントの中には複数のオーディオ出力チャンネルを装備し、PTSのトラックへ個別にオーディオ信号を送り込むことができる、パラアウト仕様のものがあります。これを利用すれば、プラグインインストゥルメントの各オーディオ出力に対して異なるプラグインエフェクトをインサートしたり、パンつまみやフェーダーを個別に設定することができるようになります。

STEP 1 パラアウト仕様のプラグインインストゥルメントをトラックにインサートする

ここではFXpansion BFD3を例に、パラアウトの設定方法を解説します。他のプラグインインストゥルメントでもPTS側の設定は基本的に変わりません。

まず通常のインストゥルメントトラックを作成し、パラアウト対応のプラグインインストゥルメント（ここではBFD3）をインサートします❶。

■ マルチティンバーかつパラアウト可能なプラグインインストゥルメントを使用する場合は、まず「マルチティンバー音源を対象にしたMIDIレコーディングを行いたい」（P90）を参照して各パートのレコーディングやエディットを行うMIDIトラック作成、設定を行った上で、STEP2からの手順に従ってオーディオ側の設定を行ってください。

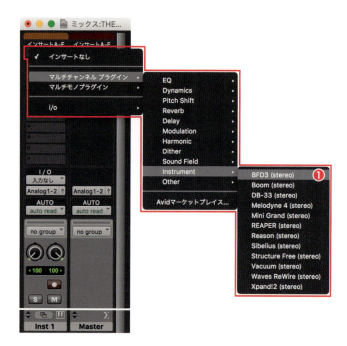

STEP 2 プラグインインストゥルメント側のオーディオ出力チャンネルを設定する

パラアウト対応のプラグインインストゥルメントの場合、STEP1でインサートした直後は、すべての楽器（またはパート）のオーディオ出力チャンネルが、MasterやMixなどに設定されているはずです❶。

この状態では、BFD3のすべての楽器音がこのインストゥルメントトラックから出力されます。

そこで、各楽器（パート）のオーディオ出力チャンネルを、適宜MasterやMixなどから別のチャンネルに変更していきます❷。また、オーディオ出力チャンネル名がわかりやすい名称ではない場合、どのチャンネルがどの楽器（パート）なのかをどこかにメモしておくといいでしょう。

なお、この時点でMaster以外に設定したBFDの楽器音は、インストゥルメントトラックから出力されなくなります。

▶ オーディオ出力チャンネルの設定方法はプラグインインストゥルメントの仕様に依存しますので、それぞれのマニュアルを参照してください。

STEP 3　プラグインインストゥルメントからのオーディオ出力を受け入れるAux入力トラックを作成する

プラグインインストゥルメントの各オーディオ出力チャンネルからの出力を受け入れるためのAux入力トラックを、STEP2で利用したオーディオ出力チャンネルの数に合わせて用意します❶。Aux入力トラックのMono／Stereo設定についても、STEP2で利用したオーディオ出力チャンネルのMono／Stereo設定と合わせます。

▶ Aux入力トラックではなくインストゥルメントトラックを作成し、STEP4の操作を行うと、個々のインストゥルメントトラック上で演奏データのレコーディングやエディットを行うことができます（各インストゥルメントトラックの**インストゥルメント**セクションでMIDI出力チャンネルを適宜設定する必要があります）。

STEP 4　Aux入力トラックのインプットパスを設定する

STEP3で作成したAux入力トラックのI/Oセクションでインプットセレクタをクリックして、**プラグイン**を選択すると、パラアウト仕様のプラグインインストゥルメントの名称が表示されます。

ここで目的の名称（ここではBFD3）を選択し、表示されるオーディオ出力チャンネルから、STEP2での設定に従って、このAux入力トラックで演奏する楽器音（パート）に合ったオーディオ出力チャンネルを選択していきます❶。すべてのAux入力トラックで設定が終わったら、演奏もしくはプレイバックしてみましょう。

なお、ここでの設定に従った場合、BFD3に対するMIDI演奏データのレコーディングやエディットはSTEP1で作成したインストゥルメントトラック上で行います。

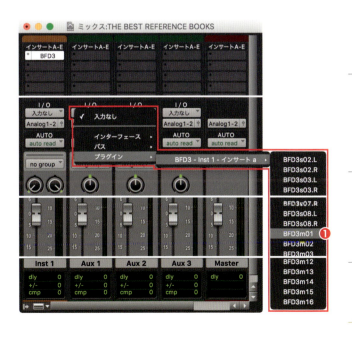

309

オーディオクリップを Structure Freeで鳴らしたい

PTS付属のプラグインインストゥルメントStructure Freeは、付属のライブラリーから音色を選べるだけでなく、Structure Freeのブラウザから任意のオーディオ素材を読み込んで演奏できるサンプラーです。レコーディングによって作成されたオリジナルのフレーズ（オーディオファイル）を、サンプラーならではの表現を使って本来の演奏とは違った形で活用することができます。

 インストゥルメントトラックにStructure Freeをインサートする

まずインストゥルメントトラックを作成し、Structure Freeをインサートします❶。

その際、ステレオのオーディオクリップをそのまま使いたいならば、ステレオのインストゥルメントトラックを作成し、マルチチャンネルプラグインからStructure Freeを選択してください。

また、モノラルのオーディオクリップを使いたい場合は、モノラルのインストゥルメントトラックを作成し、モノラルのStructure Freeをインサートするのが基本ですが、Structure Free内でパンを設定したい場合はステレオを選択します。

 デフォルトのパッチを削除する

サイン波のパッチ（Sine Wave）❶がセットされた状態でStructure Freeのプラグイン設定ウィンドウが開きます。このSine Waveのパッチは不要のため、PATCHメニューからRemove Patch❷を選択して削除します。

オーディオクリップをStructure Freeで鳴らしたい

STEP 3 Structure Freeにオーディオファイルをインポートする

Structure Freeへのオーディオファイルのインポートは、右側の画面表示をBROWSERタブ❶に切り換え、階層をたどって目的のオーディオファイルが見つかったら、そのままPATCHエリアにドラッグ&ドロップするだけで行えます❷。

即座にオーディオファイルがパッチ（＝音色）として読み込まれ、MIDIキーボードで演奏したり、プラグインインストゥルメントの音色として利用できるようになります❸。

4マルチティンバー音源であるStructure Freeには、最大4つのパッチが作成でき、別々のMIDIチャンネルからパッチごとに異なる演奏を行うことも可能です。

■ 複数のオーディオファイルを選択し、PATCHエリアにドラッグ&ドロップすると、Import samples as a new Partウィンドウが表示され、選択した各オーディオファイルに対するキーマッピングを設定することができます。これを利用すれば、細かいオーディオファイルのスライスで1つのフレーズを構成するような一連のオーディオファイルの集合体を、指定した鍵盤から順に1つずつ並べて配置することが可能です。なお、この場合インポートしたオーディオファイルは複数でも、パッチとしては1つとして扱われます。

パッチとして読み込んだオーディオファイルに対しては、Structure Free上で音色のエディットを行うことができます。EDIT 1 セクション❹では、そのパッチに関する全体的な設定を行います。EDIT 2 セクション❺では、音質や音量の変化に対しての設定が可能です。

なお、Structure Free上で行った音色エディットが、インポート元のオーディオファイルに対して影響を及ぼすことはありません。また、Structure Free上の音色やそれらに対するエディット内容は、セッションの保存の際に一緒に保存されます。

ミックスウィンドウでの操作を
フィジカルコントローラーで行いたい

フィジカルコントローラーは、実際のフェーダーやつまみなどを備えたハードウェアで、コンピューターと接続することでPTSをリモートでコントロールできるようになります。フィジカルコントローラーには、現実のフェーダーやパンポットを繊細に動かしたり、両手を使って複数のパラメーターを同時に操作したりといった、マウスではできない直感的な操作を行える利点があります。

STEP 1 フィジカルコントローラーとコンピュータを接続する

PTSで利用できるフィジカルコントローラーには、プロ用から簡易的なものまで多くの製品が存在していますが、ここでは最もポピュラーなHUI互換製品を例として解説します。

まず製品に付属しているドライバーやソフトウェアをインストールし、コンピュータとフィジカルコントローラーを接続しましょう。現状では、ほとんどの場合USBケーブルでの接続になると思います。接続が正しく行われると、MacOSでは、**Audio MIDI設定**の**MIDIスタジオ**ウィンドウに接続した製品が表示されます。Windowsの場合は、使用するフィジカルコントローラーのコントロールパネルで接続を確認することができます。なお、製品によっては、本体のスイッチや製品に付属するソフトウェアでHUI互換モードへの切り換えが必要なものもあります。その場合は忘れずに切り換え操作を行っておきます。

▶ MIDIインターフェースを介してフィジカルコントローラーをコンピューターに接続する場合は、フィジカルコントローラーとMIDIインターフェースのMIDIインプット／アウトプットを相互に接続します。さらにMacOSでは、**MIDIスタジオ**ウィンドウ上でも両者の入出力ポート（▼▲）をドラッグして接続しておきます。

▶ フィジカルコントローラーを、MIDIケーブルでMIDIインターフェースを介してMacOSと接続した場合、**MIDIスタジオ**ウィンドウに製品が自動表示されません。その場合、まずフィジカルコントローラーをMIDI機器として登録する必要があります。フィジカルコントローラーの機器登録や各種設定について詳しくは「外部MIDI機器の接続と設定」（P22）を参照してください。

STEP 2 PTSにフィジカルコントローラーを登録する

STEP1でコンピュータに接続したフィジカルコントローラーを、PTSに登録して使用できるようにします。

設定メニューから**ペリフェラル**❶を選択して、**ペリフェラル**ダイアログを開きます。

ミックスウィンドウでの操作をフィジカルコントローラーで行いたい

表示をMIDIコントローラータブ❷に切り換えます。PTSでは#1〜#4までの4基のフィジカルコントローラーが利用可能ですが、通常は#1から設定していきます。**タイプ**のメニューからHUIを選び❸、**受信元**と**送信先**にSTEP1で接続したフィジカルコントローラー（MIDI接続の場合は、フィジカルコントローラーを接続しているMIDIインターフェース）を選択します。**チャンネル**は**タイプ**の選択に合わせて自動的に切り換わります❹。

操作が完了したらOK❺をクリックしてダイアログを閉じます。

▶ フィジカルコントローラーには8チャンネル仕様の製品が多く、1基で同時にPTS上の8トラックのフェーダーやパンつまみをコントロールできるようになっています。さらに多くのチャンネルを装備する製品を利用している場合や、現在のフィジカルコントローラーにチャンネル増設用のオプション機器を加えて、コントロールできるトラックを増やす場合には、#2以降を順次設定してください。

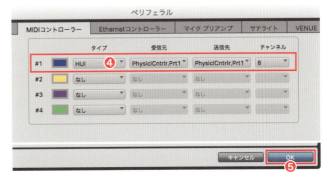

編集ウィンドウやミキサーウィンドウのトラック名に、#1のカラーである青の囲み❻が表示されたら、フィジカルコントローラーの登録は完了です。それらの囲み表示のあるトラックは、現在フィジカルコントローラー側からのコントロールが可能です。フィジカルコントローラーのフェーダーを動かすと、PTS側のフェーダーも連動して動きます。オートメーションの書き込みなども自由に行えます。

また、コントロール可能なトラックは、フィジカルコントローラーから切り換えます。

HOW TO フィジカルコントローラーをコントローラーイベントの入力装置としても利用したいときは

フィジカルコントローラーを操作することで出力されるコントローラーイベントはMIDIイベントなのですが、PTS上のフェーダーやパンつまみのコントロールに用途が限定され、そのままではMIDI演奏データ用のコントローラーイベントの入力用途に用いることができません。

フィジカルコントローラーをMIDI演奏データ用のコントローラーイベント入力装置（MIDIコントロールサーフェスなどと呼ばれます）としても利用したいときは、設定メニューの**MIDI**から**MIDI入力デバイス**❶を選択し、MIDIインプット有効化ダイアログを開き、現在接続されているフィジカルコントローラーにチェックをつけます❷。

313

OTHER TECHNIQUES

同一プロジェクト上で共同制作を行いたい（Avidクラウド・コラボレーション）

Avidクラウド・コラボレーション機能を使えば、コラボレーター（共同制作者）との間でインターネットを通じたプロジェクト（Avidクラウド・コラボレーションでは、セッションのことをプロジェクトと呼びます）の共有が可能になり、トラックへのレコーディング結果やクリップへのエディット操作をほぼオンタイムで同期することができます。ここではその概要を紹介します。

 Avidマスター・アカウントにサインインし、プロフィールを作成する

Avidクラウド・コラボレーションを使用するには、まず前提としてAvidマスター・アカウントにサインインする必要があります。**ファイル**メニューから**サインイン**❶を選択するとダイアログが表示されますので、メールアドレスとパスワードを入力し❷、Sign Inをクリックしましょう。

サインインが完了したら、**ウィンドウ**メニューから**アーティストチャット**❸を選択します。プロフィールダイアログが表示されますので、**はい**にチェックをつけ、**表示名**❹を入力します（必須項目以外は任意で入力してかまいません）。相手側からはユーザーの実名ではなく、**表示名**に入力した名称が見えることになります。

入力が終わったら**保存**❺をクリックします。

STEP 2 セッションからプロジェクトへ変換する

次に、Avidクラウド・コラボレーションで共同制作を行うプロジェクトを用意します。プロジェクトは新規作成することもできますが、多くの場合セッションとして制作していたものを共有することになると思いますので、ここではセッションからプロジェクトへの変換方法を解説します。

ファイルメニューから**コピーを保存**❶を選択して**コピーを保存**ダイアログを開き、**フォーマット**のメニューから**プロジェクト**❷を選択します。また、他の項目の設定については必要に応じて適宜行ってください。

▶ コピーを保存ダイアログでの各項目の設定の詳細については「完成したセッションの完全なバックアップコピーを作成したい」(P288) を参照してください。

OK❸をクリックすると**プロジェクトのコピーを保存**ダイアログが表示されます。**プロジェクト名**を入力し❹、**OK**❺をクリックするとセッションがプロジェクトに変換されます。

プロジェクトへの変換が完了したら、**ファイル**メニューから**プロジェクトを開く**❻を選択します。

ダッシュボードにセッションからの変換を終えたプロジェクトが表示されているので❼、これを選択して**開く**❽をクリックします。

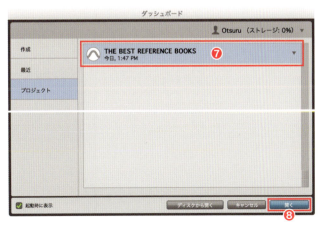

OTHER TECHNIQUES

STEP 3 プロジェクトにコラボレーターを招待する

　実際の共同作業はプロジェクトにコラボレーターを招待するところから始まります。共同作業が可能な相手には、Pro Tools Firstユーザーも含まれます。

　別のユーザーをプロジェクトに招待❶ボタンをクリックすると、アーティストチャットが表示されます。最初は連絡先に誰も登録されていないため、指示に従って**連絡先リストへ**❷をクリックします。**連絡先を追加**タブに表示が切り換わりますので、検索フィールドに招待したいユーザーの表示名やメールアドレスを入力して検索を行います❸。検索結果が表示されたら目的の相手の**+**ボタン❹をクリックしましょう。メッセージなどを書き込み、**追加**❺をクリックすると、連絡先への登録申請が相手へ送信されます。相手が承認すると**連絡先**への登録が行われます。

　その後、**プロジェクト**から目的のプロジェクトを選択し❻、**ユーザーをコラボレーションへ招待**アイコン❼をクリックします。今度は連絡先に登録されているユーザーが表示されますので、目的の相手にチェックをつけ❽、必要に応じてメッセージを添えて**追加**❾をクリックします。相手のユーザーがこれを受け入れれば、コラボレーターとしての招待が完了します。

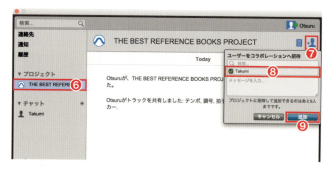

STEP 4 トラックを共有し所有権を設定する

　コラボレーターを招待できたら、まずトラックの共有を行いましょう。最初の時点では、コラボレーター側のプロジェクトにはテンポや拍子といった基本情報しか表示されていません。こちらから目的のトラックの**トラックを共有**ボタン❶をクリックして有効にする（青く点灯させる）ことで、はじめてコラボレーター側のプロジェクトにそのトラックが表示されます。

　共有トラックには所有権という考え方があります。**トラックを共有**ボタンをクリックすると同時に、**トラックの所有者**ボタン❷にSTEP1で設定した自分の**表示名**が表示され、所有権が自分に設定されます。**トラックの所有者**ボタンに自分の**表示名**が表示されている間は、コラボレーターはこのトラックに対してエディットを行うことができません。

　コラボレーターから所有権のリクエストがあると**トラックの所有者**ボタンにオレンジの枠が点灯し、通知が表示されます❸。**トラックの所有者**ボタンをクリックしてリクエストを承認することで、**トラックの所有者**ボタンにコラボレーターの**表示名**が表示され、ボタン全体がオレンジに点灯します❹。これで所有権がコラボレーターに移ったことになり、コラボレーター側による、このトラックに対するエディットが可能になります。

　コラボレーター側に所有権がある間は、自分の方がこのトラックに対してエディットを行うことができなくなります。再び所有権を自分に戻し、エディットを行う場合は、**トラックの所有者**ボタンをクリックしてコラボレーターにリクエストを送ります❺。コラボレーター側がこのリクエストを承認すれば、**トラックの所有者**ボタンが青い点灯に変わり、表示名も自分に戻ります❻。

STEP 5 コラボレーターとの間でエディット結果を同期させる

　自分が所有権を持っているトラックに対してエディットを行うと、**トラックの変更をアップロードボタン**❶が点灯します。クリックすると、行ったエディット結果がコラボレーターに送信されます。複数のトラックにエディットを加えた場合は**新たな変更点をすべてアップロードボタン**❷で、結果を一括送信することができます。

　コラボレーターが所有権を持っているトラックに対してコラボレーター側からエディットを行うと、**トラックの変更をダウンロードボタン**❸が点灯します。**トラックの変更をダウンロード**ボタンをクリックするとそのトラックに行われたエディット結果のみがダウンロードされます。コラボレーターによって複数トラックに対して行われたエディットの結果を一括でダウンロードしたい場合、**新たな変更点をすべてダウンロードボタン**❹をクリックします。ダウンロードが完了するとコラボレーターのエディット内容がプロジェクトに反映されます。

　コラボレーターが新規トラックを追加して共有を行った場合、自分のプロジェクトの**共有トラックをすべてダウンロードボタン**❺が点灯します。このボタンをクリックするとダウンロードが開始され、新規トラックがプロジェクトに反映されます。

　なお、変更のアップロード/ダウンロード、新規トラックのダウンロードを自動化することもできます。上記の各ボタン下にある**Auto**インジケーター❻をクリックして点灯させておくと、自分とコラボレーターの行ったエディット結果が、各ボタンの動作に従って自動で相手側のプロジェクトに反映されます。

> 所有権を設定していないトラックをエディットすると、自動的に所有権が付与されます。また、コラボレーターに所有権のあるトラックにエディットを加えると、所有権のリクエストが自動的に送信されます。

同一プロジェクト上で共同制作を行いたい（Avidクラウド・コラボレーション）

 所有権のリクエストを取り消したり、コラボレーターからのリクエストを却下するには

誤って所有権のリクエストを送ってしまったり、コラボレーターに所有権があるトラックをエディットしてしまった場合は、リクエストを取り消すことができます。この場合は、**リクエスト待機中**になっている**トラックの所有者**ボタンを右クリックしてコンテキストメニューから**リクエストを撤回❶**を選択してください。リクエスト待機状態が解除されます。また、同じコンテキストメニューから**確保**を選択すると、強制的に所有権を自分に変更することができます。

コラボレーターからの所有権のリクエストに対して、応じたくない場合は却下できます。この場合は、**リクエスト保留中**になっている**トラックの所有者ボタン**を右クリックしてコンテキストメニューから**コラボレーターリクエストを却下❷**を選択すると、リクエスト保留状態が解除されます。また、同じコンテキストメニューから**譲渡**を選択すると、STEP4で行ったリクエストの承認と同じ結果が得られます。

▶ 所有権の移動やエディットの同期については、アーティストチャットでコミュニケーションを取りながら進めると、円滑に行えるでしょう。

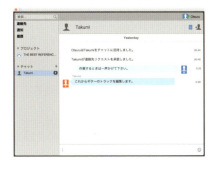

OTHER TECHNIQUES 16

ムービーに合わせてセッションを作成したい

PTSではムービーファイルのインポートに対応しています。セッション上に読み込んだムービーファイルはトラック上にサムネイル表示され、ビデオウィンドウ上でサウンドトラックとの同期再生が可能です。出来上がったムービーに対して、効果音を加える、ナレーションをレコーディングして尺を合わせる、BGMのきっかけを調整するといった操作をPTS内で完結させることができます。

STEP 1 セッション内にムービーファイルをインポートする

編集ウィンドウ上の何もないトラックエリアにムービーファイルをドラッグ&ドロップします❶。

ドロップ後、ビデオインポートオプションダイアログが開きます。

▶ ファイルメニューのインポートからビデオを選択しても同様の結果が得られます。

▶ PTSではQuickTimeムービー（movファイル）やavi、m4v、mp4ファイルなどを読み込むことができます（ただし、ファイルが使用しているコーデックによっては正しく読み込めない場合もあります）。また、movファイルを読み込むには、あらかじめコンピュータにQuickTimeがインストールされている必要があります。

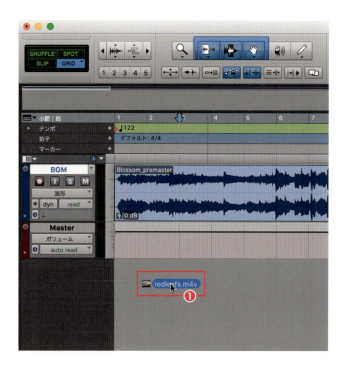

STEP 2 ビデオインポートオプションを設定する

ビデオインポートオプションダイアログでは、場所のメニューからムービーファイルの配置位置を指定することができます❶。セッションスタート、選択範囲（ドロップした位置）、スポット（スポットダイアログで行う位置の数値指定）から選択できますが、インポート後であってもドラッグで自由に位置を移動させることができます。

ムービーに含まれるオーディオ部分もインポートしたい場合は、ファイルからオーディオをインポート❷にチェックをつけます。

OKをクリックするとセッション内にムービーファイルが読み込まれ、ビデオトラックが作成されるとともにムービークリップとして配置されます❸。ムービークリップ内には映像の内容がサムネイル表示され、その間隔はズームに応じて自動的に調整されます。**ファイルからオーディオをインポート**にチェックをつけた場合は、ムービーファイルから抜き出したオーディオファイルの保存先を指定するOS標準のウィンドウが、保存先にAudio Filesフォルダが選択された状態で開きます。通常はそのままでかまわないでしょう。

インポートが完了すると、ビデオトラックとは別にオーディオトラックが作成され、ムービーファイルから抜き出したオーディオの内容がオーディオクリップとして配置されます❹。

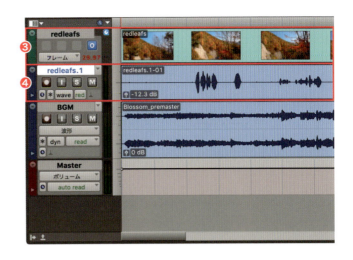

STEP 3　セッションのフレームレートをムービーに合わせる

編集ウィンドウのビデオトラックには、フレームレートが表示されますが、ムービーとセッションのフレームレートが一致していないと赤い表示になります❶。

その場合は、**設定メニューからセッション**を選択して**セッション設定ウィンドウ**を開き、**タイムコードレート**のメニューから、現在赤く表示されているムービーのフレームレートと同じ数値を選択します❷。フレームレートが一致すると、文字表示が白に変わります❸。

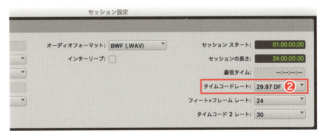

OTHER TECHNIQUES

 ムービーを表示させるには

ウィンドウメニューで**ビデオ**❶にチェックをつけると、ビデオウィンドウが開き、ムービーが表示されます❷。ビデオウィンドウのムービーは、セッションのトランスポートに合わせてプレイバックや停止などを行うことができます。

 セッションをQuickTimeムービー（mov）ファイルに書き出すには

ムービーファイルのインポート後、オーディオ部分に対するエディットを行ったり、新たにサウンドトラックを作成したセッションをムービーファイルに書き出したいときは、**ファイルメニュー**の**バウンス**から**QuickTime**❶を選択します。

QuickTimeバウンスダイアログが開くので、通常は**ビデオを含む**、**ソースと同じ**、**タイムコードトラックを置き換える**にチェックをつけておきます❷。画質などの設定を元のムービーファイルから変更したい場合は、**ソースと同じ**からチェックをはずし、**QuickTime設定**❸をクリックすると開くMovie Settingsダイアログから詳細設定を行います。

ファイル名を適宜入力し、必要があれば**ディレクトリ**を指定後、**バウンス**❹をクリックすると、QuickTimeムービーファイルが作成されます。

▶ Movie Settingsダイアログでの詳細設定には、ムービーファイルのコーデック等に関する知識が必要になります。自信がなければ、あえて詳細設定を行わなくていいでしょう。

BUNDLE PLUG INS

PLUG IN EFFECTS
- EQ3 1-Bnad/7-Band
- AIR Kill EQ
- Channel Strip
- BF-76
- Dyn3 Compressor/Limitter
- Dyn3 De-Esser
- Maxim
- Dyn3 Expander/Gate
- Pitch II
- AIR Frequency Shifter
- Time Shift
- Vari-Fi
- AIR Non-Linear Reverb
- AIR Reverb
- D-Verb
- AIR Spring Reverb
- AIR Dynamic Delay
- AIR Multi Delay
- Time Adjuster
- Mod Delay III
- AIR Chorus
- AIR Ensemble
- AIR Filter Gate
- AIR Fuzz-Wah
- AIR Flanger
- AIR Multi Chorus
- AIR Phaser
- AIR Talk Box
- AIR Vintage Filter
- Sci-Fi
- AIR Distortion
- AIR Lo-Fi
- Eleven Free
- AIR Enhancer
- Lo-Fi
- Recti-Fi
- SansAmp PSA-1
- Dither
- POW-r Dither
- AIR Stereo Width
- Auto Pan
- InTune
- Signal Generator
- MasterMeter
- Trim
- DC Offset Removal
- Duplicate
- Gain
- Invert
- Normalize
- Reverse

PLUG IN INSTRUMENTS
- Boom
- DB-33
- Mini Grand
- Structure Free
- Vacuum
- ReWire
- Xpand!2
- Click II

PLUG IN EFFECTS

EQ CATEGORY
EQ 3 1-Bnad/7-Band

　EQ 3は標準的なパラメトリックイコライザーで、操作できる帯域数（バンド）によって1-Bandと7-Bandの2種類が用意されています。ソースに含まれる帯域から特定の周波数を指定し、その部分の音量を増減することで音色を調整します。

　各バンドごとに、FREQ（フリケンシー＝周波数）で操作する周波数を決め、GAINでブースト／カットを行います。Qはその際の変化の鋭さを決めるもので、FREQで決めた周波数付近に絞って変化させるか、周辺を含めて緩やかに変化させるかを調整します。各操作の結果はグラフ上に表示され、逆にグラフ上のドットをドラッグすることでも操作できます。

　その他IN/OUTのボリューム調整や、位相の反転、バンドによってカーブを切り換えることができるなど、イコライザーに必要な基本的な機能を備えています。

EQ 3 1-Band

EQ 3 7-Band

EQ CATEGORY
AIR Kill EQ

　AIR Kill EQは特定の帯域にフォーカスして、主に大幅なカットを行うことが目的のイコライザーです。

　ドラムループなどのさまざまな音が混ざっているオーディオに対して、キックは不要、あるいはスネアだけを使いたい、といった場合に重宝します。HIGH/MID/LOWのいずれかのボタンを押すだけでカットが行われ、周波数を調整したい場合はFREQセクションの各つまみを操作します。また、ボタンからではなく、GAINセクションの3バンドのイコライザーを使ってブースト／カットを行うこともできます。

EQ Category/Dynamics Category
Channel Strip

　Channel Stripは、ミキシングコンソールのチャンネルに装備されているエフェクトを再現したもので、イコライザーやダイナミクスを一体的に操作できるのが特徴です。商用スタジオのミキサーとして人気のあるEuphonix System 5のチャンネルストリップを再現しています。

　ダイナミクスセクションにはコンプレッサー/リミッター/ゲート/エクスパンダーが備えられ、サイドチェインルーティングでのキー入力にも対応します。イコライザーセクションは4バンド仕様で、ローパス/ハイパスだけでなくバンドパス/バンドリジェクトにも切り換えることができる2基のフィルターが付属します。

　また、各エフェクトのオン/オフが可能で、必要な機能のみに絞って使うこともできます。

Dynamics Category
BF-76

　商用スタジオの定番コンプレッサーである1176シリーズをエミュレートしたプラグインです。INPUTを上げることで、固定されたスレッショルドに対して"突っ込む"音量を決めます。より音量を突っ込めば強くコンプレッションがかかり、全体の音量も上がりますので、OUTPUTで最終的な音量を調整します。サイドチェインルーティングでのキー入力にも対応します。

　ATTACKとRELEASEのつまみは、他のコンプレッサーと違い、いずれも右に回すほど速くなります。RATIOは4つの値をスイッチで切り換える方式です。shiftキーを押しながらクリックすることで実機どおりの"全部押し"操作を行うことができ、独特の強い圧縮感を得ることができます。

　METERボタンはメーターの表示を切り換えるもので、ゲインリダクション（GR）と、基準値の違う2つのアウトプット表示（−18/−24）から選択できます。

Dynamics Category
Dyn 3 Compressor/Limitter

　PTS付属プラグインの中で、最も標準的に用いられるコンプレッサー／リミッターです。ソースの音量レベルを整えたり、積極的に音質を変えたりといったコンプレッサーとして、またレベルオーバーを防ぐリミッターとしても使用することができます。

　ソースからの入力レベルがTHRESH（スレッショルド）の値を超えるとコンプレッサーが作動し、超えた分の音量がRATIO（レシオ）設定値の比率で減衰されます。結果として大きい音と小さい音の差が縮まり、GAINを上げることで全体の音圧感を増すことができます。サイドチェインルーティングでのキー入力にも対応します。ATTACK（アタックタイム）は、スレッショルドを超えてから減衰量がレシオ値に達するまでの時間で、短ければ音の立ち上がりが抑えられ、平坦で太い傾向に音質が変化します。長めにすると立ち上がりを残しながら圧縮されるため、粒立ちのはっきりしたサウンド傾向となります。

　RELEASE（リリースタイム）は、信号レベルがスレッショルドを下回った後のコンプレッションの持続時間です。短めにすると余韻が強調され、長めにすると比較的すっきりとした雰囲気となりますが、長すぎると次の音の立ち上がりに影響を与えるので、GR（ゲインリダクションメーター）の動きを見ながら調整します。

　KNEEはスレッショルド付近での音量変化をなめらかにするもので、効果のかかり方が不自然に感じられる際には適宜設定するといいでしょう。

Dynamics Category
Dyn 3 De-Esser

　Dyn 3 De-Esserは、特定の帯域に反応するコンプレッサーの一種で、主にボーカルやナレーションに混じる歯擦音（サ行の発音によく見られる耳障りな鋭い高音）を抑えたい際に用いられます。

　歯擦音に対する効果を確認しながらFREQで周波数を決め、RANGEで抑え込む度合いを調整します。あまり過剰に抑えると不自然になるので注意しましょう。

　LISTENボタンではターゲットとしている周波数帯を試聴することができ、HF ONLYボタンでは効果を及ぼす帯域を高域だけに絞ることができます。

Dynamics Category
Maxim

　通常マスターフェーダーにプラグインし、聴感上の音量を引き上げるマキシマイザーです。パラメーターに関しては「できるだけ大きな音でステレオファイルにミックスダウンしたい」のSTEP3（P275）を参照してください。

Dynamics Category
Dyn 3 Expander/Gate

THRESH（スレッショルド）を下回ったソースからの入力レベルを、RATIO（レシオ）設定値の比率で減衰させるのがエクスパンダーです。サイドチェインルーティングでのキー入力にも対応します。

音の小さい部分がより小さくなりますので、演奏の強弱のメリハリをはっきりさせたり、コンプレッションされすぎたサウンドをある程度復活させるといった使い方ができます。また、その動作を極端にして、ソースからの入力レベルがTHRESHを下回った場合、完全に入力を遮断するのがゲートです。

ATTACK（アタックタイム）とRELEASE（リリースタイム）もコンプレッサーの逆で、それぞれTHRESHを下回った後減衰量がレシオ値に達するまでの時間と、THRESHを超えた後の効果の継続時間を表します。LOOK AHEADはデータの先読みを行うことで、実際の音量変化より2ms早く反応させることができます。HOLDは効果が始まってから保持する時間を強制的に決めるも

ので、特にゲート時のバタつきを抑えることができます。RANGEは減衰量の下限を設定することで、エクスパンド時に余韻が完全に消えることを防ぎます。

Pitch Shift Category
Pitch II

音程を指定してピッチを変更するピッチシフターです。単純なピッチシフトだけでなく、トランジェントの検出等により自然な結果が得られるようになっています。

INPUTセクションで入力音量やターゲットとする周波数を設定し、TRANSIENTセクションでは、主にピッチシフトによるダイナミクスへの影響を調整することができます。PITCH SHIFTセクションでは変更する音程を半音単位で決め、微調整を行います。EFFECTSセクションでは、ディレイやフィルター、フィードバックといったエフェクト設定を行う他、ソースとのミックス具合を調整することも可能です。

Pitch Shift Category/Harmonic Category
AIR Frequency Shifter

ソースのピッチを変化させるエフェクトです。ただし、音楽的なピッチではなく周波数で指定するため、ハーモニーを生み出す用途には向きません。微妙にずらすことによるデチューン効果や、特殊効果的に大きくずらすといった際に用いましょう。FREQUENCYで変化させる周波数の量、MODEでは変化させる方向とステレオ効果の有無を設定し、FEEDBACKの値を上げていくとエフェクトの多重化による強烈な効果を生むことができます。MIXでソースとバランスを取りながら出力することも可能です。

Pitch Shift Category
Time Shift

オーディオの長さとピッチについて、それぞれ独立して自由に変更できるAudioSuiteプラグインです。TC/Eやエラスティックオーディオ処理のエンジンと共通の技術を使用しています。

AUDIOセクションでは素材に応じた設定を行います。MODEで単音や和音などの種類、RANGEでターゲットとする周波数帯を選びます（通常はWideで問題ありません）。TIMEセクションでは、どの程度長さを変更するかを設定します。変更後の数値であるPROCESSEDに入力してもいいですし、右のつまみを回してパーセンテージで指定することも可能です。UNITSで表示される時間単位を変更することができます。TRANSIENTセクションは、MODEがPolyphonicまたはRhythmicのときに出現し、試聴時に不自然な音量変化があった場合に調整します。

MODEがMonophonicの際にはFORMANTセクションとなり、タイム／ピッチシフトによる音質変化をできるだけ自然にするよう調整できます。PITCHセクションではsemi（半音）とパーセンテージの2つの基準でピッチ変更を行うことができます。

Pitch Shift Category
Vari-Fi

テープレコーダーなどの再生速度を変えたときのような効果を与えるAudioSuiteプラグインです。CHANGEで、SLOW DOWN（再生速度を徐々に遅めて止める）／SPEED UP（徐々に早めて一定速度に達する）という2つの効果からいずれかを選択します。

SELECTIONではオーディオの長さを変えるかどうか、FADESでは速度に応じてフェードさせるかどうかを設定します。

Reverb Category
AIR Non-Linear Reverb

やや特殊な用途向きのリバーブで、ゲートやリバースといった効果を得たい場合に適しています。

REVERSEスイッチでリバーブ成分を逆再生することができたり、DRY DELAYでソースの発音を遅らせることによって、リバーブ後にソースを再生するといったことも可能です。

PRE DELAYではソースの入力からリバーブの付加が開始するまでの時間、DIFUSIONはリバーブの密度、WIDTHはステレオの広がりを調整します。その他、2バンドのイコライザーや、REVERB TIME、ソースとリバーブ音のMIXといった基本的なパラメーターも備えています。

Reverb Category
AIR Reverb

高機能リバーブです。緻密なパラメーター設定によって、さまざまな空間表現が可能になります。

基本設定は左右の大きなつまみで行います。PRE DELAYはソースに対してリバーブの付加を遅らせる時間、ROOM SIZEは空間の大きさ、BALANCEでは初期反射と残響の割合、MIXではソースとエフェクト音のバランスを設定します。中央部分ではさらに細かな作り込みが可能で、部屋のタイプを選択して初期反射の特性を変更したり、残響成分の広がり方や密度、帯域別のリバーブタイムなども設定することができます。

Reverb Category
D-Verb

比較的操作が簡易で、汎用的に使えるデジタルリバーブです。中央上段でリバーブのタイプと部屋の広さを決めます。

DECAYは一般的なリバーブタイムに相当し、残響の伸びる時間を設定します。

PRE-DELAYはソースに対してリバーブの付加を遅らせる時間、DIFFUSIONはリバーブの密度を決めるパラメーターです。

HF CUTでは原音の超広域に対するリバーブの反応を抑え、さらにLP FILTERで音質を整えることもできます。最終的にMIXでソースとリバーブ音のバランスを調整します。

Reverb Category
AIR Spring Reverb

ギターアンプに搭載されている有名なスプリングを用いたアナログリバーブを再現したもので、独特の濡れたような質感の残響を得ることができます。パラメーター自体はNon-Linear Reverbと共通ですが、基本の質感が違うため、この音が欲しいという場合に狙って使っていくといいでしょう。

Delay Category
AIR Dynamic Delay

ソースの入力レベルに応じてエフェクトの強さが変化するディレイプラグインです。基本部分は他のディレイと同様で、DELAYのつまみでディレイタイム、FEEDBACKでディレイの減衰率を設定します。SYNCを有効にすれば、音符単位のディレイタイム設定が可能になります。FEEDBACK MODEではステレオの広がり方を設定し、MIXでソースとディレイ音のバランスを決めます。

L/R RATIOで左右のディレイのバランス、STEREO WIDTHで左右の広がりを調整します。ディレイ成分に対するHIGH CUT、LOW CUTも備えられています。ENV MODでソースの入力レベルに反応して変化させるパラメーターを設定します。FBKを上げればソースの入力レベルに応じてフィードバックが増え、MIXを上げればディレイ成分の比率が大きくなります。RATEはソースの入力レベルの変化に対するENV MODの反応の速さを決めます。

Delay Category
AIR Multi Delay

ソースに対し5系統のディレイ（タップ）が設定可能なマルチタップディレイです。

基本部分は他のディレイと同じで、DELAYでディレイタイム、FEEDBACKでディレイの減衰率を設定します。SYNCを有効にすれば、音符単位のディレイタイム設定が可能になります。MIXでソースとディレイ音のバランスを決めます。ディレイ成分に対するHIGH CUT／LOW CUTも備えられています。特徴的なのは、5系統のタップに対してオン／オフ、ディレイタイム、レベル、パンを個別に設定できる点です。

また、FROMとTOでは、任意のタップから任意のタップへ、あるいは任意のタップからインプットへのルーティングを設定することができます。

Delay Category
Time Adjuster

インサートしたトラック全体の再生タイミングをサンプル単位で調整できるプラグインです。DELAYのスライダーもしくは右の数値で遅らせる時間（サンプル数）を設定します。GAINによるトラック全体のボリューム調整も行えます。

また、øボタンで再生音の位相を反転させることもできるので、他トラックとの間での位相干渉の解消などにも重宝します。

Delay Category
Mod Delay III

通常のディレイ効果から、フランジャーやコーラスのようなモジュレーションエフェクトまで簡単に作り出せるディレイです。ステレオモードでは左右個別の設定が可能です。

DELAYつまみでは最大5,000msまでのディレイタイムを設定できます。SYNCを有効にすれば、音符単位のディレイタイム設定が可能になります。さらにGROOVEで裏拍のタイミングを前後させることでハネ具合いを調整することもできます。SYNCをオフにし、マニュアルでテンポ設定することも可能です。

FBKはディレイの減衰率ですが、マイナス方向に設定すると、モジュレーション効果に対して独特の音質変化をもたらします。

LPFはディレイ成分のハイカット、MIXでソースとディレイ音のバランスを決めます。

　MODULATIONセクションはフランジャーやコーラス効果を加えたい場合に設定します。RATEでピッチ変化の周期、DEPTHでピッチの変化の幅を設定します。

Modulation Category
AIR Chorus

　周期的にピッチが揺れる音をタイミングを少しずらしてソースに加えることで、干渉による独特の効果を生み出すのがコーラスです。AIR Chorusは標準的なコーラスエフェクトのパラメーターを備えています。

　RATEでピッチ変化の周期、DEPTHでピッチ変化の幅を決定します。MIXでソースとエフェクト成分のバランスを決めますが、50%に設定したときが最も干渉効果は高くなります。FEEDBACKではエフェクトの多重化によってより効果を強め、PRE DELAYではソースの入力とエフェクト音の発生タイミングのずれを調整してニュアンスを変えることができます。WAVEFORMではピッチの揺れのカーブを選択し、L/R PHASEでは左右の位相を変化させることによりステレオ効果を生み出します。

Modulation Category
AIR Ensemble

　AIR Chorusとほぼ同じパラメーター構成ですが、ソースに対してAIR Chorusのような変調効果をあまり加えず、多人数感を与えたいときに使用します。SHIMMERはディレイ時間をランダムにすることで質感を変化させ、STEREO WIDTHで左右の広がりを与えることができます。

Modulation Category
AIR Filter Gate

ステップごとに開閉するフィルターによって、サウンドにリズミックな動きを与えるユニークなエフェクトです。

PATTERNでフィルター開閉のリズムパターンを選択し、RATEでステップの長さ、SWINGでリズムのハネを設定します。MIXでソースとエフェクト音のバランスを設定します。

GATEセクションではリズムパターンに合わせたフィルターの開閉のキレを調整し、FILTERセクションではフィルターの種類と動作を決定します。また、MODULATIONセクションを設定することによってフィルターのカットオフに対してモジュレーションをかけることができ、リズムパターンと合わせて複雑な動きを演出することが可能です。

Modulation Category／Harmonic Category
AIR Fuzz-Wah

Fuzz（ファズ）はつぶれたような強い歪みを生み出すエフェクトで、Wah（ワウ）は鋭いカーブのフィルターを動かすことで独特のうねりを伴ったサウンドの変化を生み出すエフェクトです。

この2つのエフェクトを組み合わせて使えるのがAIR Fuzz-Wahの特徴で（もちろんいずれか1つだけでも使用可能です）、それぞれのオン／オフやミックスバランスを調整できるほか、トータルでソースとのバランスを調整することができます。

DRIVEでファズの歪みの強さ、TONEで音質、OUTPUTで音量を調整します。POST WAHを有効にすれば、ワウの後にファズがルーティングされます（通常の状態ではファズ→ワウの順）。

ワウの深さはPEDALで調整し、その上限と下限の音色をPEDAL MINとPEDAL MAXセクションで設定します。FILTERではフィルターの種類を選択できますが、一般的なワウ効果が欲しい場合はBPを用います。

ペダルの動きはMODULATIONで調整し、LFOまたはENV（エンベロープ）を選択します。RATEではLFO周期またはENV適用率、DEPTHでは振れ幅を設定することができます。

Modulation Category
AIR Flanger

コーラスエフェクトと原理は同じですが、より短いディレイタイムの設定が可能で、ソースとの強い干渉によりジェット音のような強いうねりや、金属的な響きを作り出せるのがフランジャーです。AIR Flangerでは、RATEをテンポシンクできるのが特徴で、うねりをセッションのリズムと同期させてアレンジ的に使うこともできます。

低域が膨らむような場合はLOW CUTで適宜カットします。

Modulation Category
AIR Multi Chorus

通常のコーラス効果より厚みのあるサウンドを生み出すことができる多重コーラスエフェクトです。

AIR Chorusとほぼ同じパラメーター構成ですが、コーラスエフェクトを重ねる数を設定するVOICESと、多重化による広がりをコントロールするWIDTHが加えられています。

Modulation Category
AIR Phaser

周期的に位相をずらすフェイズフィルターを使い、ソースとの干渉によってモジュレーション効果を生み出すエフェクトです。フランジャーのように全体を遅らせた位相干渉とは違い、周波数ごとの位相のずれが一定になるため、独特のうねり効果が生まれます。ギターの単調なカッティングなどに軽めに用いると、さりげなく表情の変化を与えることができます。

Modulation Category/Harmonic Category
AIR Talk Box

サウンドに人の声のような独特の動きを加えるエフェクトです。VOWELは母音の設定、FORMANTは声質のくせで、この2つでエフェクト音の基本的な特徴を決めます。

ENVELOPEセクションでソースのレベル変化に対する反応のしかたを決め、効きの強さをENV DEPTHで調整します。LFOセクションでは変化の周期について設定します。RATEを比較的細かく、DEPTHを深く設定すると、ラップのような効果を演出することもできます。周期の波形はWAVEでさまざまなタイプから選択することが可能です。

Modulation Category
AIR Vintage Filter

アナログシンセサイザーのフィルターを通したような効果を得られるエフェクトです。一般的なCUTOFFやRESONANCEに加え、FATで若干の歪みを加えて音を太くすることができます。ENVELOPEやLFOでCUTOFF周波数に動きを加えることもできます。フィルターのタイプは角度（dB/oct）の違う3種類のローパスと、ハイパス、バンドパスから選択することができます。

Modulation Category
Sci-Fi

アナログシンセサイザーに搭載されているエフェクト部分を汎用化したようなエフェクトです。

別の周波数をかけ合わせて原音の周波数を変調するRING MODとFREAK MOD、特定の帯域にピーク／ディップを作るRES+/-の4タイプを切り換えて使用します。

変調用のオシレーターを独自に持っており、FREQUENCYのスライダーまたは鍵盤 どの周波数を使うかを決定し、DEPTHで変調の深さを調整します。

MODULATIONセクションではDEPTHに対して、スライダーで設定した値以下で動きをつけることができます。

タイプとしては、周期変化を与えるLFOや、音量の強弱に反応するENV FOLLOW、ランダムに変化するSAMPLE & HOLD、入力信号が大きなときだけランダムに変化するTRIGGER & HOLDが用意されています。

Harmonic Category
AIR Distortion

Native

ディストーションは内部的に入力過多（オーバーロード）の状態を作り、サウンドに歪みを加えるエフェクトです。薄くかければ自然な倍音付加効果が得られ、強くかければ過激に劣化したようなサウンドを作ることもできます。

DRIVEは入力音量を上げることで歪みの強さを増すパラメーターです。歪みとともに出力レベルも増しますので、OUTPUTで適宜調整します。

MODEでは歪みの強さを表すHARD/SOFTの他、多重にディストーションをかけるWRAPから選択できます。STEREOボタンを押せばステレオソースにも対応し、MIXでソースとエフェクト成分のバランスを設定すれば、芯のあるディストーションサウンドを得ることができます。

TONEセクションではPRE SHAPEで帯域別の歪みのバランスを調整したり、HIGH CUTで高域を抑えるといったことができます。CLIPPINGセクションは歪み方の調節で、DC BIASでは歪

み波形の非対称化によるサウンド変化、THRESHOLDは歪み始める音量の閾値を設定することができます。

Harmonic Category
AIR Lo-Fi

Native

あえて音質を劣化させることで、レトロなサウンドやデジタル歪みを伴ったサウンドを生み出すエフェクトです。

SAMPLE RATEでサンプルレートを、BIT DEPTHでビットデプスをそれぞれ落とすことで、劣化の具合を決めます。

ANTI-ALIASセクションでは、ダウンサンプリング時のデジタルノイズに対するフィルターを、エフェクトの前後それぞれでかけることができます。

LFOセクションを設定することで、SAMPLE RATEに対して周

期変化を与えることができ、ENV MODセクションの設定でSAMPLE RATEをソースの入力レベルに応じて変化させることができます。

DISTORTIONセクションではアナログライクな歪みを付加することができ、CLIPで歪みの強度、NOISEでノイズ量、RECTIFYで歪みの質感（倍音量）をコントロールします。

Harmonic Category
Eleven Free

ギターアンプを通したサウンドを再現するシミュレーターで、Avid製のプラグインエフェクトであるElevenの機能限定版です。

共通パラメーターの部分には、入出力の音量やノイズゲートが備えられ、アンプとキャビネットのタイプをそれぞれ選択できるようになっています。アンプの選択によって下のパネルが変化し、実際のギターアンプと同じような感覚で操作することができます。

代表的なパラメーターとしては、歪みをコントロールするGAIN、イコライジングで音質を決めるBASS/MIDDLE/TREBLE/PRESENCEなどがあります。ギターアンプの知識があるユーザーなら難なく使いこなせると思いますが、不慣れな方はプリセットを活用してみるのもいいでしょう。

Harmonic Category
AIR Enhancer

ソースを帯域別に増幅し、それに対して倍音を付加することで、サウンドに明瞭度を与えるエフェクトです。単純にイコライジングを行うのとは違った質感の変化を得ることができます。

HIGH GAINとLOW GAINで高音と低音の増幅量を決め、それぞれの帯域はTUNEで設定することができます。HARMONIC GENERATIONでは付加する倍音の量を決めます。

Harmonic Category
Lo-Fi

AIR Lo-Fiと同様、ソースをローファイなデジタルサウンドに変化させるエフェクトです。パラメーターも似ていますが、BIT DEPTHがSAMPLE SIZEという表現になり、ANTI-ALIASフィルターは単体となっている点が異なります。また、GRUNGEセクションにあるSATURATIONでは、真空管をシミュレートした歪みを付加することができます。

Harmonic Category
Recti-Fi

ソースに対して波形変調を加えることで、倍音構成や比率を変化させるエフェクトです。

RECTIFICATIONセクションのTYPEで付加する波形変調の種類を選択します。POSITIVEでは基音〜高域の倍音を付加し、NEGATIVEでは逆相で基音〜高域倍音を付加します。ALTERNATEでは高域倍音とともにオクターブ下の周波数も付加され、ALT-MAXも同様にオクターブ下の音を付加しますが、複雑な倍音が付加されるため矩形波のような音質に変化します。

PRE-FILTERとPOST-FILTERはそれぞれエフェクト前後で使用できるローパスフィルターで、これらの操作でも音色が大きく左右されます。

Harmonic Category
SansAmp PSA-1

TECH21のSans Amp PSA-1のプラグインバージョンです。PRE-AMPでプリアンプ部での歪みを、DRIVEでパワーアンプ部での歪みを設定します。さらに、BUZZ/PUNCH/CRUNCHでそれぞれ低音域／中音域／高音域の歪みを調節することができます。最終的にLOWとHIGHのイコライジングで音質を整え、LEVELで出力レベルを設定します。

Dither Category
Dither

セッションのビットデプス設定よりも低いビットデプスでミックスダウンファイルを作成する際に発生する、誤差によるノイズを目立たなくするのがディザ処理です。

PTSに付属するDitherでは標準的なディザ処理が行えます。マスターフェーダートラックのインサートスロットの最終段にインサートして使用するのが基本になります（セッションのビットデプス設定と書き出すミックスダウンファイルのビットデプスが同じ場合は、使用しません）。

BIT RESOLUTIONのメニューで書き出すミックスダウンファイルのビットデプスを選択します。NOISE SHAPINGを有効にしておくと可聴ノイズに対する抑制効果が向上します。

Dither Category
POW-r Dither

高度なアルゴリズムで知られるPOW-r製のディザ生成プラグインです。処理内容はDitherと変わりませんが、Noise Shaping Typeを3種類から選ぶことができます。どれが最もソースへの影響が少ないかを確認しながら選択するといいでしょう。

Sound Field Category
AIR Stereo Width

ソースのサウンドにステレオの広がりを与えたり、ステレオ感を強調するためのエフェクトです。内部的には、入力信号をM-Sエンコーディングし、ミッド（センター定位）とサイド（センター以外定位）のサウンドのバランスを調整することで効果を生み出しています。

ADJUSTは最もベーシックなモードで、PROCESSセクションでサイド成分の各帯域をブーストすることで広がり、逆にカットすれば狭まるという仕組みです。COMBモードでは、ミッド成分の短いディレイをサイド成分に干渉させることで人工的なステレオ拡張効果を生み出します。PHASEモードは位相のずれによりステレオ感を増幅させますが、COMBモードよりは効果は緩やかです。このモードでのPROCESSセクションは周波数ごとの中心帯域を決めます。

DELAYつまみではLRのタイミングに微妙なずれを与えること

で広がりを強調します。WIDTHはこのエフェクトの効きの強さ＝広がりの幅を決定します。TRIMセクションでは、エフェクト後の音量やパンを調整することができます。

Sound Field Category
Auto Pan

Native

　ステレオまたはサラウンドのパンニングに動きをつけるエフェクトで、ソースがモノラルの場合にのみ使用できます。

　PANNERセクションでパンの動きの基本設定を行います。MANUALで中心位置を決め、WIDTHで動きの幅を決めます。PATHで動く方向を決め、動き方を決める信号としてLFOまたはENVを選択します。LFOを選んだ場合はLFOセクションで波形や周期、トリガーを設定します。セッションとのテンポ同期や音符単位での周期設定も可能です。ENVを選んだ場合、ソースレベルに応じてパンが動きます。THRESHで感度を、ATTACKとRELEASEで反応の速さを決めます。

Other Category
InTune

Native

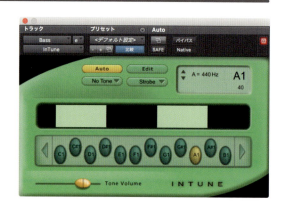

　入力信号のチューニングを行う際に用いるチューニングメーターです。右上に基準周波数と、現在入力されているピッチが表示されます。基準ピッチとのずれは＋や－の値で表示されます。また中央にあるストロボスコープの左右の動きでずれの方向や幅を直感的に確認することもできます。使用の際には、下に並んでいるトーンボタンで基準ピッチを選択します。

Other Category
Signal Generator

　テスト信号を出力するプラグインです。波形の図のボタンで出力する信号の波形を選択し、FREQUENCYで周波数を、LEVELで音量を設定します。音量の単位はRMSかPEAKのいずれかを選択できます。

Other Category
MasterMeter

クリップを回避するために厳密に音量ピークを監視することを目的としたプラグインです。通常マスターフェーダートラックにインサートし、ミックスのレベル確認とクリップ確認に用います。

上段では通常のクリップイベント（ピークが0dBを超えたポイント）を、下段は8倍オーバーサンプリングを行った場合のクリップイベントを表示します。右にはそれぞれに対応したメーターも備えられています。

Other Category
Trim

ソースの内容を初期段階で調整する場合に用いるプラグインで、モノまたはマルチモノプラグインとして動作します。GAINで音量をコントロールしたり、Øスイッチで位相を逆転させることができます。最大スケールは＋6dBと＋12dBから選択できます。

Other Category
DC Offset Removal

ノイズやクリックの原因となるDCオフセット（直流成分）を除去し波形を書き直すプラグインです。特に設定項目はなくレンダーをクリックすれば実行されます。

Other Category
Duplicate

オーディオファイルの複製を作るプラグインです。複数のクリップを1つのファイルにまとめて複製することもできますし、個別に複製することもできます。

Other Category
Gain

選択したクリップや選択範囲のレベルを調整します。RMSまたはPEAKによる設定が可能です。

Other Category
Invert

選択したクリップや選択範囲の位相を反転します。特に設定項目はなくレンダーをクリックすれば実行されます。

Other Category
Normalize

選択したクリップや選択範囲に対して、可能な最大値まで信号レベルを引き上げます。PEAKに設定しLEVELを100%とした場合、最大値が0dBになるよう全体のレベルが設定されます。

複数のクリップやトラックに対しては、それぞれの最大レベルを基準にするか、全体を通しての最大レベルを基準にするかを選択できます。

Other Category
Reverse

波形の前後を逆転させ、逆再生のような効果を生み出します。特に設定項目はなくレンダーをクリックすれば実行されます

PLUG IN INSTRUMENTS

Boom

エレクトロやハウスなどのジャンルにマッチするプラグインリズムマシンです。10種類のドラムキットから選んでMIDI演奏できる他、最大16のリズムパターンを任意の鍵盤にアサインしたり、セッションと同期演奏したりといったことも行えます。

DRUM KITのメニューから好みのドラムキットを選択し、そのまま使ってもいいですし、各トラックのメニューで他のドラムキットのパーツに入れ換えることも可能です。トラックはPAN（定位）、LEVEL（音量）、TUNE（音高）、DECAY（余韻の長さ）を調整することができます。

左上のマトリクスはパターンシーケンサーで、16分音符単位で各パーツを配置してリズムを構築します。初期状態ではプリセットのリズムが入力されています。それらに対してマトリクスをクリックしてエディットするか、CLEARボタンを押して何もないところから入力を始めることも可能です。マトリクス上の各ボタンはクリックするたびに明るさが変化し、演奏の強弱を表現すること

ができます。SPEEDセクションでは演奏のテンポを倍や半分にしたり、12ステップの三拍子モードに切り換えることもできます。

EDIT MODEのスイッチをPAT SEL（パターンセレクト）とすると、下の1〜16のスイッチはパターンの選択となり、ここで切り換えながら16個のパターンを登録することができます（デフォルトではプリセットパターンが入っています）。PAT EDIT（パターンエディット）とすると、パーツごとのリズムをクリックで配置するモードになります。

START／STOPボタンでパターンの再生／停止を行い、再生状態でセッションも再生すると同期します。またC3〜D#4はパターンセレクトに対応しているため、パターンの切り換えをMIDIキーボードでから行うことも可能です。

Boomをリズムマシンとしてではなく、純粋なドラム音源としてMIDI演奏に利用する場合は、C1〜D#2の各ノートが10種類の各打楽器音に対応します。

DB-33

　さまざまなオルガン音色を再現するプラグインオルガン音源です。TONEWHEELSでは基本の音色として、トーンホイールのDirty、Used、New、電子発振式のSyn1、Syn2の5タイプを選択できます。

　その上で、16から1フィードのドローバーやPERCUSSIONスイッチを組み合わせて、さまざまな音色（レジスト）を作成していきます。SCANNNER VIBRATOはビブラートとコーラス効果、KEY CLICKは打鍵時のクリックノイズを設定します。

　下のメニューでCabinetモードに移ると、ロータリースピーカーやアンプの調節も行えます。

Mini Grand

　名称にミニがついていますが、内容的には充実したサンプリングによるプラグインピアノ音源です。MODELでATOMO〜DANCEの7種類から基本サウンドを選択します。

　DYNAMIC RESPONSEではベロシティによる強弱の幅を設定し、TUNING SCALEでは通常の平均律（EQUAL）もしくはストレッチチューニング（STRETCHED）を選択できます。

　ROOMでは部屋の残響特性（リバーブタイプ）の設定を行い、その量をMIXで調整します。

Structure Free

Avid製のプラグインインストゥルメントStructure 2の機能限定版で、サンプルを読み込んでMIDI演奏を可能にするプラグインサンプラーです。最大4つのパッチによるマルチティンバー演奏が可能です。

約600MBの専用ライブラリーが付属しているだけでなく、SampleCell、Kontakt、EXS 24のライブラリーおよび、WAV、AIFF、REXファイルの読み込みが可能です。読み込んだサンプルに対しては、ボリュームやパン、ピッチの設定の他、シンセサイザーのようにフィルターやエンベロープによる変化を与えることもできます。鍵盤上部に並ぶ6つのスマートノブは選択したパッチによってアサインされるパラメーターが変化し、演奏中の操作もしやすいように設計されています。

Vacuum

2オシレーター、2フィルター、1アンプ、2エンベロープ、1LFOで構成された本格的なアナログタイプのプラグインモノフォニックシンセサイザーです。アルペジエーターも装備しています。

VTO ONE/TWOセクションではオシレーター波形を連続変化させながら設定することができます。フィルターはHPF（ハイパスフィルター）とLPF（ローパスフィルター）を1基ずつですが、スロープ特性は0〜24dB/octの間で設定可能です。また、さまざまなセクションで真空管（Vacuum）アンプを通したような歪み効果を付加できることや、ageセクションでビンテージ機材のような音質の不安定さを与えられる点も大きな特徴です。

ReWire

ReWire音源ソフトをインサートすると自動的にインサートされる、ReWire音源ソフトからのアウトプットチャンネルを設定するためのプラグインです。

Xpand! 2

　アコースティック楽器からエレクトロサウンドまでカバーするプラグインPCMシンセサイザーです。2,300音色を超えるプリセットパッチを内蔵しており、付属プラグインインストゥルメントの中では最も利用する機会が多くなるでしょう。

　音色は最大4パートで構成され、それぞれパンやボリューム、エフェクトなどを設定できます。各パートに読み込んだ音色はコンビネーション音色として使っても、4マルチティンバーで使っても、重宝する万能タイプの音源と言えます。

　SMART KNOBSでは各パートのエディットを行う他、EASYを選ぶと4パート全体に対するエディットを行います。

　内部FX（エフェクト）も2つ設定でき、各パートのFX1/FX2つまみによるセンドでエフェクトをかけることが可能です。

Click II

　PTS標準のクリック（メトロノーム）音源です。クリックトラックを作成すると、トラックにインサートされた状態で自動的に使用可能になります。

　Click1/2ごとに音色を設定したり、音量を調整するなどして、好みのクリック音を鳴らすことができます。

APPENDIX - MULTI-INDEX -

初期設定項目

PTS自体の基本的な設定はPro Tools初期設定ダイアログで行います。Pro Tools初期設定ダイアログは設定メニューから初期設定を選択するかPro Toolsメニューから初期設定を選択して開きます。なお、Pro Tools初期設定ダイアログにはPTS全体に対して常時有効となる設定項目と、セッション単位で個別に有効となる設定項目が混在しているため、異なる初期設定のもとで作成されたセッションを開いた場合、一部の設定が変更されてしまう可能性があることに注意してください。また、現在のセッションに施された各種の設定については、設定メニューからセッションを選択すると開くセッション設定ダイアログで確認することができます。

表示

■基本
全体的な表示全般の設定です。ツールの使い方では、機能と詳細へのチェックの有無で、それぞれのツールチップのポップアップ表示のオン／オフを設定できます。

■メッセージとダイアログ
Pro Toolsの起動時に起動時にダッシュボードウィンドウを表示へのチェックの有無で、起動時の動作を設定します。

■色分け
マーカー、ピアノロールでのノートイベント表示、トラック、クリップの色分けに関する設定を行います。

操作

■トランスポート
プレイバック、早送り、巻き戻しなど、トランスポート操作についての設定を行います。

■自動バックアップ
セッションファイル自動バックアップ有効化にチェックをつけると直近のバックアップで指定した数を最大数とするバックアップファイルを自動作成します（最大数を超えた場合は、古いものから削除されていきます）。バックアップ作成の時間間隔はバックアップで指定します。

■ユーザーメディアと設定の保存場所
ドキュメントと設定、プロジェクトメディアキャッシュ、サウンドライブラリのデータの保存場所を指定できます。

■録音
オーディオレコーディング時における各機能の動作についての設定を行います。

■その他
チェックの有無でマウスホイールのスクロールでトラックにスナップのオン／オフを設定します。

■ビデオ
ビデオトラックの再生に関する設定を行います。

編集

■クリップ
クリップリストとトラック上でのクリップ選択の連携、自動ネーミング、分割操作の連携、重複クリップのプレイリスト移動、クリップゲインをナッジして変更する場合の設定ができます。

■トラック
チェックをつけると、新規トラック作成時に形式にティックが選ばれた状態で新規トラックダイアログが開きます。チェックをつけない場合、MIDIトラックとインストゥルメントトラックの新規作成時以外は、サンプルが選ばれた状態で新規トラックダイアログが開きます。

■メモリーロケーション
チェックの有無でメモリーロケーション使用時の関連動作を設定することができます。

■フェード
デフォルトのフェード設定とフェードダイアログで試聴する場合

のプリ／ポストロールを設定します。また、スマートツールを利用してフェード調整を行う際の操作モードを選択できます。

■ズーム切り替え
ズーム操作全般に関する設定を行います。

ミキシング

■設定
センドウィンドウでのフェーダーやパンの基本設定を行います。また**デフォルトEQ**と**デフォルトダイナミクス**を設定しておくと、プラグインメニューに個別表示させることが可能です。

■コントローラー
チェックの有無などで外部のフィジカルコントローラーを使う場合の動作の設定を行います。

■オートメーション
オートメーションに関する動作の設定を行います。

■遅延補正
遅延補正設定時の単位を選択します。

メータリング

■トラックおよびマスターのメータータイプ
メーター表示のタイプを選択します。

■ピーク／クリップ
ピークのホールド時間とや表示の時間を選択します。

■メータータイプの高度設定
メーターのタイプごとに、メーターの振れる速さや基準値などを設定します。

■表示
チェックの有無でサブメーター表示のオン／オフを設定し、さらにゲインリダクションのメーカーの種類を選択します。

プロセッシング

■AudioSuite
AudioSuiteやクリップゲインで波形を書き換える際に、余分に処理するのびしろのデフォルト値を設定します。

■インポート
チェックの有無でオーディオファイルをインポートする際の動作を設定します。

■コミット
ラジオボタンのオン／オフで、コミット時にレンダリングされたファイルのビットデプスを選択します。

■TC/E
TC/Eツールを使う際のエンジンの選択を行います。

■エラスティックオーディオ
エラスティックオーディオ機能のデフォルトモードを選択し、動作についての設定を行います。

MIDI

■基本
MIDIレコーディングやエディットに関する設定を行います。

■ノート表示
中央Cに対応するピッチ表示の方式を選択します。

■外部機器の遅延補正
チェックをつけるとMIDIタイムコードやMIDIビートクロックに対してトラックごとの遅延補正を適用します。

■MIDI／楽譜エディタ表示
セッションの最後に追加表示できる小節数を設定します。

コラボレーション

■その他
チェックの有無でAvidクラウド・コラボレーションの動作に関する設定を行います。

同期

■マシンコントロール
チェックの有無で、スレーブ接続されている外部機器の動作を設定します。

■同期
同期に要する最小時間を入力します。

APPENDIX

MULTI INDEX

HINT & TIPS / HOW TO

SESSION START

iLok　USBスマート・キーは絶対なくさないように！　16
DAW環境には音楽制作に無関係の機能を持ち込まないのが基本　16
コンピュータ内蔵のオーディオ入出力ポートを利用することも可能　17
パスという他のDAWでは見慣れない用語について　20
不要なパスを削除する／不使用にするには　21
登録した外部MIDI機器を使用するには　24
USBハブを利用してUSBポートを増設すると　24
外部MIDI音源の音色をパッチ名で選択するには　25
トラックを新規作成するには　29
ビットデプスとサンプルレートの設定について　29
テンポ／拍子／キーマーカーの設定を変更するには　32
テンポ／拍子／キーマーカーをコピー／カット＆ペーストするには　32
テンポ／拍子／キーマーカーを削除するには　33
テンポが一定の曲ならば、マニュアルテンポモードでの簡単テンポ設定で十分　33
カスタマイズしたクリック設定を常に利用できるようにするには　35
プレイバック／レコーディング開始位置を設定するには　36
プレイバック／レコーディング範囲を設定するには　36
設定範囲内を繰り返しプレイバックさせるには　37
プレイバック／レコーディング範囲の前後に余白の区間を加えるには　38
ループプレイバックを好きな位置から始めるには　38
プレイバック／レコーディング範囲とエディット範囲（編集選択範囲）を一致させるには　39
編集ウィンドウのスクロールのさせ方も選択できる　39
目的のロケーションマーカーへロケートするには　42
ロケーションマーカーをエディットするには　42
登録ずみのロケーションマーカーを削除するには　42
セッションの俯瞰から目的の位置へ直接ジャンプするには　43
ロケーションマーカーの番号を利用したロケート先のダイレクト指定　43
各ウィンドウの表示内容を設定するには　44
ウィンドウ内に表示エリアを追加する／表示エリアの領域バランスを変更するには　44
表示内容の拡大や縮小を行うには　45
カウンターの表示単位を変更するには　46
ルーラーの表示項目を変更するには　46
ウィンドウのレイアウトと表示設定（ウィンドウ構成）を登録するには　46
登録ずみのウィンドウ構成を呼び出すには　47

登録したウィンドウ構成を変更して再登録するには　47
新規セッションの制作をテンプレートから開始するには　49

AUDIO RECORDING

レーテンシーをできるだけ短くするには　55
PTS上だけでかけ録りによるダイナミクスコントロールは可能？　58
直前に行ったレコーディング操作を取り消すには　59
トラック上のオーディオクリップのみを削除するには　60
トラック上とクリップリスト上のオーディオクリップおよびオーディオファイルを削除するには　61
既存のオーディオクリップ上にノンディストラクティブモードで再レコーディングを行うには　62
既存のオーディオクリップ上にディストラクティブモードで再レコーディングを行うには　63
代替クリップ機能と代替プレイリスト機能の使い分け　66

MIDI RECORDING

シンセサイザーやデジタルピアノを入力用MIDIキーボードとしても使いたいときの注意　79
ノート待ちレコーディングを行うには　94
ノート待ちレコーディング時にクリック（メトロノーム）音が必要なときは　95
ノート待ちレコーディング時にプリロールが必要なときは　95
全種類のMIDIイベントをレコーディング対象にするには　98
特定のMIDIイベントだけをレコーディング対象にするには　99
主なMIDIイベントの役割について　99
直前に行ったMIDIレコーディング操作を取り消すには　100
トラック上のMIDIクリップのみを削除するには　100
トラック上とクリップリスト上のMIDIクリップを削除するには　101
既存のMIDIクリップの内容を書き換えながら再レコーディングを行うには　102
既存のMIDIクリップの内容に書き加えながら再レコーディングを行うには　102
既存のMIDIクリップの前後を含む範囲に再レコーディングを行うには　103
既存のMIDIクリップと重ならない位置に再レコーディングを行うには　103
難しいフレーズのMIDIレコーディングにはハーフスピードでトライ　104

アーティキュレーション記号や強弱記号を数値化すると？ 110
和音をステップ入力するには 111
休符をステップ入力するには 111
タイをステップ入力するには 112
ステップ入力をやり直すには 112
数字キーショートカットを活用してステップ入力の効率をアップ 112

COMMON EDITING

範囲選択／配置／移動／リサイズを自由に行うには（スリップモード） 114
範囲選択／配置／移動／リサイズをグリッドに従って行うには（絶対グリッドモード） 114
配置／移動／リサイズをグリッド単位で行うには（相対グリッドモード） 115
配置／移動／リサイズを数値で指定するには（スポットモード） 116
他のクリップの前後端にクリップを隙間なく配置／移動したいときには（シャッフルモード） 116
シャッフルモードとグリッドモードを併用するには 117
不用意なシャッフルモード選択を防止するシャッフルロック機能 117
誤操作による不要なエディットを防止する編集ロック／時間ロック機能 117
編集挿入位置の指定や範囲選択を行うには 118
目的のクリップ全体を選択するには 119
クリップ間の隙間を選択するには 119
同一トラックに含まれる全クリップを配置の隙間を含めて一括選択するには 120
複数のクリップを配置の隙間を含めて選択するには 120
別トラックに対して共通の選択範囲を適用するには 121
範囲選択後に選択範囲を調整するには 121
選択範囲を数値で指定するには 121
テンキーでスクラブ再生を行うには 123
重ねて配置されたクリップの扱いについて 124
修飾キーを活用したクリップの移動と複製移動 126
クリップを別トラックの同じ位置へ移動させるには 127
クリップを数値による位置指定で移動させるには 127
シンクポイントを削除するには 129
クリップの位置情報を表示させるには／クリップの位置情報を任意に設定するには（タイムスタンプ） 129
ファイル全体クリップや複数箇所で使用している同一クリップの扱いについて 131
クリップを必要な長さだけ残すように／必要な長さまで広げるようにトリミングするには 132
クリップを編集挿入位置を基準にしてトリミングするには 133
クリップ同士を配置の隙間を埋めるようにトリミングすることも可能 133
クリップを任意の位置や選択範囲で分割したいときには 134
クリップを選択範囲で分割し、同時に移動も行いたいときには 135
スマートツールを選択するには 136
スマートツールをトリムツールとして使用するには 136
スマートツールをセレクタツールとして使用するには 136
スマートツールをグラバーツールとして使用するには 137
スマートツールをスクラブツールとして使用するには 137
スマートツールをフェードツールとして使用するには 137
スマートツールをクロスフェードツールとして使用するには 137
キー操作でクリップを移動させるには 138
キー操作でクリップをリサイズするには 139
キー操作でクリップ内のデータだけを移動させるには 139
クリップグループをエディットするには 141
クリップグループ内の特定のクリップをエディットするには 141
クリップの統合はクリップゲインやフェードの確定用途にも活用できる 142
ループ区間を回数や長さで数値設定するには 144
ループクリップをエディットするには 145
ループの設定を解除するには 145
クリップを繰り返し回数を指定して連続配置するには 145
セッションの途中に時間挿入を行うには 146
セッションの途中に時間削除を行うには 147
セッションの先頭に時間挿入を行う際の2つの方法 147
演奏からノリを抽出するには（グルーブテンプレート） 151
ファイル全体クリップからオーディオクリップに使用されていない部分を取り除くには 154

AUDIO EDITING

プレイリストビュー上で各テイクのプレイリストを比較試聴するには 156
OKテイクとして実際に採用するプレイリストをまるごと入れ換えるには 157
コンピングでベストテイクを作成するには 157
複数クリップに対して一括フェード処理を行うバッチフェード 158
トランスポートに用意されているフェードインボタンは何のためにある？ 159
エラスティックオーディオモードを解除するには 167
通常のタイムストレッチとエラスティックオーディオでのタイムストレッチ 167
オーディオクリップ内の演奏にクオンタイズをかけるには（エラスティックオーディオ） 168
オーディオクリップ内の演奏にトランスポーズをかけるには 169
エラスティック分析結果を修正するには 169
分割後の各オーディオクリップをビートトリガーの検出位置に従って正確にそろえるには 175
オーディオクリップ内の演奏にクオンタイズをかけるには（ビート分割） 176
複数トラック上のオーディオクリップから検出されたビートトリガーの統合 176
フレーズ内の目的のビートのタイミングを変更したいときは（イベントマーカー基準の場合） 177
フレーズ内の目的のビートのタイミングを変更したいときは（任意設定のワープマーカー基準の場合） 178

APPENDIX

フレーズ内の特定範囲のタイミングを変更したいときは　179
ワープマーカーを削除するには　179

MIDI EDITING

ノートイベントのロケーションや音高、デュレーションをエディットするには（MIDIエディタ）　188
ノートイベントのベロシティをエディットするには（MIDIエディタ）　188
ノートイベントを入力するには（MIDIエディタ）　189
ノートイベントをエディット／入力するには（MIDIエディタ／記譜表示モード）　191
コードネームとギターコードダイアグラムを入力するには（楽譜エディタ）　192
楽譜エディタの内容を見やすい楽譜に整えて印刷するには　193
MIDIイベントリストに表示するイベントの種類に制限を加えるには　195
ノートイベントをエディット／入力するには（MIDIイベントリスト）　195
コントローラー／ピッチベンドイベントの位置や値をエディット／入力するには　197
トラックやMIDIクリップの最初と最後に、そのつど適正値を入力しておくことを忘れずに！　197
ノートイベントを任意の位置や選択範囲で分割するには　198
同じ音高のノートイベントを統合するには　199
特定のノートイベントの発音をミュートするには　199
特定のノートイベントを音高を条件にして抽出するには　201
特定のノートイベントを音高以外の条件も加えて抽出するには　201
トラック内から同じ音高のオートイベントだけを全選択する最も簡単な方法　202
複製流用している全MIDIクリップに対して共通のエディット結果を反映させるには　203
複製流用しているMIDIクリップに対して個別のエディットを行うには　203
リアルタイムプロパティでノートイベントのロケーションを制御するには（クオンタイズ）　205
リアルタイムプロパティでノートイベントのデュレーションを制御するには（デュレーション）　206
リアルタイムプロパティでMIDIイベントのロケーションの前後移動を制御するには（ディレイ）　206
リアルタイムプロパティでノートイベントのベロシティを制御するには（ベロシティ）　207
リアルタイムプロパティでノートイベントの音高を制御するには（トランスポーズ）　207
イベント操作でノートイベントのロケーションをエディットするには（クオンタイズ）　209
イベント操作でノートイベントのベロシティをエディットするには（ベロシティ変更）　209
イベント操作でノートイベントのデュレーションをエディットするには（デュレーション変更）　210
イベント操作でノートイベントの音高を制御するには（トランスポーズ）　211

イベント操作とリアルタイムプロパティの使い分けは？　211
目的のトラックやクリップのリアルタイムプロパティ設定を表示させるには　212
トラックやMIDIクリップのリアルタイムプロパティ設定の効果を無効にするには　212
MIDIクリップへのリアルタイムプロパティ設定を解消するには　213
リアルタイムプロパティ設定の効果をノートイベントに定着させるには　213
イベント操作の結果を解消するには／ノートイベントに定着させるには　214

ROUTING & MIXING

トラックのレベルを設定するには　216
トラックのパン（定位）を設定するには　217
マスターレベルの監視はメーターを切り替えて　217
特定のトラックを単独で再生するには　（ソロリッスン）　218
覚えておきたいフェーダーやつまみの精密操作法　218
特定のトラックを消音するには（ミュート）　219
特定のトラックを常に再生対象にしておくには（ソロセーフ）　219
トラックの複製を作るには　220
ステレオトラックをLRのトラックにモノラル分割するには　221
装飾キーを利用したトラックの複数選択／全選択／全選択解除操作　221
トラックを削除するには　222
トラックを一時的に非表示にする／トラックを一時的にオフにするには　223
グループの有効無効を切り換えるには／設定内容を変更するには　227
オーディオクリップ全体のクリップゲインを増減させるには　229
オーディオクリップのクリップゲインを部分的に増減させるには　229
連続的に変化するクリップゲインラインを書き込むには　230
クリップゲインラインをエディットするには　230
クリップゲイン設定の有効／無効を切り換えるには　231
オーディオクリップをクリップゲイン設定を反映させたものに置き換えるには　231
トラックにプラグインエフェクトをインサートするには　232
プラグインエフェクトを別のインサートスロットへ移動させたり設定をコピーするには　233
全トラックのインサートスロットに同一のエフェクトを一括インサートするには　234
インサートずみのエフェクトをバイパスしたりオフにするには　234
プラグイン設定ウィンドウを開くには　235
プラグインエフェクトのプリセットを読み込む／エディットするには　235
プラグインエフェクトのパラメーター設定を保存するには　237
マルチチャンネルとマルチモノタイプの選択にはエフェクトの向き不向きを考えて行おう　237
サブミックスルーティング向きのエフェクトとセンドエフェクトルーティング向きのエフェクト　241
トラックのフェーダー設定に関係なくキューミックスを送るには（プリフェー

ダーセンド） 249
メインミックスのフェーダーやパン、オートメーション設定をキューミックスに適用させるには 249
オーディオンターフェイスから離れた場所でマイクレコーディングするときは 249
外部エフェクターの処理による遅延を補正するには 251
遅延補正をマニュアルで調整するには 252
遅延補正効果を常時有効にする／無効にするには 253
記録したオートメーションを利用して操作を再現するには 255
オートメーションによる操作の再現を一時的にオフにするには 256
オートメーションの内容をリアルタイム操作で書き直す／書き足すには 256
プラグインエフェクト／インストゥルメントのパラメーター操作をオートメーションに記録するには 257
オートメーション（ブレイクポイント）の位置や値をエディットするには 258
オートメーション（ブレイクポイント）を追加／削除するには 258
連続するオートメーションを入力するには 259
区間内の全オートメーションをカット／コピー／クリアするには 260
区間内の全オートメーションをペーストするには 261
オートメーションの内容を別の操作子用のオートメーションに変換して流用するには 261
トラックバウンスでサブミックス（ステム）ファイルを書き出すには 264
パラアウトに設定したプラグインインストゥルメントの全パートを一括トラックバウンスするには 265
コミットでサブミックス（ステム）トラックを作成するには 268
パラアウトに設定したプラグインインストゥルメントの全パートを一括コミットするには 269
特定のインサートスロットまでのプラグインの演奏や効果をコミット結果に反映させるには 270
インストゥルメントトラックのMIDIクリップを簡単にコミットするには 271
パラアウトに設定したプラグインインストゥルメントで全パート一括コミットを行う際の注意点 271
目的のトラックを完全フリーズ状態にするには 272
目的のトラックのプラグインエフェクトの一部を操作可能なままフリーズ状態にするには 273
トラックバウンス、コミット、フリーズはどのように使い分ける？ 273
キューミックスのミックスバランスを調整するには 278

OTHER TECHNIQUES

キーコンビネーション操作でショートカットを行うには 280
1つのキー操作でショートカットを行うには 281
トランスポートをテンキーで操作するには 281
連続するテンポイベントをマウスの動きに合わせて入力するには（ドローイング入力） 283
連続するテンポイベントを直線的に入力するには（ドローイング入力） 283
連続するテンポイベントを曲線的に入力するには（ドローイング入力） 284

入力ずみのテンポイベントをエディットするには（ドローイング入力） 284
テンポイベントの値や間隔を圧縮／伸張するには 287
見つからないファイルを自動的に再リンクさせるには（自動的に検索&再リンク） 290
見つからないファイルへの再リンクを手動で行うには（手動で検索&再リンク） 291
別のPTS環境で作ったセッションを開くたびに表示されるアラート 291
OMF/AAFをPTSで読み込むには 297
ワークスペースブラウザを表示させるには 298
ワークスペースブラウザで目的のオーディオ素材ファイルを検索するには 298
ワークスペースブラウザでオーディオ素材ファイルの内容を試聴するには 299
ワークスペースブラウザから目的のオーディオ素材ファイルをセッションに読み込むには 300
ワークスペースブラウザとSoundbaseは基本的に同じもの 300
PTSではインターリーブとスプリットオーディオファイルのシームレスな共存が可能 300
目的のオーディオ素材ファイルをワークスペースブラウザのカタログやお気に入りに登録するには 301
SMFを既存のMIDI／インストゥルメントトラック上に読み込むには 302
SMFをMIDI／インストゥルメントトラックの新規作成と同時に読み込むには 303
SMFの3つのフォーマットの違いについて 303
ReWire音源ソフトの演奏をオーディオファイル化するには 307
フィジカルコントローラーをコントローラーイベントの入力装置としても利用したいときは 313
所有権のリクエストを取り消したり、コラボレーターからのリクエストを却下するには 319
ムービーを表示させるには 322
セッションをQuickTimeムービー（mov）ファイルに書き出すには 322

Window / DIALOGUE / COMMAND

A

AFL/PFLバス　21
AIR Chorus　332
AIR Distortion　336
AIR Dynamic Delay　330
AIR Enhancer　337
AIR Ensemble　332
AIR Filter Gate　333
AIR Flanger　333
AIR Frequency Shifter　328
AIR Fuzz-Wah　333
AIR Kill EQ　324
AIR Lo-Fi　336
AIR Multi Chorus　334
AIR Multi Delay　331
AIR Non-Linear Reverb　329
AIR Phaser　334
AIR Reverb　329
AIR Spring Reverb　330
AIR Stereo Width　339
AIR Talk Box　335
AIR Vintage Filter　335
ASIOドライバ　10, 17
Audio MIDI設定　17, 22, 312
AudioSuiteエフェクト設定ウィンドウ　180
AudioSuiteハンドル　181
Auto Pan　340
Avidクラウド・コラボレーション　314, 315, 349
Avidとの互換性を強制する　183
Avidマスター・アカウント　10, 13, 14, 314

B

Beat Detectiveウィンドウ　148, 172, 175
BF-76　246, 325
Boom　86, 89, 343

C

CEILING　275
Channel Strip　325
Click II　34, 35, 346
Core Audioドライバ　10, 17

D

DB-33　344
DC Offset Removal　341
Dither　339

Duplicate　341
D-Verb　180, 329
Dyn 3 Compressor/Limitter　326
Dyn 3 De-Esser　326
Dyn 3 Expander/Gate　327

E

Eleven Free　337
EQ 3　271, 324

G

Gain　342

H

HUI互換　312
H/Wインサートディレイ　251
H/Wバッファサイズ　55

I

iLok　10, 11, 12, 13, 14, 15, 16, 24
InTune　340
Invert　342
i/o　250, 251
I/Oセクション　52, 56, 78, 83, 87, 88, 91, 92, 94, 240, 307, 309
I/O設定ウィンドウ　18, 244, 250, 251, 299
iTunesライブラリへ追加　278

L

latchモード　254, 256
Lo-Fi　336, 338

M

MasterMeter　341
Maxim　274, 275, 276, 326
MIDIイベントリスト　194, 195, 208, 214
MIDIイベントリスト表示フィルターダイアログ　195
MIDIインプット有効化ダイアログ　24, 313
MIDIズームボタン　45
MIDIスタジオを表示　22
MIDIスルー　79, 83, 87, 91
MIDI操作固定　214, 305
MIDI入力デバイス　24, 313
MIDI入力フィルターダイアログ　98
MIDIノートアタックベロシティ　189
MIDIノート音程　189

MIDIファイル形式　305
MIDI編集をミラーリング　203
MIDIマージボタン　102, 107
MIDIリアルタイムプロパティ　204, 212
Mini Grand　82, 344
Mod Delay III　56, 180, 181, 331
Movie Settingsダイアログ　322

N

Normalize　342

O

OMF/AAFへエクスポートするダイアログ　295

P

Pitch II　327
POW-r Dither　339
Pro Tools 機器セット　17
Pro Toolsショートカット　280
Pro Tools初期設定ダイアログ　34, 35, 54, 74, 80, 84, 118, 122, 124, 204, 247, 254, 281
Pro Toolsの起動時にダッシュボードウィンドウを表示　26

Q

QuickTimeバウンスダイアログ　322

R

readモード　255
Recti-Fi　338
Reverse　342
ReWire　306, 307, 345
ReWire音源ソフト　306, 307
RMS　217

S

SansAmp PSA-1　338
Sci-Fi　335
Signal Generator　340
SMF　297, 299, 302, 303, 304, 305
Soundbase　298, 300, 302, 303
Structure Free　310, 311, 345
SUSPEND　256

T

TCE　130, 162, 163, 166, 167
Time Adjuster　331
Time Shift　328
touchモード　256

Trim　341

V

Vacuum　345
VCAマスタートラック　242, 243

X

Xpand!2　90, 93, 270, 273, 346

NUMBER

32ビット浮動小数点　29, 53, 216, 236, 274

ア

アーティストチャット　314, 316, 319
アウトプットウィンドウ　217
アクティブな構成を自動更新　47
新しいプレイリストの名前ダイアログ　66
新たな変更点をすべてダウンロードボタン　318

イ

移調表示セクション　191
一致する代替　65, 73, 76
イベント操作ウィンドウ　96, 108, 110, 111, 112, 168, 169, 171, 174, 176, 200, 208, 212, 214
色分け（トラック）ボタン　187
色分け（ベロシティ）ボタン　187
インサートエフェクトルーティング　56, 232, 239, 241, 245
インサートをバイパス　234
インターリーブ　27, 183, 263, 277, 300
インプットモニターボタン　68, 243
インポートするトラックデータ　293

ウ

ウィンドウ構成変更ダイアログ　47

エ

エラスティックオーディオ　164, 165, 166, 167, 168, 169, 170, 172, 177, 289, 290, 349
エラスティックプロパティ　166, 169
エラスティックプロパティウィンドウ　166, 169
エンド方向に選択範囲を埋める　133

オ

オーディオインポートオプションダイアログ　264
オーディオズームボタン　45
オーディオ装置を表示　17

オーディオファイルをセッションのテンポに合わせる 299, 300
オートパンチ 38, 62, 70, 71, 72, 73, 74, 104, 105, 106
オートメーションされたMIDIコントローラーダイアログ 196
オートメーションセーフボタン 257
オートメーションをレンダー 263, 267
オーバーラップ 206, 210
オフライン 251, 263, 267, 278, 307
オリジナルタイムスタンプ 116, 129
音程ごとに新規トラック 202
音部記号セクション 191

カ
カウントオフボタン 34
楽譜印刷 193
楽譜エディタ 45, 46, 192, 193, 200, 208, 214, 349
かけ録り 56, 57, 58
カタログ名ダイアログ 301
完全重複されたクリップを別プレイリストに移動 124

キ
キーインプット 246
キー入力 244, 245, 246, 262, 266, 272
キー変更ダイアログ 31
キーボードショートカット 280
キーボードフォーカス 171, 225, 280, 281
キーマーカー 32, 33
キューミックスルーティング 247
共有トラックをすべてダウンロードボタン 318

ク
クイックパンチ 62, 63, 64, 66, 68, 69, 70, 73, 74, 104, 281
クオンタイズグリッド 96, 97, 168, 176, 205, 209
クオンタイズの対象 96, 168, 176, 205, 209
クオンタイゼーション表示 191
クリック/カウントオプションダイアログ 34
クリックトラック作成 34, 35
グリッドにクオンタイズ 171, 174
クリップエンドパッド 161
クリップグループ 140, 141, 171, 174
クリップゲイン 142, 228, 229, 230, 231, 348, 349
クリップゲイン情報 228
クリップゲインライン 228, 229, 230, 231
クリップゲインをペースト 230
クリップスタートパッド 161
クリップ適合 171, 174, 175
クリップ統合 142
クリップのプロパティをクリア 213
クリップへ書き込み 213

クリップリストの選択は編集範囲に従う 118
クリップルーピングダイアログ 144
クリップを統合 142, 143, 267
クリップをトリム 131, 132, 133
クリップをファイルとしてエクスポート 182
クリップを分割 71, 126, 134, 142, 170, 171, 182
グループクリップボードに保存 151
グループテンプレートを抽出するダイアログ 151
グループを作成ダイアログ 224, 225, 226, 243

コ
コードダイアグラム 192, 193
コード変更ダイアログ 193
このインサートまでコミット 270, 271
このインサートまでフリーズ 273
コピーを保存ダイアログ 288, 289, 315
コミット 142, 167, 266, 267, 268, 269, 270, 271, 273, 291, 295, 307, 349
コラボレーターリクエストを却下 319
コレクションモード 176
コンダクターボタン 30, 33, 282
コントローラーイベント 194, 196, 211, 230, 258, 260, 261, 313
コントローラーレーン 188, 196, 197
コントロールパネル起動 18
コンピング 156, 157
コンフォーム 175

サ
再アライン 146, 147
最小ストリップ時間 161
再生位置近くのグリッド位置へ挿入 195
再生位置に挿入 195
サイドチェインルーティング 244, 246, 262, 266, 272
サステインペダルをデュレーションに変更 211
サブパスを自動作成 19
サブミックスルーティング 240, 241, 251, 264, 268
サンプルベースのトラックとマーカーの編集を自動調整しますか？ 33
サンプルレート 27, 29, 183, 263, 277, 294, 296

シ
ジェネラルプロパティ 41
時間操作 31, 146, 147
時間ロック/ロック解除 117
システムエクスクルーシブ 99
システム使用状況 55
システムにテンプレートをインストール 49
試聴パス 21, 299
自動的に検索&再リンク 290

自動入力モニターモード 68, 72
シフトダイアログ 127
シャッフル＆グリッドモード 117
シャッフルモード 116, 117, 124, 130
手動で検索＆再リンク 290, 291
新規ウィンドウ構成ダイアログ 46, 47
新規セッションにクリックトラックを作成 34, 35
新規トラックダイアログ 29, 57, 238, 240, 242, 348
新規パスダイアログ 19, 244, 250
新規メモリーロケーションダイアログ 41, 43
新規ワークスペース 298, 300, 302
シンクポイント 128, 129

ス

スウィング 175, 191, 201, 205, 209
スウィングをストレートに 191
数字キーショートカットを有効にする 112
隙間を埋めてクロスフェード 175
スクラブ再生 70, 104, 122, 123, 137, 148
スタート位置を以下に移動 147
スタート方向に選択範囲を埋める 133
ステップ入力 108, 109, 110, 111, 112
ステップをアンドゥボタン 112
ストリップサイレンスウィンドウ 160, 161
スペースバーをファイルプレビューに使用 299
すべて選択 120, 153, 176, 199
すべてのCCデータを含む 202
すべてのノートを以下にトランスポーズ 211
スポットモード 116, 124, 129, 130
スマートツール 136, 137, 159, 197, 198, 349
スムーズに変化させる 210
スリップモード 114, 115, 124, 130, 178, 184, 189

セ

セッションデータをインポートダイアログ 293, 294, 297
セッションのテンプレートを保存ダイアログ 48, 49
セッションを再アラインダイアログ 150
絶対グリッドモード 31, 36, 37, 41, 109, 114, 115, 124, 130, 143, 173, 191, 283
設定アプリケーションを起動 18
セレクションリンク 121
前回使用された形式 27
選択項目のカタログを作成 301
選択項目をコンパクト化ダイアログ 154
選択後にテンポを維持 286
選択された最後のトラックの後に挿入 220, 267
選択範囲のスタートを編集 189
選択範囲をキャプチャー 148, 172

センドウィンドウ 238, 239, 245, 248, 249, 272, 349
センドエフェクトルーティング 238, 239, 241, 251, 263
センドにコピーダイアログ 249
センドの初期設定を[-INF]に 247
センドパンはメインパンに従う 247
センドフェーダー 239, 245, 246, 247, 254

ソ

操作固定 214
操作の取り消し 59, 100, 214
相対グリッドモード 114, 115, 124, 130
ソーストラック 267, 268, 269, 293
ソースメディアから統合 296
その他の表示 43
ソロ 34, 156, 164, 218, 219, 224, 243, 272
ソロセーフ 34, 219, 239, 241
ソングスタートを以下の番号に変更 147

タ

ターゲットボタン 180, 186, 187, 194, 235, 248
代替一致条件ウィンドウ 65, 73, 76
代替クリップ 64, 65, 66, 73, 74, 76
代替プレイリスト 62, 66, 67, 74, 76, 124, 156, 157
ダイナミックトランスポート 38, 39
ダイナミックプラグインプロセッシング 55
タイムストレッチ 162, 167
タイムベース 57, 147, 150, 165, 171, 174, 238, 240
タイムライン範囲と編集範囲をリンク 39, 54, 70, 71, 75, 81, 85, 104, 105, 106, 107, 108, 118, 121, 146, 170
ダッシュボード 16, 26, 27, 48, 49, 50, 315, 348
タプトゥトランジェント 170, 172, 176, 177

チ

遅延補正 251, 252, 253, 349
チャンネル情報とコントローラー 99
調でトランスポーズ 211
重複したファイル名の解決方法 183
重複を削除しギャップを残す 211

テ

ディザ 216, 233, 276
ディストラクティブ 62, 63, 64, 66, 67, 68, 70, 73, 74, 102, 104, 106
低レーテンシーモニタリング 55
デフォルトTHRUインストゥルメント 80, 84
デフォルトトラックプロパティ 204
デフォルトのチャンネルアサインメントを追加する 19
デュレーション 34, 96, 186, 188, 189, 190, 191, 194, 201,

204, 206, 207, 209, 210, 211
テンキーのトランスポート　281
テンプレートから作成　26, 50
テンプレートとして保存　46, 48, 49
テンポ操作ウィンドウ　31, 285, 286
テンポマーカー　30, 32, 33

ト

特殊カット　230, 260, 261
特殊クリア　230, 260
特殊コピー　230, 260, 261
特殊ペースト　230, 261
トラックにライト　213
トラックのオプションボタン　184
トラックの変更をアップロードボタン　318
トラックの変更をダウンロードボタン　318
トラックバウンス　142, 182, 262, 263, 264, 265, 266, 267, 273, 295, 297, 307
トラックバウンスダイアログ　263, 265
トラック複製ダイアログ　220
トラックをインサートまでコミットダイアログ　270
トラックをコミットダイアログ　267, 268, 269, 270
トランジェント　171, 172
トランスポーズ　168, 169, 202, 204, 207, 211
トランスポーズを半音単位で指定　211
取り消し履歴　59

ナ

なし-エラスティックオーディオオフ　167
ナッジ　127, 138, 139, 188, 197, 348
ナローミックスウィンドウ　45

ニ

入力クオンタイズをオンにする　96, 97
入力時クオンタイズ　96, 97, 108
入力のみモニターモード　68, 72
入力ベロシティを使用　110

ノ

ノートオフベロシティ　194, 209
ノートオンベロシティ　194
ノート選択/分割　200
ノート重複可　191
ノートのデュレーションを維持　96, 209
ノートの範囲指定　201
ノートのミュートを解除　199
ノート待ちレコーディングボタン　94, 95
ノートを統合　199

ノートを分割　198
ノートをミュート　199
ノンディストラクティブ　62, 63, 64, 66, 67, 68, 70, 74, 102, 104, 106

ハ

パーセンテージでスムーズに変更する　210
ハードウェア設定ダイアログ　18
バイパスボタン　235
バウンス後にインポートする　263, 264, 265, 277, 295
バウンスソース　277
バウンスダイアログ　251, 277
パス削除　21
パッチフェードダイアログ　158
バナーをメインへリンクボタン　239, 248
パブリッシングオプションダイアログ　296
パラアウト　265, 269, 271, 292, 307, 308, 309
パンリンク　217

ヒ

ビートトリガー　148, 149, 150, 151, 173, 174, 175, 176
ピッチ条件セクション　201
ピッチベンドイベント　95, 99, 194, 196, 197, 230, 260, 261
ビットデプス　27, 29, 53, 183, 216, 233, 263, 276, 277, 296, 349
ビデオインポートオプションダイアログ　320
拍子の変更ダイアログ　31

フ

ファイルからオーディオをインポート　320, 321
ファイル全体クリップ　131, 132, 137, 139, 142, 152, 153, 154, 158, 180, 288
フィジカルコントローラー　312, 313, 349
フェードインボタン　159
フェード設定　137, 158, 159, 289, 348
フェードダイアログ　144, 158, 159, 348
復旧するイベントの属性を選択　214
プラグインオートメーションダイアログ　257
プラグインディレイ無効　253
フラットにするノートの属性を選択　214
フリーズ　272, 273, 307
プリセパレート値ダイアログ　134, 171, 198
プリフェーダー　239, 245, 249
プリロールボタン　38, 71, 75, 95, 105, 107
プレイバックエンジンダイアログ　17, 18, 55
プレイリストセレクタ　66, 67, 76, 156, 157
プレイリストに使用ボタン　181
プレイリストビュー　66, 156

プログラムチェンジ　99, 194
プロジェクトのコピーを保存ダイアログ　315
プロセッシング試聴ボタン　180
プロセッシングの出力モード　181
プロセッシングの入力モード　181

ヘ

ペリフェラルダイアログ　312
変換後サステインイベントを削除　211
編集位置に挿入　195
編集ウィンドウのスクロール　39
編集スムージング　158, 175
編集挿入点をスクラブ/シャトルに追従　122
編集中にMIDIノートを再生　187
編集範囲はクリップリストの選択に従う　118
編集ロック/ロック解除　117

ホ

ホストエンジンの再生/録音中はエラーを無視　55
ポストフェーダー　239, 245, 248, 249
ポストロールボタン　38, 71, 105, 159

マ

マニュアルテンポ　33
マルチチャンネルプラグイン　82, 86, 90, 232, 275, 310
マルチティンバー　90, 92, 94, 307, 308, 311
マルチモノプラグイン　82, 86, 90, 221, 232, 236

ミ

見つからないレンダーファイルは検索せずに再生成　290
ミックスダウンバウンス　274, 275, 276, 277, 278
ミュート　156, 198, 199, 218, 219, 223, 224, 225, 239, 243, 245, 248, 249, 254, 262, 265, 266, 268, 272, 274, 297, 304

メ

メインタイムスケールに従う　115, 138
メトロノームクリックに追従　282, 286
メトロノームボタン　34, 95, 299
メモリーロケーション　40, 41, 42, 43, 348
メモリーロケーション変更ダイアログ　42

モ

モノに分割　221
モノラル分割　221

ユ

ユーザータイムスタンプダイアログ　129
ユーザーをコラボレーションへ招待　316

ユニバースビュー　40, 43

ラ

ランダマイズ　209, 210, 211

リ

リアルタイムプロセッシング　164, 166
リアルタイムプロパティ　96, 203, 204, 205, 206, 207, 208, 211, 212, 213, 305
リアルタイムプロパティによって修正されたイベントを表示　204, 205
リクエストを撤回　319
リンクボタン　39, 70, 75, 104, 106, 108, 217, 236, 237, 291

ル

ループクリップ　141, 144, 145
ループクロスフェードダイアログ　144
ループプレイバック　36, 37, 38, 39, 106, 107, 281, 299
ループプレビュー　299
ループレコーディング　64, 74, 75, 76, 106, 156, 281
ループレコーディングのときは新規プレイリストを自動的に作成　74

レ

レーンビューセレクタ　188, 196
レガート　110, 206, 210
レンダープロセッシング　164, 166
レンダーボタン　180, 181

ロ

ローカルオフ　79
ローカルオン　79
ローカルストレージ（セッション）　26
録音中のオートメーションをオン　254
録音トラックを自動入力に設定　68, 72
録音トラックを入力のみに設定　68
ロケーション　16, 36, 37, 40, 41, 42, 43, 70, 75, 104, 106, 108, 109, 111, 118, 121, 134, 173, 186, 188, 189, 190, 191, 194, 198, 201, 202, 204, 205, 206, 209, 210, 258, 297, 298, 300, 301, 302, 303, 305, 348

ワ

ワークスペースブラウザ　298, 299, 300, 301, 302, 303
ワープ　177, 178, 179

Author Profile

大鶴暢彦（Nobuhiko Otsuki）

コンポーザー／ソングライター／サウンドプロデューサー。福岡県筑後市生まれ。早稲田大学教育学部卒。幼少よりピアノを習い音楽的基礎を固める。バンド活動やソロ活動等を進める中でPro Toolsを駆使することを覚え、レコーディングやプログラミング、ミキシング、マスタリングまで習得。その延長で現在はプロデュースや楽曲提供、BGM制作等に活動の幅を広げており、自身も参加するユニット「EVERLAST」では海外公演も行っている。一方でオンラインDTMスクールSleepfreaksで講師を務め、これまで300人以上に対してマンツーマンレッスンを提供。2015年にはInterBee Wavesセミナー、2016年にはAvid Creative Summitにおいて講師として登壇した

侘美秀俊（Hidetoshi Takumi）

北海道帯広市生まれ。武蔵野音楽大学卒業。作曲楽曲の提供は、陸上自衛隊音楽隊の委嘱作品、国民体育大会や音楽ホールのためのファンファーレ、劇場上映映画のオリジナルサウンドトラックから、演劇舞台のための音楽、こどものためのオペレッタまで多岐にわたる。現在、ローランドミュージックスクールのコンピュータミュージック指導者養成コース講師、トート音楽院渋谷校講師、表参道JBG音楽院講師、オンラインDTMスクールSleepfreaks講師、著書に『ちゃんとした音楽理論書を読む前に読んでおく本』『マンガでわかる！ 音楽理論』『できる ゼロからはじめるパソコン音楽制作超入門』『できる ゼロからはじめる楽譜&リズムの読み方超入門』『3つのケーススタディでよくわかるオーケストレーション技法』（以上リットーミュージック刊）がある。H-t studio、北海道作曲家協会会員

THE BEST REFERENCE BOOKS EXTREME

Pro Tools 12 Software徹底操作ガイド

大鶴暢彦／侘美秀俊

2017年12月25日 第1版第1刷発行

定価（本体3,500円+税）

発行所　株式会社リットーミュージック
　　　　〒101-0051 東京都千代田区神田神保町一丁目105番地
　　　　https://www.rittor-music.co.jp/

発行人　古森 優
編集人　松本大輔
編集長　小早川実穂子
編集　　内山秀央　土屋久美（松本組）
企画協力　高山 博

本文デザイン／DTPオペレート　August Satie　雉寅美雨之介
印刷・製本　株式会社リーブルテック

【乱丁・落丁などのお問い合わせ】
TEL:03-6837-5017／FAX:03-6837-5023　service@rittor-music.co.jp
受付時間／10:00-12:00、13:00-17:30（土日、祝祭日、年末年始の休業日を除く）

【書店様・販売会社様からのご注文受付】
リットーミュージック受注センター　TEL:048-424-2293／FAX:048-424-2299

【本書の内容に関するお問い合わせ先】
info@rittor-music.co.jp
本書の内容に関するご質問は、Eメールのみでお受けしております。
お送りいただくメールの件名に「Pro Tools 12 Software徹底操作ガイド」と記載してお送りください。
ご質問の内容によりましては、回答までにしばらく時間をいただくことがございます。
なお、電話やFAX、郵便でのご質問、本書記載内容の範囲を超えるご質問につきましてはお答えできませんので、あらかじめご了承ください。

落丁・乱丁本はお取替えいたします。本書記事／写真／図版などの無断転載・複製は固くお断りします。複製される場合は、そのつど事前に（社）出版者著作権管理機構（電話 03-3513-6969、FAX 03-3513-6979、e-mail info@jcopy.or.jp）の許諾を得てください。
JCOPY ＜（社）出版者著作権管理機構 委託出版物＞

ISBN 978-4-8456-3140-7

© 2017 Rittor Music, Inc.
Printed in Japan